ちくま学芸文庫

初等整数論

遠山 啓

筑摩書房

はしがき

整数論はいうまでもなく，整数の諸性質やそのあいだにひそんでいる諸法則を探究する学問である．

整数はすべての数学のはじまりである．正の整数 $1, 2, 3, \cdots$ や 0 は小学校の 1 年生にもよくわかっている数であるし，マイナスの整数 $-1, -2, -3, \cdots$ にしても中学生ならみな知っている数である．

このようなもっともやさしい数について研究するのだから，「整数論」などという大げさな名前をつける必要はないだろうと，考える人々があるかも知れない．

しかし，それは見当ちがいである．じつはこのやさしい整数のなかには思いがけないほど深く，ほとんど神秘的といってよいほど美しい様々な法則が潜んでいるのである．だから，これは，過去の大数学者たちが好んで研究した数学の部門であった．

しかし，残念なことに，この整数論はこれまでの学校教育からは完全にしめ出されてしまっていた．小学生は整数の計算はいやというほど練習させられるが，整数のなかに隠されている法則に気づかせるような教え方はされてこなかった．だから整数は子どもたちにとって退屈きわまりない数にすぎなかった．

しかし，こういうやり方は誤りだと思う．整数はもっともっとおもしろいもので，子どもたちを——もちろんおとなたちをも——夢中にさせるだけの魅力を隠し持っているものである．

整数論は単におもしろいだけではなく，もっと重要な意義をもっている．なぜなら，それは数学の支柱となるような重要な考えはほとんどこの整数論のなかに含まれているといっても過言ではないからである．だからそれは数学概論としての役割をも果すことができるのである．

その理由をあげてみよう．何よりもまず，帰納と演繹の方法を学ぶことができるということである．

数学も人間の創り出した科学であるから，当然個々の特殊な事実から一般法則を抽出すること，すなわち帰納からはじまる．ところが学校で数学を教えるときは，この段階が抜け落ちてしまって，定理や公式がいきなり持ち出されて，すぐ証明に移るという行き方がとられている．教わる生徒は，受動的にその証明を追いかけるだけになってしまう．そのために教わる側は天下りに定理や公式を詰めこまれるだけになってしまう．

ところが整数論では取りあつかう整数が簡単であり，計算も加減乗除であるからこの大切な帰納の段階を十分に経験させることができる．つまり，あらゆる科学にとって大切な思考法を学ぶことができるのである．それはすなわち，

(1) 特殊のばあいについての実験
(2) 一般法則の推測
(3) 法則の証明
(4) 証明された法則の適用.

つぎに，現代数学の柱となるような「構造」の概念が，整数論のなかでいくらでも発見できる，ということである．たとえば群も至るところにあるし，環，体，束などもそのなかにいくらでもある．また互除法はアルゴリズムの典型的な実例を提供している.

しかも整数の範囲内であるから，その実例は簡潔であり，いちど知ったら忘れることはないくらい，鮮やかな印象を与える.

また未解決な問題が至るところに転がっていて，それがかえって大きな魅力となっている.

英国の数学者ハーディ (1877-1947) はつぎのようにのべている.

「初等整数論は早期の数学教育にとってもっともよい教材の一つであろう．それは予備知識をほとんど必要としない．その主題は確実で親しみやすく，用いられる推論の過程は単純で，一般的で，また新しい．そして人間の自然な好奇心に訴える点では，数学的な学問のなかでは独自のものがある．整数論を１か月うまく教えると，“技術者のための微分積分学”を１か月教えたのよりは２倍も教育的で２倍も役に立ち，10倍もおもしろい.」

この言葉は整数論の性格を語ってあますところがない.

この本は『数学セミナー』に1969年7月号から1970年12月号まで連載したものに加筆してできたものである.

1971年11月

著　者

目　次

初等整数論

第１章　整数の基本性質

整数論の目的と手段

いうまでもなく，整数論の目的は整数の性質を研究することにある．しかしその目的に到達するための手段は決して整数に限らない．無理数，複素数はいうに及ばず，さらにより高級な数が自由に駆使されるのである．

ただ初等整数論では，手段として使用される数の範囲も主として整数に限られるといってよい．

出発点

さて，最も基本的で，しかも単純な数といえば，もちろん自然数である．

$$1, 2, 3, 4, \cdots$$

この自然数は無限にあるが，この自然数全体の集合を $\boldsymbol{N}$ で表わすことにしよう．

$$\boldsymbol{N} = \{1, 2, 3, 4, \cdots\}$$

$\{\cdots\}$ というカッコは「一まとめにする」という意味である．

この $\boldsymbol{N}$ は１からはじまって，１をつぎつぎに加えていって得られる数だといってよい．

$$1 = 1,$$
$$1+1 = 2,$$
$$1+1+1 = 3,$$
$$\cdots$$

自然数の集合 $\boldsymbol{N}$ のもつ性質としては，まずつぎのことをあげることができる．

a, b が自然数であるとき，換言すれば a, b が集合 $\boldsymbol{N}$ に属するとき，その和 $a+b$ もまた自然数である．つまり $a+b$ は集合 $\boldsymbol{N}$ に属する．

x が $\boldsymbol{N}$ に属することを

$$x \in \boldsymbol{N}$$

で表わすことにすると，上の事実はつぎのように書き表わすことができる．

$$a \in \boldsymbol{N},\ b \in \boldsymbol{N} \quad \text{ならば} \quad a+b \in \boldsymbol{N}.$$

つまり，$\boldsymbol{N}$ の範囲内で加法は自由に行なわれるのである．

このことを

「$\boldsymbol{N}$ は加法について閉じている」

という．

「閉じている」*という言葉は広く用いられる．ある操作もしくは演算 A が集合 M の範囲内で自由になんの例外もなく遂行できるとき，M は A に対して「閉じている」

---

* 英語では “closed” である．

ということが多い.

問 偶数全体の集合は加法について閉じているか. また奇数全体の集合は加法について閉じているか.

$\boldsymbol{N}$ はまた乗法についても閉じている. すなわち

$$a \in \boldsymbol{N},\ b \in \boldsymbol{N}$$

ならば, その積 ab もつねに

$$ab \in \boldsymbol{N}$$

となる.

結局 $\boldsymbol{N}$ は加法と乗法に対して閉じているのである.

このことをわかりやすく書くと,

$$自然数 + 自然数 = 自然数,$$

$$自然数 \times 自然数 = 自然数.$$

問 偶数全体の集合は乗法について閉じているか. また奇数全体の集合はどうか.

しかし $\boldsymbol{N}$ は減法については閉じていない. $a, b \in \boldsymbol{N}$ なる任意の数 a, b の差 $a-b$ は必ずしも $\boldsymbol{N}$ には属しないからである.

たとえば $3-5$ は $\boldsymbol{N}$ には属しない.

$\boldsymbol{N}$ は減法に対しては閉じていないから, 減法に対しても閉じるようにするためには $\boldsymbol{N}$ という数の集合を拡大せざるを得なくなる. そのようにして 0 および負の整数を新しくつけ加えて, 整数の集合 $\boldsymbol{Z}$ が得られる.

$$\boldsymbol{Z} = \{\cdots, -3, -2, -1, 0, 1, 2, 3, \cdots\}.$$

このようにして整数の集合は，つぎのように正の整数（自然数），0，および負の整数から成り立っている．

$$\text{整数}\begin{cases}\text{正の整数（自然数）}\\ 0\\ \text{負の整数}\end{cases}$$

いうまでもなく $\boldsymbol{N}$ は $\boldsymbol{Z}$ に含まれる．このことを記号的にはつぎのように書く．

$$\boldsymbol{N} \subseteqq \boldsymbol{Z}.$$

一般的に集合 $\boldsymbol{A}$ の要素は必ず集合 $\boldsymbol{B}$ に属するとき，

$$\boldsymbol{A} \subseteqq \boldsymbol{B}$$

と書く．とくに $\boldsymbol{A}$ に属しない $\boldsymbol{B}$ の要素が存在するとき

$$\boldsymbol{A} \subset \boldsymbol{B}$$

と書くことにする．

$\boldsymbol{N}$ と $\boldsymbol{Z}$ の場合は，$\boldsymbol{N}$ に属しない $\boldsymbol{Z}$ の要素 $0, -1, -2, \cdots$ が存在するから

$$\boldsymbol{N} \subset \boldsymbol{Z}$$

と書くべきである．

自然数の集合 $\boldsymbol{N}$ から整数の集合 $\boldsymbol{Z}$ まで拡大するとこの $\boldsymbol{Z}$ は加法，減法，乗法という3つの演算について閉じていることがわかる．

記号的に書くと，

$$a, b \in \boldsymbol{Z} \quad \text{ならば} \quad a+b,\ a-b,\ ab \in \boldsymbol{Z}$$

である．このことをわかりやすく書くと，

$$整数 + 整数 = 整数,$$
$$整数 - 整数 = 整数,$$
$$整数 \times 整数 = 整数.$$

一般に加法，減法，乗法に対して閉じている集合を環*とよんでいる．

だから以上のことを

「$\boldsymbol{Z}$ は環である」

といってもよい．

ただし，$\boldsymbol{Z}$ は除法に対しては閉じていない．

問　偶数（0 および負数を含む）全体の集合は環をつくるか．

問　正負の有限小数全体の集合は環をつくるか．

順序性

整数の集合 $\boldsymbol{Z}$ は加法，減法，乗法に対して閉じている．つまり環をつくっている．この事実とは一応独立な事実として，順序性がある．

$\boldsymbol{Z}$ に属する 2 つの要素 a, b に対してはつぎの 3 つの関係のうちどれか 1 つが成立する．

$$a < b, \quad a = b, \quad a > b.$$

このことを最もわかりやすくつかむには，整数を一直線上に並べてみるのがよい．

---

*　英語では ring である．

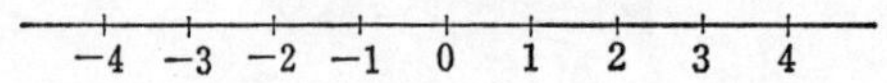

問　つぎの整数を大小の順に並べよ．

$$5, -4, -2, 0, -6, 10.$$

もちろん，大小の順序をもつのはなにも整数に限らない．$\dfrac{1}{2}, \dfrac{2}{3}, -\dfrac{3}{4}, \cdots$ などの正負の分数や $\sqrt{2}, \sqrt{5}, \cdots$ などのような無理数，総称して実数もやはり大小の順序をもっている．

$$-\frac{1}{2} < \sqrt{2} < \sqrt{5} < 3$$

などである．これらの実数は整数のあいだに散在している．

整数を直線上に並べてみると，その離散性に気づく．つまり整数はポツリ，ポツリとまばらに分布しているということである．たとえば任意の整数には必ず左隣りと右隣りの整数が存在していて，そのあいだには他の整数は存在しないのである．

たとえば2のすぐ左隣りは1で，そのあいだには他の整数は存在しないし，また，すぐ右隣りは3で，そのあいだには他の整数は存在しない．

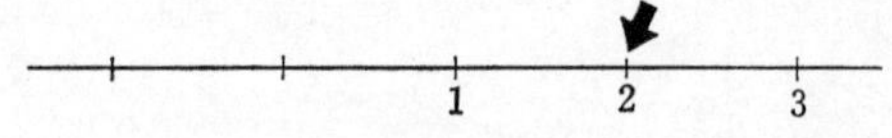

ところが，分数の集合となると，ちがってくる．$\dfrac{1}{2}$ の

すぐ隣りの分数は存在しない．$\frac{1}{2}$ にいくらでも近い分数が存在するからである．

「離散的」というのは以上のような意味である．

ガウスの関数

離散的な整数と連続的な実数をつなぐなかだちの役割りをはたすものとして重要なのはガウスの関数である．

ガウスは実数（もちろん正もしくは負の）x を越さない最大の整数を

$$[x]$$

で表わしたが，今日でも広く用いられている．

たとえば $[4.2]=4$，$\left[\frac{10}{3}\right]=3$，$[\pi]=3$，$[2]=2$，負数では $[-2.5]=-3, [-5]=-5, \cdots$ となる．

$[x]$ を図示すると，つぎのようになる．

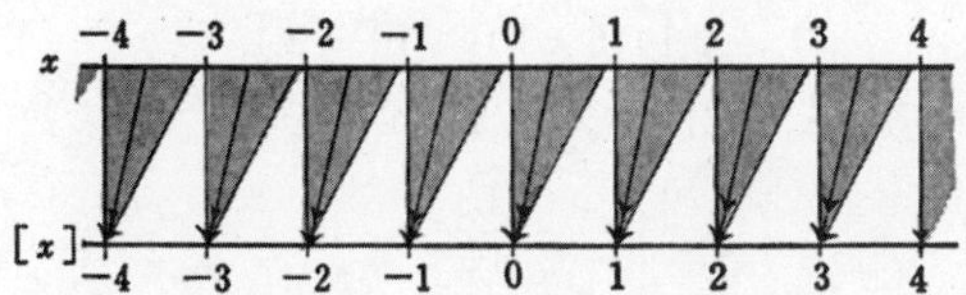

正の実数 x を小数で表わしたとき $[x]$ は小数点以下を切りすてた数を表わす．

たとえば

$$[5.3408\cdots]=5.$$

問　つぎの等式を証明せよ．

$$[[x]] = [x].$$

問　つぎの式はいかなる数を表わすか．

$$[0.05],\quad [4.2],\quad [-6.4],\quad \left[-\frac{22}{7}\right],\quad [\sqrt{2}],\quad [\sqrt{5}].$$

例　正の実数 x を小数で表わしたとき，小数点2位以下を切りすてた数はガウスの記号を使ってどのように表わせるか．

解　たとえば3.1416の2位以下はまず小数点を1だけ右に動かして31.416としてみよう．そのためには10倍すればよい．

$$3.1416 \times 10 = 31.416.$$

ここでガウスの記号を利用すると，

$$[3.1416 \times 10] = 31.$$

つぎに左に動かせばよい．そのためには10で割っておく．

$$[3.1416 \times 10] \div 10 = 3.1.$$

この考えを一般化すると，2位以下を切りすてた数は

$$\frac{[10x]}{10}$$

で表わされる．

問　ガウスの記号を使って正の実数 x の小数点4位以下を切りすてた数を表わせ．

例　あらゆる実数 x に対してつぎの式が成り立つこと

を証明せよ.

$$[x]+\left[x+\frac{1}{2}\right]=[2x].$$

解　$[x]$ は整数の点で 1 だけ飛躍するし，$\left[x+\frac{1}{2}\right]$ は整数 $+\frac{1}{2}$ の点で 1 だけ飛躍する．つまり $[x]+\left[x+\frac{1}{2}\right]$ は $\frac{1}{2}$ の間隔をもつ

$$\cdots, -\frac{1}{2}, 0, \frac{1}{2}, 1, \frac{3}{2}, 2, \frac{5}{2}, \cdots$$

という点で 1 だけ飛躍する.

右辺の $[2x]$ もやはり同じ点で 1 だけ飛躍する．しかも $x=0$ では

$$[x]+\left[x+\frac{1}{2}\right]=[0]+\left[\frac{1}{2}\right]=0+0=0,$$

$$[2x]=[2\cdot 0]=[0]=0$$

となり，一致する．したがってすべての x に対して

$$[x]+\left[x+\frac{1}{2}\right]=[2x].$$

問　x を

$$n\leqq x<n+\frac{1}{2},\quad n+\frac{1}{2}\leqq x<n+1$$

という 2 つの場合に分けて，上の例の別証明を考えてみよ.

x から $[x]$ を引いた残りの半端の部分を $\langle x\rangle$ で表わすことにしよう.

$$x-[x]=\langle x\rangle.$$

たとえば

$$\langle 3.14\rangle = 0.14,$$
$$\langle -5.6\rangle = 0.4,$$
$$\cdots$$

というようなものである.

例　n が整数であるとき,

$$\langle x+n\rangle = \langle x\rangle$$

となる.

解

$$\begin{aligned}\langle x+n\rangle &= x+n-[x+n] = x+n-([x]+n)\\ &= x-[x] = \langle x\rangle.\end{aligned}$$

この $\langle x\rangle$ をグラフにかくとつぎのようになる.

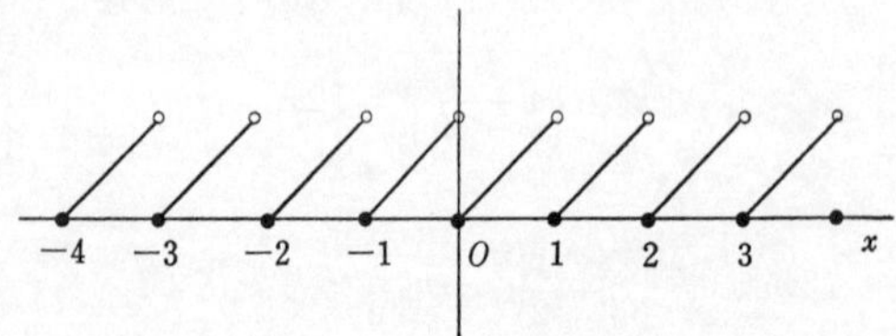

練習問題 1.1

1.　正の実数 x を小数で表わしたとき, 小数点以下を切り上げた数と四捨五入した数をガウスの記号を使って表わせ.

2. つぎの等式を証明せよ.

$$[x]+\left[x+\frac{1}{n}\right]+\left[x+\frac{2}{n}\right]+\cdots+\left[x+\frac{n-1}{n}\right]=[nx].$$

ただし n は正の整数とする.

3. $f(x)=x-[x]$ を x の関数とみたとき, そのグラフをえがけ.

4.
$$[x]+[y] \leqq [x+y] \leqq [x]+[y]+1.$$

5.
$$[2x]+[2y] \geqq [x]+[x+y]+[y].$$

6. n を正の整数とすると $\left[\dfrac{[nx]}{n}\right]=[x]$.

7.
$$[x_1]+[x_2]+\cdots+[x_n] \leqq [x_1+x_2+\cdots+x_n].$$

8. a は1より大きい整数であるとき, $\left[\dfrac{x}{a}\right]=\left[\dfrac{x}{a-1}\right]$ を満足する正整数の x を求めよ.

9. $[x-1]=\left[\dfrac{x+2}{2}\right]$ を満足する実数 x を求めよ.

10. 任意の実数 x, y に対して, つぎの不等式が成立することを証明せよ.

$$[4x]+[4y] \geqq [x]+[y]+[2x+y]+[x+2y].$$

11. $[a], [2a], \cdots, [Na]$ がみな異なり $\left[\dfrac{1}{a}\right], \left[\dfrac{2}{a}\right], \cdots, \left[\dfrac{N}{a}\right]$ がみな異なるための正の a はどのような数か.

除法

整数のつくる環 $\boldsymbol{Z}$ は加法, 減法, 乗法に対しては閉じているが，除法に対してはどうであろうか．

つまり 整数÷整数 はつねに整数になるだろうか，というと，もちろんそうはならない．たとえば

$$4 \div 3,$$

$$2 \div 5,$$

$$\cdots$$

は整数にはならない．

つまり，整数の集合 $\boldsymbol{Z}$ は除法に対しては閉じていない，のである．

これが連続的な実数とは見方がまるで異なってくる点である．

実数の世界では

$$\text{実数} \div \text{実数} = \text{実数}$$

となり，答が整数になるかどうかは問題にならない．ところが整数の世界では 整数÷整数 が整数になるかどうか，つまり割り切れるかどうかを大いに問題にする．それは整数論の中心的な問題の一つである．

整数の世界では除法はつぎのように，割ったときの余りは余りとして残しておく．

整数 b を正の整数 a で割ったときの商を q，余り（剰余）を r とすると，r は a より小さくなる．

$$b = qa + r \qquad (0 \leqq r < a)$$

$$\text{被除数} = \text{商} \times \text{除数} + \text{余り}$$

この除法をユークリッドの除法とよぶことがある.

このような除法がつねに可能であることが，整数の集合の最も重要な性質の一つであり，複雑なもろもろの法則もこの単純な法則から導きだされることが多い.

例　104 を 14 で割ってみよ.

$$\begin{array}{r} 7 \\ 14\,\overline{)\,104} \\ 98 \\ \hline 6 \end{array}$$

$$104=7\times 14+6.$$

例　-60 を 7 で割れ.

$$\begin{array}{r} 8 \\ 7\,\overline{)\,60} \\ 56 \\ \hline 4 \end{array}$$

$$60=8\cdot 7+4,$$

$$-60=(-8)\cdot 7-4$$

-4 をプラスにするために -8 を -9 にかえて，そのかわりに 7 を加える.

$$=(-9)\cdot 7+7-4$$

$$=(-9)\cdot 7+3.$$

上の式にガウスの記号を利用してみよう.

$$b=q\cdot a+r \qquad (0\leqq r<a)$$

の両辺を a で割ってみると

$$\frac{b}{a} = q + \frac{r}{a}$$

q は整数で $\frac{r}{a} < 1$ であるから

$$\left[\frac{b}{a}\right] = \left[q + \frac{r}{a}\right] = q,$$

したがって

$$b = \left[\frac{b}{a}\right]a + \left(b - \left[\frac{b}{a}\right]a\right),$$

$$r = b - \left[\frac{b}{a}\right]a.$$

例 a を 15 で割ったら商が 7 であった．そのような a で最大の整数は何か．また最小の整数は何か．

解

$$a = 7\cdot 15 + r \qquad (0 \leqq r < 15).$$

15 より小さい整数で最大のものは 14 であるから，$r = 14$ とすると

$$a = 7\cdot 15 + 14 = 119.$$

最小の r は 0 である． $a = 7\cdot 15 + 0 = 105.$

問 除数が 6，商が 12 のとき最大と最小の整数を求めよ．

例 被除数が 400，商が 11 のとき，除数を求めよ．

解

$$400 = 11\cdot a + r \qquad (0 \leqq r < a),$$

$$11\cdot a + 0 \leqq 400 < 11a + a,$$

$$11a \leqq 400 < 12a.$$

この不等式を解くと,

$$a \leqq \frac{400}{11} = 36\frac{4}{11},$$

$$a > \frac{400}{12} = 33\frac{4}{12},$$

$$33 < a \leqq 36.$$

答　$a = 34, 35, 36$

問　被除数が263，商が9のとき，除数は何か.

例　119をある数で割ったら28が余った．ある数は何であったか.

解

$$119 = q\cdot a + 28,$$

$$119 - 28 = qa,$$

$$91 = q\cdot a.$$

このことからaは91を割り切るはずである．そのようなaは1, 7, 13, 91である.

$a=7$とすると余りの28のほうが大きくなるから7ではありえない．$a=13$も同様である．だから$a=91$しかない.

練習問題 1.2

1. ある数 a を 13 で割ったら商が 17 であった．a はどのような数か．
2. 371 をある数 b で割ったら商は 14 であった．b と余りを求めよ．
3. a を b で割ったら商は q で余りは r であった．もし n を正整数としたとき，na を nb で割ったら，商と余りはどうなるか．
4. a を b で割ったら，商は q，余りは r，a' を b で割ったら，商は q' で余りは r' であった．$a+a'$ を b で割ったらどうなるか．また $a-a'$ を b で割ったときはどうか．

10 進法とその拡張

今日世界中で広く使われている 10 進法は整数を表わすための威力のある方法であるが，これはユークリッドの除法をくり返してほどこしたものである．

整数 a を 10 で割ると，

$$a = 10q_1 + r_0 \qquad (0 \leqq r_0 < 10).$$

このときの余り r_0 は 10 より小さい整数だから，

$$0,\ 1,\ 2,\ 3,\ 4,\ 5,\ 6,\ 7,\ 8,\ 9$$

のなかのどれかである．

つぎに商の q_1 を 10 で割ると，

$$q_1 = 10 \cdot q_2 + r_1 \qquad (0 \leqq r_1 < 10).$$

この r_1 はまた 0 から 9 までの数のどれかである．

このようにして，商をつぎつぎに 10 で割っていくと，

$$q_2 = 10 \cdot q_3 + r_2 \qquad (0 \leqq r_2 < 10),$$
$$q_3 = 10 \cdot q_4 + r_3 \qquad (0 \leqq r_3 < 10),$$
$$\cdots$$

となり，商の q_n が 10 より小さくなるまでつづけていく．
$q_{n-1} = 10q_n + r_{n-1} \quad (0 \leqq r_{n-1} < 10), \ (0 \leqq q_n < 10)$
ここでつぎつぎに代入していくと，

$$a = 10 \cdot \overbrace{10q_2 + r_1}^{\uparrow}, \quad 10q_2 + r_1 \leftarrow \overbrace{10q_3 + r_2}^{\uparrow} \leftarrow \overbrace{10q_4 + r_3}^{\uparrow} \leftarrow \cdots \leftarrow \overbrace{10q_n + r_{n-1}}$$

結局 $q_n = r_n$ と書きかえると，

$$a = 10^n r_n + 10^{n-1} r_{n-1} + \cdots + 10 \cdot r_1 + r_0$$

が得られる．ここで $r_n, r_{n-1}, \cdots, r_1, r_0$ は 0 から 9 までの数である．

これは a を $r_n r_{n-1} \cdots r_0$ という $n+1$ ケタの算用数字に書き表わしたものにほかならない．

$r_0, r_1, \cdots, r_n$ はつぎつぎに 10 で割っていった余りであるから a という正整数を 10 進法で表わす仕方は 1 通りしかないことがわかる．

例 ある3ケタの数はその数字の和の11倍に等しいという．その数は何か．

解 その数を

$$10^2 r_2 + 10 r_1 + r_0$$

とすると，

$$10^2 r_2 + 10 r_1 + r_0 = 11(r_2 + r_1 + r_0).$$

したがって

$$89 r_2 = r_1 + 10 r_0.$$

r_1, r_0 は10より小であるから，左辺は100より小である．ゆえに

$$r_2 = 1.$$

$$89 = r_1 + 10 r_0$$

から

$$r_1 = 9, \qquad r_0 = 8.$$

したがって，その数は198である．

問 ある正整数は他の正整数の2乗で，末尾の数字は5であるという．そのとき，右から3番目の数字は偶数であることを証明せよ．

以上のような10進法に関する議論は10のかわりに正整数 k をおきかえても成り立つ．

一般に正整数 a をつぎの形に表わすことを k 進法と名づける．

$$a = r_n k^n + r_{n-1} k^{n-1} + \cdots + r_1 k + r_0.$$

これは a を k で割っていけばよい.

$$
\begin{aligned}
a &= q_1k+r_0 && (0 \leqq r_0 < k),\\
q_1 &= q_2k+r_1 && (0 \leqq r_1 < k),\\
&\cdots\\
q_{n-1} &= q_nk+r_{n-1} && (0 \leqq r_{n-1} < k,\ 0 \leqq q_n < k).
\end{aligned}
$$

$q_n = r_n$ とおくと

$$a = r_nk^n + r_{n-1}k^{n-1} + \cdots + r_1k + r_0$$

が得られる.

例　10 進法で表わした 338 を 7 進法で表わせ.

解

$$
\begin{array}{r|l}
 & \;\;48 \\ \hline
7 & 338 \\
 & \;\;28 \\ \hline
 & \;\;58 \\
 & \;\;56 \\ \hline
 & \;\;\;\mathbf{2}
\end{array}
\qquad
\begin{array}{r|l}
 & \;\mathbf{6} \\ \hline
7 & 48 \\
 & 42 \\ \hline
 & \;\mathbf{6}
\end{array}
$$

答　662

問　10 進法で表わされたつぎの数を 7 進法で表わせ.

(1) 526　(2) 1025　(3) 2963　(4) 637

10 より大きい数, たとえば 12 をもとにする 12 進法では 0, 1, 2, ⋯, 9 のほかに 10, 11 を表わす新しい数字が必要となる. そこで 10 を t, 11 を e で表わすことにしよう.

例　10 進法の 851 を 12 進法で表わせ.

解

$$\begin{array}{rl} & 70 \\ 12 & \overline{)\,851} \\ & \underline{84} \\ & 11 \\ & \underline{0} \\ & 11(=e) \end{array} \qquad \begin{array}{rl} & 5 \\ 12 & \overline{)\,70} \\ & \underline{60} \\ & 10(=t) \end{array}$$

答　$5te$

問　10 進法で表わされたつぎの数を 12 進法で表わせ.
(1) 600　(2) 382　(3) 2423　(4) 800

例　k 進法では

$$8 \times 5 = 44$$

となったという. k を求めよ.

解

$$8 \times 5 = 4k+4,$$

$$40 = 4(k+1),$$

$$10 = k+1,$$

$$k = 9.$$

答　9 進法

問　k 進法で

$$5 \times 6 = 36$$

となったという. k は何か.

2 進法　一般の k 進法のなかで k が最小の場合，すなわち $k=2$（$k=1$ は意味がない）の場合がとくに重要である．つまり 2 進法の場合である．最近計算機に利用されるので，広く用いられるようになった．2 進法では 0，1 という数字だけが必要である．

例　351 を 2 進法に書き改めよ．

$$
\begin{array}{r}
175\\
2\,\overline{)\,351}\\
2\\ \hline
15\\
14\\ \hline
11\\
10\\ \hline
\mathbf{1}
\end{array}
\quad
\begin{array}{r}
87\\
2\,\overline{)\,175}\\
16\\ \hline
15\\
14\\ \hline
\mathbf{1}
\end{array}
\quad
\begin{array}{r}
43\\
2\,\overline{)\,87}\\
8\\ \hline
7\\
6\\ \hline
\mathbf{1}
\end{array}
\quad
\begin{array}{r}
21\\
2\,\overline{)\,43}\\
4\\ \hline
3\\
2\\ \hline
\mathbf{1}
\end{array}
\quad
\begin{array}{r}
10\\
2\,\overline{)\,21}\\
2\\ \hline
1\\
0\\ \hline
\mathbf{1}
\end{array}
\quad
\begin{array}{r}
5\\
2\,\overline{)\,10}\\
10\\ \hline
\mathbf{0}
\end{array}
\quad
\begin{array}{r}
2\\
2\,\overline{)\,5}\\
4\\ \hline
\mathbf{1}
\end{array}
\quad
\begin{array}{r}
\mathbf{1}\\
2\,\overline{)\,2}\\
2\\ \hline
\mathbf{0}
\end{array}
$$

答　101011111

問　つぎの数（10 進法）を 2 進法に書き改めよ．

56，　84，　65，　43，　127

2 進法から 10 進法に直すにはつぎのようにする．

例　2 進法で表わされた 101011 を 10 進法に書き改めよ．

解

$$
\begin{aligned}
1\cdot 2^5+0\cdot 2^4+1\cdot 2^3+0\cdot 2^2+1\cdot 2+1 &= 32+8+2+1\\
&= 43.
\end{aligned}
$$

問 2進法で表わされたつぎの数を10進法に直せ.

100000, 101010, 111001, 110011

ソロバンの五玉だけを使うと2進法を考えることができる. たとえば1100100はつぎのように表わされる.

2進法は0と1だけを使ってすべての正整数を表わしうる点では10進法よりは単純であるが, その反面, ケタが長くなること, くり上がりくり下がりが頻繁に起こる点では不便である.

一般化

昔の日本では距離をはかるのに, 里, 町, 間, 尺が用いられていた.

1里 = 36町

1町 = 60間

1間 = 6尺

例 99106尺は何里何町何間何尺か.

$$
\begin{array}{r@{\,}r}
 & 16517 \\ \cline{2-2}
6\,) & 99106 \\
 & 6 \\ \cline{2-2}
 & 39 \\
 & 36 \\ \cline{2-2}
 & 31 \\
 & 30 \\ \cline{2-2}
 & 10 \\
 & 6 \\ \cline{2-2}
 & 46 \\
 & 42 \\ \cline{2-2}
 & \mathbf{4}
\end{array}
\qquad
\begin{array}{r@{\,}r}
 & 275 \\ \cline{2-2}
60\,) & 16517 \\
 & 120 \\ \cline{2-2}
 & 451 \\
 & 420 \\ \cline{2-2}
 & 317 \\
 & 300 \\ \cline{2-2}
 & \mathbf{17}
\end{array}
\qquad
\begin{array}{r@{\,}r}
 & \mathbf{7} \\ \cline{2-2}
36\,) & 275 \\
 & 252 \\ \cline{2-2}
 & \mathbf{23}
\end{array}
$$

答　7 里 23 町 17 間 4 尺.

10 進法や k 進法が同じ 10 または k によってケタが上がっていくのにくらべて，この場合は

$$6, 60, 36$$

というように異なる数でケタが上がっていく.

一般化して考えて，

$$k_1, k_2, k_3, \cdots, k_n$$

を定めておいて，これをもとにしてつぎのケタに上がっていくものとする.

まず a を k_1 で割って余りが r_0 とする.

$$a = q_1 k_1 + r_0 \qquad (0 \leqq r_0 < k_1).$$

つぎには商の q_1 を k_2 で割ってその余りを r_1 とする.

$$q_1 = q_2 k_2 + r_1 \qquad (0 \leqq r_1 < k_2),$$
$$\cdots \qquad\qquad \cdots$$
$$q_{n-1} = q_n k_n + r_{n-1} \qquad (0 \leqq r_{n-1} < k_n).$$

つぎつぎに代入していくと,

$$a = q_1 \overbrace{k_1 + r_0}^{\uparrow}$$
$$q_1 = \overbrace{q_2 k_2 + r_1}$$
$$q_2 = \overbrace{q_3 k_3 + r_2}$$
$$\uparrow$$
$$\vdots$$
$$\overbrace{q_n k_n + r_{n-1}}$$

まとめると,

$$a = q_n k_1 k_2 \cdots k_n + r_{n-1} k_1 k_2 \cdots k_{n-1} + \cdots + r_1 k_1 + r_0$$

となる.

これは除法のくり返しで余りの $r_0, r_1, r_2, \cdots, r_{n-1}$ と q_n は a からつぎつぎに1通りに定まってくる. したがってつぎの定理が成り立つ.

定理1.1 $k_1, k_2, \cdots, k_n$ を定めておくと, 任意の正整数 a はつぎのような形に1通りに表わされる.

$$a = q_n k_1 k_2 \cdots k_n + r_{n-1} k_1 k_2 \cdots k_{n-1} + \cdots + r_1 k_1 + r_0$$

ただし $0 \leqq r_i < k_{i+1} \quad (i=0, 1, 2, \cdots, n-1)$ とする.

このように不等進の度量衡をもっていたのは英国である. だが, 1971年10進法に改めた.

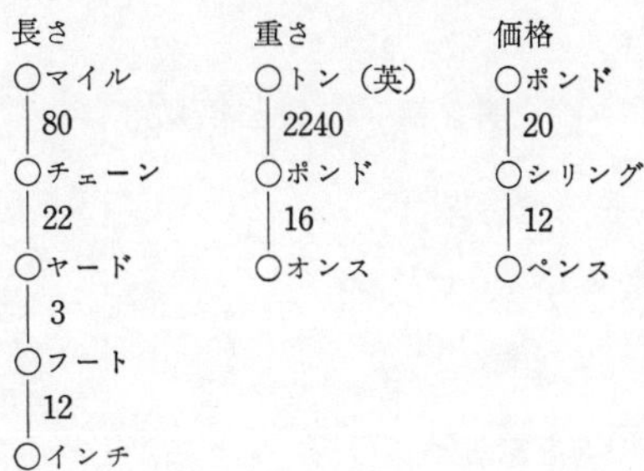

練習問題 1.3

1. ある 4 ケタの数を 9 倍すると，その数字を逆に並べた数になるという．その数は何か．
2. ある 4 ケタの数を 4 倍すると，その数字を逆に並べた数になるという．その数を求む．
3. ある 3 ケタの数 a_0 と数字の順序を入れかえた数の差をつくり，それを a_1 とする．a_1 から同じようにしてつぎつぎに $a_2, a_3, \cdots$ をつくっていくと，何回目かに同じ数が現われることを示せ．
4. 3 ケタの数で数字の和の 11 倍に等しい数を求めよ．

第2章　約数と倍数

整除性

$a\,(\neq 0)$ で b を割ると,

$$b = qa + r \qquad (0 \leqq r < a)$$

となるが，とくに余りの r が 0 となるとき，すなわち

$$b = qa$$

のとき，つぎのようにいう.

「b は a で割り切れる」

「b は a で整除される」

「b は a の倍数である」

「a は b の約数である」

これらの文章は，表現は異なるが，意味は同じである.

この事実を，そのつど普通の文章で表わすことはわずらわしいので，何でも記号化するという数学の習慣にしたがって，つぎのような記号で表わす.

$$a)b \quad もしくは \quad b(a.$$

注意　通常，これは $a|b$ という記号で表わされている．しかしここではこの記号は用いないことにする．a, b の順序をかえて $b|a$ とすると意味がかわってくるし，また分数との連想から

混同が起こりやすい.

$a\,)\,b$ は $a\overline{)b}$ という除法の形と自然につながるし，b の倍数の集合が a の倍数の集合に含まれる，という意味に解釈すれば，集合論の「含む」記号とも考えられる*.

以下に整除性に関する基本的な法則をあげておく.

定理 2.1 任意の整数 a に対して

$$a\,)\,a,\quad 1\,)\,a$$

となる.

証明

$$a=1\cdot a$$

だから

$$a\,)\,a,\quad 1\,)\,a.$$

(証明終)

定理 2.2 $a\,)\,b,\ b\,)\,c$ ならば $a\,)\,c$.

証明 $a\,)\,b$ だから

$$b=qa \qquad (q \text{ は整数}).$$

$b\,)\,c$ だから

$$c=q'b \qquad (q' \text{ は整数}).$$

したがって

$$c=q'b=q'(qa)=(q'q)a.$$

$q'q$ は整数だから

$$a\,)\,c.$$

(証明終)

* 銀林浩『初等整数論入門』はこの記号を使っている.

定理 2.3　$a\,)\,b,\ b\,)\,a$ ならば $b=\pm a$.

証明

$$b = qa, \quad a = q'b$$

だから

$$a = q'qa.$$

$a \neq 0$ だから

$$q'q = 1, \quad q' = q = \pm 1.$$

したがって

$$b = \pm a.$$

（証明終）

例　$a\,)\,b,\ c\,)\,d$ ならば $ac\,)\,bd$

となることを証明せよ.

解

$$b = qa, \quad d = q'c \qquad (q, q' \text{ は整数})$$

となるから

$$bd = (qa)(q'c) = (qq')(ac).$$

qq' は整数だから

$$ac\,)\,bd.$$

定理 2.4　$a\,)\,b, a\,)\,c$　ならば　$a\,)\,b \pm c$.

証明

$$b = qa, \quad c = q'a \qquad (q, q' \text{ は整数})$$

だから

$$b \pm c = qa \pm q'a = (q \pm q')a$$

となる. $q \pm q'$ は整数だから　$a\,)\ b \pm c$.

（証明終）

問　$a\,)\,b, a\,)\,c$ で，m, n が整数ならば $a\,)\,mb+nc$.

約数の集合

正整数 a の正の約数全体の集合を $D(a)$ * で表わすことにする．たとえば

$$D(6) = \{1, 2, 3, 6\},$$
$$D(7) = \{1, 7\},$$
$$D(8) = \{1, 2, 4, 8\},$$
$$\cdots$$

注意　a 自身と 1 は a の約数だから $a \in D(a), 1 \in D(a)$.

問　$D(9), D(12), D(13), D(30), D(100)$ を求めよ．

例　つぎのことを証明せよ．$a\,)\,b$ ならば

$$D(a) \subseteqq D(b).$$

逆に $D(a) \subseteqq D(b)$ ならば

$$a\,)\,b.$$

解　$c \in D(a)$ ならば

$$c\,)\,a.$$

$a\,)\,b$ だから定理 2. 2 によって

$$c\,)\,b.$$

だから

$$c \in D(b)$$

---

*　Divisor（約数）の頭文字をとった．

したがって

$$D(a) \subseteqq D(b).$$

逆に

$$D(a) \subseteqq D(b)$$

ならば,

$$a \in D(a)$$

だから

$$a \in D(b).$$

したがって

$$a \,)\, b. \qquad \text{(証明終)}$$

公約数

2つの整数a, bの共通の約数をa, bの公約数という.正の公約数の全体は集合$D(a)$と集合$D(b)$の共通部分$D(a) \cap D(b)$である.

たとえば8と12の公約数は2つの集合

$$D(8) = \{1, 2, 4, 8\},$$
$$D(12) = \{1, 2, 3, 4, 6, 12\}$$

の共通部分の集合

$$D(8) \cap D(12) = \{1, 2, 4\}$$

である.つまり,8と12の公約数は1, 2, 4である.

問　つぎの2数の公約数を求めよ.

(10, 12),　(9, 15),　(18, 30),　(24, 36),　(14, 27),
(72, 108).

もちろん，3つ以上の数の公約数も同様である．

整数 $a_1, a_2, \cdots, a_n$ の公約数は $a_1, a_2, \cdots, a_n$ の共通の約数を意味する．

集合の記号で書くと

$$D(a_1) \cap D(a_2) \cap \cdots \cap D(a_n)$$

に属する数である．

例　公約数 (12, 18, 24) を求めよ．

解

$$D(12) = \{1, 2, 3, 4, 6, 12\},$$
$$D(18) = \{1, 2, 3, 6, 9, 18\},$$
$$D(24) = \{1, 2, 3, 4, 6, 8, 12, 24\}.$$

したがって

$$D(12) \cap D(18) \cap D(24) = \{1, 2, 3, 6\}.$$

問　つぎの組の公約数を求めよ．

(14, 21, 28),　(30, 48, 66),　(18, 24, 32, 54).

最大公約数

公約数のなかで最大のものを**最大公約数**という．たとえば 8 と 12 の最大公約数は公約数の集合

$$D(8) \cap D(12) = \{1, 2, 4\}$$

のなかで最大の4である．すなわち，8と12の最大公約数は4である，という．$a_1, a_2, \cdots, a_n$ の最大公約数を

$$(a_1, a_2, \cdots, a_n)$$

で表わす．この記号を使えば

$$(8, 12) = 4$$

と書ける．

$$D(8) \cap D(12) = \{1, 2, 4\},$$
$$D(12) \cap D(18) = \{1, 2, 3, 6\}$$

の例をみると，すべての公約数は最大公約数の約数となっていることに気づく．もしこのことが真ならば――後で証明されるが――公約数を求めるには，まず最大公約数を見いだしてから，その約数を求めればよい．

互除法

2つの正整数の最大公約数を求める方法としては互除法がある．

そのためにまず，つぎの事実に注目しよう．

定理2.5　$a < b$ のとき q を整数とすると，$(a, b) = (a, b-qa)$．

証明

$$d = (a, b), \quad d' = (a, b-qa)$$

ならば

$$d\,)\,a, \quad d\,)\,b.$$

したがって

$$d\,)\,b-qa,$$

だから

$$d \text{ は } a \text{ と } b-qa \text{ の公約数}$$

である．したがって，d は a と $b-qa$ の最大公約数 d' より大きくはない．

$$d \leqq d'.$$

逆に

$$d'\,)\,a, \quad d'\,)\,b-qa$$

だから

$$d'\,)\,qa, \quad d'\,)\ (b-qa)+qa=b.$$

$$d' \text{ は } a, b \text{ の公約数}$$

である．だから a, b の最大公約数 d より大きくはなれない．

$$d' \leqq d.$$

$$\therefore \quad d = d',$$

$$(a, b) = (a, b-qa).$$

（証明終）

これを図示するとつぎのようになる．

縦が a，横が $b\,(a<b)$ である長方形があるとき，この長方形をある正方形ですき間なく埋めることを考えてみよう．

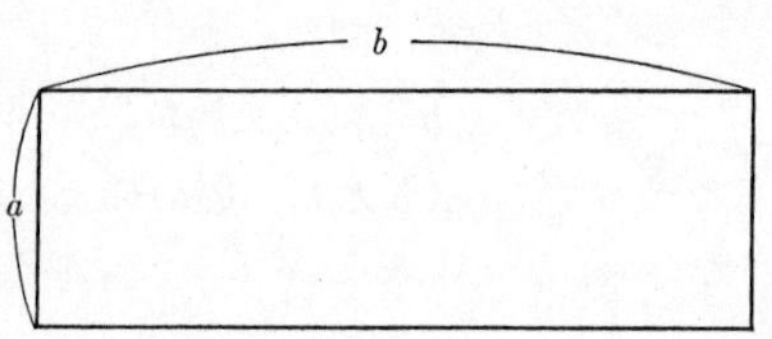

そのような正方形のうちで最大の正方形の１辺の長さが a, b の最大公約数 (a, b) であることは明らかである．

試行錯誤の方法で (a, b) を求めよう．

(a, b) は a より大きくはないが，まず a に等しいとしてみよう．

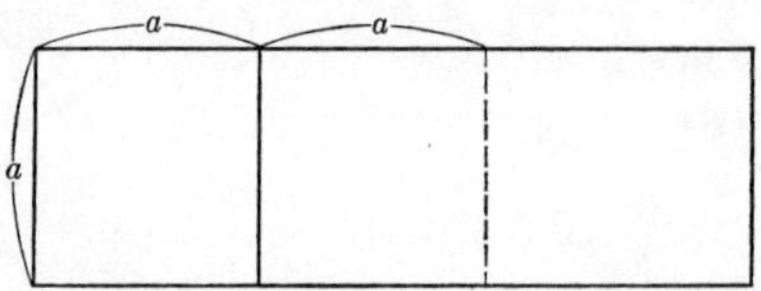

a が b を割り切るなら，$(a, b) = a$ となって答が得られる．しかし，そうでなかったら，つぎには $\frac{a}{2}$ を試みよう．また $\frac{a}{2}$ で成功しなかったら，つぎは $\frac{a}{3}, \frac{a}{4}, \cdots$ をつぎつぎに試みるだろう．

このとき，つぎのことに気づくだろう．それは，b 上に左から a だけとった線と $\frac{a}{2}, \frac{a}{3}, \cdots$ による分割の線がすべて重なることである．

だから，分割線はすべてこの線から新しくスタートする

とみてもよい．つまり，$a\times a$ の正方形を切りとっても答は同じになる．つまり

$$(a,b)=(a,b-a).$$

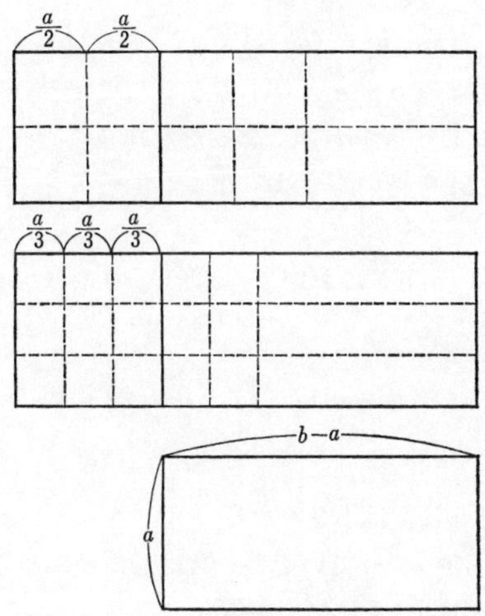

$b=qa+r$ ならば $a\times a$ の正方形をつぎつぎに切りとっていくと

$$\begin{aligned}(a,b)&=(a,b-a)=(a,b-2a)=\cdots=(a,b-qa)\\&=(a,r)\end{aligned}$$

となる．

ここでもし $a<b$ とするとき，b を a で割って余りが r_1 であったとすると

$$b = qa + r_1 \qquad (0 \leqq r_1 < a),$$
$$b - qa = r_1$$

となるから，定理 2.5 によって

$$(a, b) = (a, r_1), \quad r_1 < a < b$$

となる．つまり b を a より小さな r_1 でおきかえることができる．つまり数が小さくなっただけ (a, r_1) を見いだすことは (a, b) を見いだすよりはやさしくなったことになる．

こんどは (a, r_1) において，a を r_1 で割って余りが r_2 だとすると，

$$a = q_1 r_1 + r_2, \quad 0 \leqq r_2 < r_1,$$
$$(a, r_1) = (a - q_1 r_1, r_1) = (r_2, r_1)$$

となり，さらに数は小さくなる．

この計算をつづけていくと，数はしだいに小さくなり，最後は 0 が現われるはずであろう．

$$b > a > r_1 > r_2 > \cdots > r_n > 0,$$
$$(a, b) = (a, r_1) = (r_2, r_1) = \cdots = (r_n, 0) = r_n.$$

このときの r_n が求める最大公約数である．

式に書くと

$$
\begin{aligned}
b &= q_1 a + r_1,\\
a &= q_2 r_1 + r_2,\\
r_1 &= q_3 r_2 + r_3,\\
&\cdots\\
r_{n-1} &= q_{n+1} r_n + 0.
\end{aligned}
$$

$$(b > a > r_1 > r_2 > \cdots > r_n > 0).$$

このようにして2数の最大公約数を求める方法を，余りで互いに割っていく，ということから**互除法**という．あるいはユークリッドのアルゴリズムという．

例　(38, 86) を求めよ．

解

$$
\begin{array}{r}
2\\
38\,\overline{)\,86}\\
76\\
\hline
10
\end{array}
\qquad
\begin{array}{r}
3\\
10\,\overline{)\,38}\\
30\\
\hline
8
\end{array}
\qquad
\begin{array}{r}
1\\
8\,\overline{)\,10}\\
8\\
\hline
2
\end{array}
\qquad
\begin{array}{r}
4\\
2\,\overline{)\,8}\\
8\\
\hline
0
\end{array}
$$

式に書くと

$$
\begin{aligned}
86 &= 2\cdot 38 + 10\\
38 &= 3\cdot 10 + 8\\
10 &= 1\cdot 8 + 2\\
8 &= 4\cdot 2 + 0
\end{aligned}
$$

答　2

問　つぎの最大公約数を求めよ．

$$(64, 96), \quad (23, 125), \quad (65, 91).$$

最大公約数についてはつぎの重要な公式が成り立つ.

定理 2.6

$$(ma, mb) = m(a, b).$$

証明

$$b = q_0 a + r_1,$$
$$a = q_1 r_1 + r_2,$$
$$\cdots$$
$$r_{n-1} = q_n r_n,$$
$$r_n = (a, b).$$

すべての式に m を掛けると

$$mb = q_0 ma + mr_1,$$
$$ma = q_1 mr_1 + mr_2,$$
$$\cdots$$
$$mr_{n-1} = q_n mr_n.$$

したがって

$$(ma, mb) = mr_n = m(a, b).$$

(証明終)

定理 2.7 a, b の任意の公約数は a, b の最大公約数 (a, b) の約数である.

証明 a, b の任意の公約数を c とする.

$$c \,)\, a, \quad c \,)\, b.$$

したがって

$$a = a'c, \quad b = b'c$$

と書ける．a', b' は整数である．

$$(a, b) = (a'c, b'c) = c(a', b').$$

この式から

$$c\,)\,(a, b).$$

（証明終）

定理 2.8

$$D(a) \cap D(b) = D((a, b)).$$

証明

$$c \in D(a) \cap D(b)$$

ならば

$$c\,)\,a, \quad c\,)\,b.$$

定理 2.7 によって，

$$c\,)\,(a, b)$$

だから

$$c \in D((a, b)).$$

逆に

$$c \in D((a, b))$$

なら

$$c\,)\,(a, b)\,)\,a, \quad c\,)\,(a, b)\,)\,b,$$

$$c \in D(a) \cap D(b),$$

$$\therefore \quad D(a) \cap D(b) = D((a, b)).$$

（証明終）

例 $D(36) \cap D(60)$ を求めよ.

解 まず $(36, 60)$ を求める.

$$
\begin{array}{rrrr}
 & 1 & & \\ \cline{2-2}
36\,) & 60 & & \\
 & 36 & 1 & \\ \cline{2-3}
 & 24\,) & 36 & \\
 & & 24 & 2 \\ \cline{3-4}
 & & 12\,) & 24 \\
 & & & 24 \\ \cline{4-4}
 & & & 0
\end{array}
$$

したがって

$$(36, 60) = 12,$$

$$D((36, 60)) = D(12) = \{1, 2, 3, 4, 6, 12\}.$$

これは

$$D(36) = \{1, 2, 3, 4, 6, 9, 12, 18, 36\},$$

$$D(60) = \{1, 2, 3, 4, 5, 6, 10, 12, 15, 20, 30, 60\}$$

として2つの集合の共通部分をとって

$$D(36) \cap D(60) = \{1, 2, 3, 4, 6, 12\}$$

としてもよいが，これは面倒である.

問 $D(15) \cap D(25)$, $D(32) \cap D(54)$, $D(63) \cap D(91)$ を求めよ.

定理 2.9 $(a, b) = 1$ ならば $(ac, b) = (c, b)$.

証明

$$(ac, b) = (ac, bc, b) = ((ac, bc), b) = (c(a, b), b) = (c, b).$$

(証明終)

定理 2. 10 $(a, b)=1, (a, c)=1$ ならば $(a, bc)=1$.

証明

$$(a, c) = (a, (a, b)c) = (a, ac, bc) = (a, bc) = 1.$$

(証明終)

互いに素 $(a, b)=1$ のとき，a, b は互いに素であるという．

定理 2. 11 $(a, b)=1$ で $a\,)\,bc$ のときは $a\,)\,c$.

証明 $(a, b)=1$ の両辺に c を掛けると

$$(a, b)c = c.$$

定理 2. 6 によって

$$(ac, bc) = c.$$

$a\,)\,bc$ だから

$$bc = ad$$

と書ける．

$$(ac, ad) = c.$$

定理 2. 6 によって

$$a(c, d) = c$$

ゆえに

$$a\,)\,c.$$

(証明終)

定理 2. 12 $(a, b)=1$，$a\,)\,c$，$b\,)\,c$ ならば $ab\,)\,c$.

証明 $b\,)\,c$ から

$$c = bd$$

と書ける.

$$a\,)\,c = a\,)\,bd$$

定理 2. 11 によって

$$a\,)\,d.$$

したがって

$$d = ae.$$

よって

$$c = bd = b(ae) = (ab)e.$$

したがって

$$ab\,)\,c.$$

(証明終)

例　$a > 1, m, n$ は正整数であるとき，つぎの式を証明せよ.

$$(a^m - 1, a^n - 1) = a^{(m,\,n)} - 1.$$

解

$$m = n$$

だったら，もちろん

$$(a^m - 1, a^m - 1) = a^m - 1 = a^{(m,\,m)} - 1.$$

だから

$$m > n$$

とする. m を n で割ってみる.

$$m = qn + r \qquad (0 \leqq r < n).$$

ここで互除法を適用すると

$$a^m-1=(a^n-1)a^{m-n}+a^{m-n}-1$$
$$=(a^n-1)a^{m-n}+(a^n-1)a^{m-2n}+a^{m-2n}-1$$

これを q 回つづけていくと

$$=(a^n-1)(a^{m-n}+a^{m-2n}+\cdots+a^{m-qn})+(a^r-1),$$

したがって $d=(m,n)$ とすると

$$(a^m-1,a^n-1)=(a^r-1,a^n-1)$$
$$=\cdots=(a^d-1,a^0-1)$$
$$=(a^d-1,0)=a^d-1.$$

例

$$x^2+y^2=axy$$

に正整数の解が存在するとき，a はいかなる数であるべきか.

解

$$(x,y)=d$$

とする.

$$x=dx',\quad y=dy'$$

とすると

$$x'^2+y'^2=ax'y'.$$

この式から

$$x'\,)\,y'^2,\quad y'\,)\,x'^2,$$
$$x'=1,\quad y'=1.$$
$$\therefore\quad 1^2+1^2=a\cdot 1\cdot 1,$$

$$a = 2.$$

公倍数

a の倍数の集合を $M(a)$ で表わすことにしよう．たとえば

$$M(3) = \{3, 6, 9, 12, 15, \cdots\},$$
$$M(10) = \{10, 20, 30, \cdots\}.$$

注意　$D(a)$ は有限集合であるが，$M(a)$ は無限集合である．

a, b の共通の倍数を**公倍数**という．それはつぎの集合をつくる．

$$M(a) \cap M(b).$$

たとえば 10 と 15 の公倍数の集合は

$$M(10) = \{10, 20, 30, 40, 50, 60, \cdots\},$$
$$M(15) = \{15, 30, 45, 60, 75, 90, \cdots\},$$
$$M(10) \cap M(15) = \{30, 60, 90, \cdots\}.$$

すなわち，$30, 60, 90, \cdots$ が 10 と 15 との公倍数である．

問　8 と 10 の公倍数を小さいほうから 4 個求めよ．

最小公倍数

公倍数のなかで最小のものを**最小公倍数**という．

問　つぎの組の最小公倍数を求めよ．

(1) 10, 12　(2) 16, 28　(3) 6, 11

a, b の最小公倍数を

$$[a, b]$$

で表わす.

定理 2.13　a, b の任意の公倍数は最小公倍数の倍数である.

証明

$$a, b \text{ の公倍数を } c$$

とする.

$$a\,)\,c, \quad b\,)\,c.$$

c を $[a, b]$ で割ると

$$c = q[a, b] + r \qquad (0 \leqq r < [a, b]),$$

$$a\,)\,c - q[a, b] = r, \quad b\,)\,c - q[a, b] = r.$$

したがって

$$r \text{ は } a, b \text{ の公倍数}$$

である. しかも

$$0 \leqq r < [a, b]$$

であるから, $0 < r < [a, b]$ であったら最小公倍数 $[a, b]$ より小さな公倍数が存在することになり, 矛盾が起こる. だから

$$r = 0.$$

すなわち,

$$c = q[a, b].$$

c は $[a, b]$ の倍数である.

(証明終)

定理 2.14

$$M(a) \cap M(b) = M([a, b]).$$

証明

$$c \in M(a) \cap M(b)$$

ならば

$$a\,)\,c, \quad b\,)\,c.$$

定理 2.13 によって

$$[a, b]\,)\,c.$$

$$c \in M([a, b]).$$

逆に

$$c \in M([a, b])$$

ならば

$$[a, b]\,)\,c, \quad a\,)\,[a, b], \quad b\,)\,[a, b]$$

だから

$$a\,)\,c, \quad b\,)\,c,$$

$$c \in M(a) \cap M(b).$$

$$\therefore \quad M(a) \cap M(b) = M([a, b]).$$

（証明終）

定理 2.15

$$[ma, mb] = m[a, b].$$

証明

$$ma\,)\,[ma, mb], \quad mb\,)\,[ma, mb].$$

したがって

$$a\,)\,\frac{[ma, mb]}{m}, \quad b\,)\,\frac{[ma, mb]}{m}.$$

定理 2. 13 によって

$$[a, b]\,)\,\frac{[ma, mb]}{m},$$

$$m[a, b]\,)\,[ma, mb].$$

一方において

$$a\,)\,[a, b], \quad b\,)\,[a, b]$$

から

$$ma\,)\,m[a, b], \quad mb\,)\,m[a, b].$$

したがって

$m[a, b]$ は ma, mb の公倍数

である．だから，定理 2. 13 によって

$$[ma, mb]\,)\,m[a, b].$$

だから

$$[ma, mb] = m[a, b].$$

（証明終）

定理 2. 16　$(a, b) = 1$ ならば $[a, b] = ab$.

証明

$$a\,)\,[a, b], \quad b\,)\,[a, b]$$

から定理 2. 12 によって

$$ab\,)\,[a, b].$$

一方，

ab は a, b の公倍数

だから定理 2. 13 によって

$$[a, b]\,)\,ab.$$

だから

$$[a, b] = ab.$$

(証明終)

定理 2.17 $[a, b](a, b) = ab.$ または $[a, b] = \dfrac{ab}{(a, b)}.$

証明

$$a = a'(a, b), \quad b = b'(a, b)$$

とおく.

$$(a, b) = (a'(a, b), b'(a, b)) = (a, b)(a', b').$$

したがって,

$$(a', b') = 1.$$

$$[a, b] = [a'(a, b), b'(a, b)]$$

定理 2.15 によって,

$$= (a, b)[a', b'].$$

定理 2.16 によって

$$= (a, b)a'b'$$

$$= (a, b) \cdot \frac{a}{(a, b)} \cdot \frac{b}{(a, b)}.$$

分母をはらうと

$$(a, b)[a, b] = ab. \text{ また } [a, b] = \frac{ab}{(a, b)}.$$

(証明終)

$[a, b]$ を求めるにはこの公式を用いることが多い.

例　8 と 12 について,上の定理をたしかめよ.

解

$$[8, 12] = 24, \quad (8, 12) = 4,$$
$$24 \times 4 = 96 = 8 \times 12.$$

問　つぎの表をうめよ.

a	b	ab	(a, b)	$[a, b]$	$(a, b) \times [a, b]$
9	12				
14	20				
21	28				
30	48				
36	63				
24	32				

スピログラフ　近ごろ「スピログラフ」という美しい曲線模様を描く道具が売りだされている.

1つの固定した円のまわりをもう1つの円が滑ることなく接しながら動くとき，その円の定点がえがく軌跡である.

固定した円Aの周囲をa，動く円Bのそれをbとする．このとき，Bが何回転かして最初にもとの位置にもどってくるのは接点が$[a, b]$だけ動いてからである.

そこでbだけ動くごとにBの点と接点が一直線上にくる．したがって，

$$\frac{[a, b]}{b} = \frac{a}{(a, b)}$$

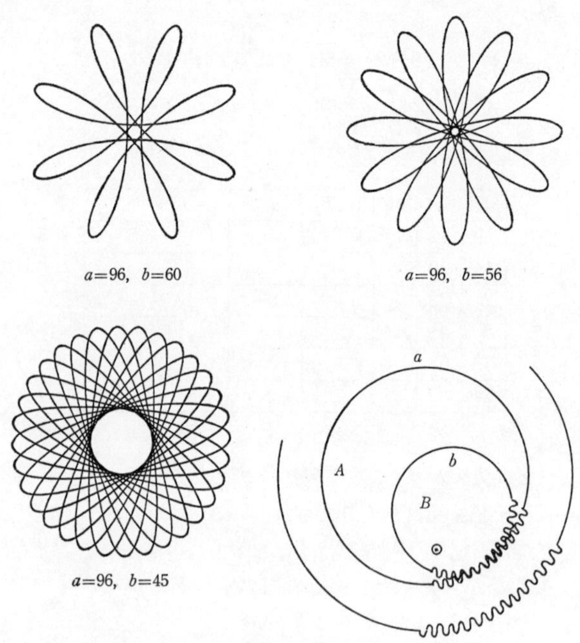

$a=96,\ b=60$　$a=96,\ b=56$　$a=96,\ b=45$

だけの頂点ができる.

問　$a=105, b=50$ のときはどうなるか.

例　$(a, b, c)=1$ で

$$a)\,b+c,\quad b)\,c+a,\quad c)\,a+b$$

となる正整数の 3 数 a, b, c を求めよ.

解

$$a \geqq b \geqq c$$

と仮定しよう．$a=b=c$ でなかったら

$$\frac{b+c}{a} < 2$$

だから

$$\frac{b+c}{a} = 1,$$

$$b+c = a,$$

$$c+a = c+(b+c).$$

$b\,)\,c+a$ だから

$$b\,)\,2c+b,$$

$$b\,)\,2c.$$

$b=c$ だったら

$$a = b+c = 2c$$

となるから

$$(a, b, c) = (2c, c, c) = (2, 1, 1)c = 1$$

だから

$$c = 1.$$

したがって

$$b = 1, \quad a = 2$$

また

$$b > c$$

で

$$b \text{ が奇数}$$

なら $b\,)\,2c$ から

$$b\,)\,c$$

となり $b>c$ と矛盾する．だから b は奇数ではない．

$$b \text{ が偶数}$$

なら

$$b = 2b'$$

とおくと

$$2b'\,)\,2c,$$
$$b'\,)\,c$$

だから

$$c = b'd$$

とおける．

$$a = b+c = 2b' + db' = (2+d)b'$$

したがって

$$(a, b, c) = (2+d, 2, d)b' = 1$$

から

$$b' = 1.$$
$$b = 2b' = 2,$$
$$c = 1,$$
$$a = b+c = 2+1 = 3.$$

$$答\begin{cases} a=1 \\ b=1 \\ c=1 \end{cases} \quad \begin{cases} a=2 \\ b=1 \\ c=1 \end{cases} \quad \begin{cases} a=3 \\ b=2 \\ c=1 \end{cases}$$

練習問題 2.1

1. $(a,b)=1$ ならば $(a+b,ab)=1, (a-b,ab)=1$ となることを証明せよ.
2. $(a,b)=1$ のとき，$(a+b,a^2-ab+b^2)$ は 1 か 3 であることを証明せよ.
3. $(a,b)=(a+b,[a,b])$ を証明せよ.
4. $(a,b)=10, [a,b]=100$ となるすべての正整数 a,b を求めよ.
5. 正整数 a,b に対して $(a,b)=[a,b]$ なるとき，$a=b$ となることを証明せよ.
6. $g)l$ のとき，$(x,y)=g, [x,y]=l$ となる整数 x,y は必ず存在することを証明せよ.
7. つぎの式を証明せよ.

$$(a_1,a_2,\cdots,a_m)\cdot(b_1,b_2,\cdots,b_n)$$
$$=(a_1b_1,a_2b_2,\cdots,a_ib_k,\cdots,a_mb_n).$$

8. 35 と 58 は n 進法で互いに素であるという．n は何か.
9. n のどのような正整数の値に対して n^4+r^2 は $2n+1$ で割り切れるか.
10. $\dfrac{5l+6}{8l+7}$ が約せるような l の値を求めよ.

素数

2, 3, 5, … などのように約数の数が2個である正整数を**素数**という.

$$D(2) = \{1, 2\},$$
$$D(3) = \{1, 3\},$$
$$D(5) = \{1, 5\},$$
$$\cdots$$

2個より多い約数をもつ正整数を**合成数**という.

$$D(4) = \{1, 2, 4\},$$
$$D(6) = \{1, 2, 3, 6\},$$
$$\cdots$$

であるから 4, 6, … は合成数である.

注意 1は素数でも合成数でもない.

素数は掛け算だけを考えたときの整数の原子のようなものである. まずつぎの定理が成り立つ.

定理 2.18 1でないすべての正整数は素数の積として書き表わせる.

証明 数学的帰納法によることにする.

2から n までの正整数について, この定理は正しいものとする. このとき $n+1$ についてはどうであろうか.

$n+1$ が素数であれば, $n+1 =$ 素数, となるから, この定理は正しい.

$n+1$ が素数でなければ 1 と $n+1$ 以外の約数をもつ．その約数を a とすると，

$$a\,)\,n+1.$$

これから，

$$n+1=ab.$$

そして

$$a, b < n+1,$$

$$a, b \leqq n.$$

したがって，a, b はおのおのが素数の積となるので $n+1=ab$ も素数の積として表わされる．

また

$$2 = \text{素数}$$

である．

このようにして帰納法は完了した．

（証明終）

このような素数は有限個であろうか，無限個あるだろうか．それについてはつぎのユークリッドの証明がある．

定理 2.19　素数の数は無限にある．

証明　背理法による．

定理の主張とは逆に，素数の数が有限で，それが n 個であると仮定する．

n 個の素数を

$$p_1, p_2, \cdots, p_n$$

とする．これらの素数からつぎの数をつくる．

$$N = p_1 p_2 \cdots p_n + 1.$$

Nを素数の積に分けてみよう.

$$N = q_1 q_2 \cdots q_m.$$

Nは$p_1, p_2, \cdots, p_n$で割ると余りが1となるから，$p_1, p_2, \cdots, p_n$はNの素因数とはならない．したがって$q_1, q_2, \cdots, q_m$は$p_1, p_2, \cdots, p_n$のどれともちがう素数である．これは，$p_1, p_2, \cdots, p_n$がすべての素数だという最初の仮定に反する．したがって，素数の数は無限である．

(証明終)

正整数は素数の積として表わされるが，その表わし方は1通りである．すなわち，つぎの定理が成り立つ．

定理 2. 20(初等整数論の基礎定理)　正整数を素数の積として表わす仕方は1通りしかない．ただし積の順序のちがいは問題にしないものとする．

証明　証明の便宜のために素数の順序は大きいほうから小さいほうに並べるものとする．

$$a = p_1 p_2 \cdots p_n \qquad (p_1 \geqq p_2 \geqq \cdots \geqq p_n).$$

これとちがった表わし方ができたものとする．

$$a = q_1 q_2 \cdots q_m \qquad (q_1 \geqq q_2 \geqq \cdots \geqq q_m).$$

ここで左から考えてはじめから$k-1$番目までは等しく

$$p_1 = q_1, \quad p_2 = q_2, \quad \cdots, \quad p_{k-1} = q_{k-1},$$

k番目ではじめて異なる素数が現われるものとする．

$$p_k < q_k \quad もしくは \quad p_k > q_k.$$

まず$p_k > q_k$としよう．

$$a = p_1 p_2 \cdots p_{k-1} p_k \cdots p_n = q_1 q_2 \cdots q_{k-1} q_k \cdots q_m,$$

$$p_1 = q_1, \quad p_2 = q_2, \quad \cdots, \quad p_{k-1} = q_{k-1}$$

であるから，両辺を約すると

$$p_k p_{k+1} \cdots p_n = q_k q_{k+1} \cdots q_m,$$

$$(p_k > q_k \geqq q_{k+1} \geqq \cdots \geqq q_m)$$

$$p_k \,)\, q_k q_{k+1} \cdots q_m = q_k (q_{k+1} \cdots q_m), \quad (p_k, q_k) = 1.$$

であるから定理 2.11 によって

$$p_k \,)\, q_{k+1} \cdots q_m.$$

$$(p_k, q_{k+1}) = 1$$

であるから

$$p_k \,)\, q_{k+2} \cdots q_m,$$

$$\cdots$$

$$p_k \,)\, q_m.$$

これは矛盾である．

だから $p_k > q_k$ は起こり得ない．同様に $p_k < q_k$ も起こり得ない．したがって，同じ番号の p_k, q_k はすべて等しい．

（証明終）

この定理をみると，1 を素数としない理由が理解できるだろう．もし 1 を素数とすれば，たとえば $6 = 2 \cdot 3 = 1 \cdot 2 \cdot 3 = 1 \cdot 1 \cdot 2 \cdot 3 = \cdots$ のように一意性は成立しない．

素因数分解の一意性は初等整数論の基礎定理である.

素数の積表示は，同じ素数はまとめて累乗の形にしておく．そして小さいほうから並べていくのが普通である．

$$a = {p_1}^{\alpha_1}{p_2}^{\alpha_2}\cdots{p_s}^{\alpha_s} \qquad (p_1 < p_2 < \cdots < p_s).$$

例 1800を素因数に分解せよ.

解

$$\begin{aligned}1800 &= 2\cdot 900 = 2\cdot 2\cdot 450 = 2\cdot 2\cdot 2\cdot 225\\ &= 2\cdot 2\cdot 2\cdot 3\cdot 75 = 2\cdot 2\cdot 2\cdot 3\cdot 3\cdot 25\\ &= 2\cdot 2\cdot 2\cdot 3\cdot 3\cdot 5\cdot 5 = 2^3\cdot 3^2\cdot 5^2.\end{aligned}$$

問 つぎの数を素因数に分解せよ.

91, 133, 243, 169, 1024, 210.

定理 2.21 $b)a$ で

$$a = {p_1}^{\alpha_1}{p_2}^{\alpha_2}\cdots{p_s}^{\alpha_s},$$

$$b = {p_1}^{\beta_1}{p_2}^{\beta_2}\cdots{p_s}^{\beta_s}$$

ならば（もしbが実際には素因数p_kをもっていなくても$\beta_k = 0$と考えればいつでも上のように書くことができる.）

$$\alpha_1 \geqq \beta_1, \quad \alpha_2 \geqq \beta_2, \quad \cdots, \quad \alpha_s \geqq \beta_s.$$

逆にこのようなbはaの約数である.

証明

$$a = bc,$$

$$c = {p_1}^{\gamma_1}{p_2}^{\gamma_2}\cdots{p_s}^{\gamma_s} \qquad (\gamma_1 \geqq 0, \gamma_2 \geqq 0, \cdots, \gamma_s \geqq 0)$$

とすると,

$$bc = p_1{}^{\beta_1+\gamma_1} p_2{}^{\beta_2+\gamma_2} \cdots p_s{}^{\beta s+\gamma_s}.$$

定理 2.20 によって

$$\alpha_1 = \beta_1 + \gamma_1,$$
$$\alpha_2 = \beta_2 + \gamma_2,$$
$$\cdots$$
$$\alpha_s = \beta_s + \gamma_s.$$

これから

$$\alpha_1 \geqq \beta_1, \quad \alpha_2 \geqq \beta_2, \quad \cdots, \quad \alpha_s \geqq \beta_s.$$

逆に

$$c = p_1{}^{\alpha_1-\beta_1} p_2{}^{\alpha_2-\beta_2} \cdots p_s{}^{\alpha_2-\beta_s}$$

とすれば

$$a = bc$$

となるから b は a の約数である.

$$b \,)\, a.$$

(証明終)

この定理を利用すると, a のすべての約数を網羅的に数え上げることができる.

例 $D(72)$ を求めよ.

解

$$72 = 2^3 \cdot 3^2.$$

$$2^3 \cdot 3^2 = 72, \quad 2^3 \cdot 3 = 24, \quad 2^3 = 8,$$

$$2^2 \cdot 3^2 = 36, \quad 2^2 \cdot 3 = 12, \quad 2^2 = 4,$$

$$2 \cdot 3^2 = 18, \quad 2 \cdot 3 = 6, \quad 2 = 2,$$

$$3^2 = 9, \quad 3 = 3, \quad 1 = 1.$$

$$D(72) = \{1, 2, 3, 4, 6, 8, 9, 12, 18, 24, 36, 72\}.$$

問 つぎの集合を求めよ．

$$D(32), \quad D(48), \quad D(54), \quad D(84), \quad D(108).$$

最大公約数と最小公倍数

素因数分解を利用すると最大公約数と最小公倍数をたやすく求めることができる．

定理 2.22 2つの数

$$a = {p_1}^{\alpha_1} {p_2}^{\alpha_2} \cdots {p_s}^{\alpha_s},$$

$$b = {p_1}^{\beta_1} {p_2}^{\beta_2} \cdots {p_s}^{\beta_s}$$

のとき

$$(a, b) = {p_1}^{\gamma_1} {p_2}^{\gamma_2} \cdots {p_s}^{\gamma_s} = c,$$

$$[a, b] = {p_1}^{\delta_1} {p_2}^{\delta_2} \cdots {p_s}^{\delta_s} = d.$$

ここに

$$\gamma_1 = \mathrm{Min}(\alpha_1, \beta_1), \quad \gamma_2 = \mathrm{Min}(\alpha_2, \beta_2), \quad \cdots,$$

$$\gamma_s = \mathrm{Min}(\alpha_s, \beta_s),$$

$$\delta_1 = \mathrm{Max}(\alpha_1, \beta_1), \quad \delta_2 = \mathrm{Max}(\alpha_2, \beta_2), \quad \cdots,$$

$$\delta_s = \mathrm{Max}(\alpha_s, \beta_s).$$

ただし $\mathrm{Max}(x, y)$ は x, y のうち大きい数，$\mathrm{Min}(x, y)$ は x, y のうち小さい数を表わす．

証明

$$\gamma_1 \leqq \alpha_1, \quad \gamma_2 \leqq \alpha_2, \quad \cdots, \quad \gamma_s \leqq \alpha_s,$$
$$\gamma_1 \leqq \beta_1, \quad \gamma_2 \leqq \beta_2, \quad \cdots, \quad \gamma_s \leqq \beta_s$$

であるから

$$c\,)\,a, \quad c\,)\,b.$$

逆に

$$c\,)\,a, \quad c\,)\,b$$

ならば

$$\gamma_1 \leqq \alpha_1, \quad \gamma_2 \leqq \alpha_2, \quad \cdots, \quad \gamma_s \leqq \alpha_s,$$
$$\gamma_1 \leqq \beta_1, \quad \gamma_2 \leqq \beta_2, \quad \cdots, \quad \gamma_s \leqq \beta_s$$

でなければならない.

$$\gamma_1 \leqq \mathrm{Min}(\alpha_1, \beta_1), \quad \cdots, \quad \gamma_s \leqq \mathrm{Min}(\alpha_s, \beta_s).$$

そのような数で最大のものは

$$\gamma_1 = \mathrm{Min}(\alpha_1, \beta_1), \quad \cdots, \quad \gamma_s = \mathrm{Min}(\alpha_s, \beta_s)$$

つまり

$$c = {p_1}^{\gamma_1}{p_2}^{\gamma_2}\cdots{p_s}^{\gamma_s}$$

が最大公約数である.

最小公倍数についても全く同じである.

(証明終)

例　(180, 600) と [180, 600] を求めよ.

解

$$180 = 2^2 \cdot 3^2 \cdot 5,$$

$$600 = 2^3 \cdot 3 \cdot 5^2,$$

$$(180, 600) = 2^2 \cdot 3 \cdot 5 = 60.$$

$$[180, 600] = 2^3 \cdot 3^2 \cdot 5^2 = 1800.$$

問　つぎの空所をうめよ．

a	b	(a, b)	$[a, b]$
420	700		
189	735		
96	252		
150	279		

例　素因数分解を利用して

$$(a, b)[a, b] = ab$$

を証明せよ．

解　一般的に

$$\mathrm{Min}(x, y) + \mathrm{Max}(x, y) = x + y.$$

したがって

$$a = {p_1}^{\alpha_1} {p_2}^{\alpha_2} \cdots {p_s}^{\alpha_s},$$

$$b = {p_1}^{\beta_1} {p_2}^{\beta_2} \cdots {p_s}^{\beta_s}$$

とすれば

$$\gamma_1 = \mathrm{Min}(\alpha_1, \beta_1),$$
$$\delta_1 = \mathrm{Max}(\alpha_1, \beta_1),$$
$$\gamma_1 + \delta_1 = \alpha_1 + \beta_1.$$

同じく

$$\gamma_2 + \delta_2 = \alpha_2 + \beta_2,$$
$$\cdots$$
$$\gamma_s + \delta_s = \alpha_s + \beta_s.$$

したがって

$$\begin{aligned} ab &= ({p_1}^{\alpha_1}{p_2}^{\alpha_2}\cdots{p_s}^{\alpha_s})({p_1}^{\beta_1}{p_2}^{\beta_2}\cdots{p_s}^{\beta_s}) \\ &= {p_1}^{\alpha_1+\beta_1}{p_2}^{\alpha_2+\beta_2}\cdots{p_s}^{\alpha_s+\beta_s} = {p_1}^{\gamma_1+\delta_1}{p_2}^{\gamma_2+\delta_2}\cdots{p_s}^{\gamma_s+\delta_s} \\ &= ({p_1}^{\gamma_1}{p_2}^{\gamma_2}\cdots{p_s}^{\gamma_s})({p_1}^{\delta_1}{p_2}^{\delta_2}\cdots{p_s}^{\delta_s}) = (a, b)[a, b]. \end{aligned}$$

例　n が正の整数であるとき，つぎの等式を証明せよ．

$$(a^n, b^n) = (a, b)^n,$$
$$[a^n, b^n] = [a, b]^n.$$

解　まずはじめに

$$\mathrm{Min}(nx, ny) = n\,\mathrm{Min}(x, y),$$
$$\mathrm{Max}(nx, ny) = n\,\mathrm{Max}(x, y)$$

となることに注意しよう．

$$a = {p_1}^{\alpha_1} {p_2}^{\alpha_2} \cdots {p_s}^{\alpha_s},$$

$$b = {p_1}^{\beta_1} {p_2}^{\beta_2} \cdots p_s^{\beta_s}$$

とすると,

$$\begin{aligned}
a^n &= {p_1}^{n\alpha_1} {p_2}^{n\alpha_2} \cdots {p_s}^{n\alpha_s}, \\
b^n &= {p_1}^{n\beta_1} {p_2}^{n\beta_2} \cdots {p_s}^{n\beta_s}, \\
(a^n, b^n) &= {p_1}^{\mathrm{Min}(n\alpha_1, n\beta_1)} {p_2}^{\mathrm{Min}(n\alpha_2, n\beta_2)} \cdots {p_s}^{\mathrm{Min}(n\alpha_s, n\beta_s)} \\
&= {p_1}^{n\,\mathrm{Min}(\alpha_1, \beta_1)} {p_2}^{n\,\mathrm{Min}(\alpha_2, \beta_2)} \cdots {p_s}^{n\,\mathrm{Min}(\alpha_s, \beta_s)} \\
&= ({p_1}^{\mathrm{Min}(\alpha_1, \beta_1)} {p_2}^{\mathrm{Min}(\alpha_2, \beta_2)} \cdots {p_s}^{\mathrm{Min}(\alpha_s, \beta_s)})^n \\
&= (a, b)^n.
\end{aligned}$$

また

$$\begin{aligned}
[a^n, b^n] &= {p_1}^{\mathrm{Max}(n\alpha_1, n\beta_1)} {p_2}^{\mathrm{Max}(n\alpha_2, n\beta_2)} \cdots {p_s}^{\mathrm{Max}(n\alpha_s, n\beta_s)} \\
&= {p_1}^{n\,\mathrm{Max}(\alpha_1, \beta_1)} {p_2}^{n\,\mathrm{Max}(\alpha_2, \beta_2)} \cdots {p_s}^{n\,\mathrm{Max}(\alpha_s, \beta_s)} \\
&= [a, b]^n.
\end{aligned}$$

問　つぎの数を求めよ.

$(10^n, 15^n)$,　$[10^n, 15^n]$,　$(5^n, 7^n)$,　$[5^n, 7^n]$.

有理数の素因数分解

正の有理数, すなわち

$$r = \frac{a}{b}$$

という形に表わしてみる. このとき, a, b は互いに素な正整数であるものとする. a, b を素因数分解すると,

$$a = p_1{}^{\alpha_1} p_2{}^{\alpha_2} \cdots p_s{}^{\alpha_s},$$

$$b = q_1{}^{\beta_1} q_2{}^{\beta_2} \cdots q_t{}^{\beta_t},$$

ただし $p_1, p_2, \cdots, p_s$ と $q_1, q_2, \cdots, q_t$ とには同じものはない.

となる. マイナスの指数をゆるすとすると,

$$r = p_1{}^{\alpha_1} p_2{}^{\alpha_2} \cdots p_s{}^{\alpha_s} q_1{}^{-\beta_1} q_2{}^{-\beta_2} \cdots q_t{}^{-\beta_t}.$$

すなわち正の有理数は素数の正または負の累乗の積で表わされる.

例 $\dfrac{14}{45}$ を素因数に分解せよ.

解

$$\frac{14}{45} = \frac{2 \cdot 7}{3^2 \cdot 5} = 2 \cdot 7 \cdot 3^{-2} \cdot 5^{-1}.$$

定理 2.23 正の有理数は

$$r = p_1{}^{\alpha_1} p_2{}^{\alpha_2} \cdots p_s{}^{\alpha_s} q_1{}^{-\beta_1} q_2{}^{-\beta_2} \cdots q_t{}^{-\beta_t}$$

という形に素因数分解される. そしてその分解は一意的である.

証明

$$r = p_1{}^{\alpha_1} p_2{}^{\alpha_2} \cdots p_s{}^{\alpha_s} q_1{}^{-\beta_1} q_2{}^{-\beta_2} \cdots q_t{}^{-\beta_t}$$

$$= p_1'{}^{\alpha_1'} p_2'{}^{\alpha_2'} \cdots p_s'{}^{\alpha_s'} q_1'{}^{-\beta_1'} q_2'{}^{-\beta_2'} \cdots q_t'{}^{-\beta_t'}$$

とする. 分母をはらうと

$$p_1{}^{\alpha_1} \cdots p_s{}^{\alpha_s} q_1'{}^{\beta_1'} \cdots q_t'{}^{\beta_t'} = p_1'{}^{\alpha_1'} \cdots p_s'{}^{\alpha_s'} q_1{}^{\beta_1} \cdots q_t{}^{\beta_t},$$

$$(p_1{}^{\alpha_1} \cdots p_s{}^{\alpha_s}, q_1{}^{\beta_1} \cdots q_t{}^{\beta_t}) = 1$$

であるから定理 2.11 によって

$$p_1{}^{\alpha_1} \cdots p_s{}^{\alpha_s}) p_1'{}^{\alpha_1'} \cdots p_s'{}^{\alpha_s'}.$$

同じく

$$p_1{}'^{\alpha'_1}\cdots p_s{}'^{\alpha'_s})p_1{}^{\alpha_1}\cdots p_s{}^{\alpha_s}.$$

だから

$$p_1 = p_1{}', \quad \alpha_1 = \alpha_1{}',$$

$$\cdots$$

$$p_s = p_s{}', \quad \alpha_s = \alpha_s{}'.$$

したがって

$$q_1 = q_1{}', \quad \beta_1 = \beta_1{}',$$

$$\cdots$$

$$q_t = q_t{}', \quad \beta_t = \beta_t{}'.$$

(証明終)

例　$\sqrt{2}$ は有理数でないことを証明せよ.

解　背理法による.

まず, $\sqrt{2}$ は有理数であると仮定する.

$$\sqrt{2} = p_1{}^{\alpha_1} p_2{}^{\alpha_2} \cdots p_s{}^{\alpha_s},$$

$$2 = p_1{}^{2\alpha_1} p_2{}^{2\alpha_2} \cdots p_s{}^{2\alpha_s}.$$

2の指数は1であるのに右辺はすべて偶数である. だから, 一意性の定理によって

$$1 = \text{偶数}$$

となる. これは矛盾である. したがって, $\sqrt{2}$ は有理数であるという最初の仮定は誤りである. だから $\sqrt{2}$ は無理数でなければならない.

問　$\sqrt{3}, \sqrt[3]{2}, \sqrt{10}$ は無理数であることを証明せよ.

例　$18^m 12^n = 2592$ を満足する有理数を求めよ．

解

$$\begin{aligned} 2592 &= 2^5 \cdot 3^4, \\ 18^m \cdot 12^n &= (2 \cdot 3^2)^m \cdot (2^2 \cdot 3)^n \\ &= 2^{m+2n} \cdot 3^{2m+n} = 2^5 \cdot 3^4. \end{aligned}$$

一意性の定理によって

$$m + 2n = 5,$$
$$2m + n = 4.$$

これを解くと，

$$m = 1, \quad n = 2.$$

問　$30^x 20^y 45^z = 300$ を満足する有理数の x, y, z を求めよ．

問　$21^x 8^y = 49$ を満足する有理数の x は存在するか．

練習問題 2.2

1. a, b, c, d は正整数で $(a, b) = 1, (c, d) = 1$ で $\dfrac{a}{b} + \dfrac{d}{c}$ が整数ならば $b = c$ となることを証明せよ．
2. a, b は互いに素な正整数，ab が完全平方ならば，a, b はともに完全平方である．ab が整数の k 乗ならばどうか．また $a, b, c, \cdots, h$ という 2 個以上のときはどうか．
3. $p, p+10, p+20$ がすべて素数となる場合はいつか．
4. $\dfrac{1}{2} + \dfrac{1}{3} + \cdots + \dfrac{1}{n}$ は整数とはならないことを証明せよ．
5. $\dfrac{1}{3} + \dfrac{1}{5} + \dfrac{1}{7} + \cdots + \dfrac{1}{2n+1}$ は整数とならないことを証明せよ．

6. 正整数 a, b に対して,

$$a\,)\,b^2,\quad b^2\,)\,a^3,\quad a^3\,)\,b^4,\cdots$$

のときは $a=b$ となることを証明せよ.

7. 3ケタの数の前と後に7を書き加えて5ケタの数をつくると, 元の数で割り切れる. 元の数は?

8. $x^2-y^2=192$ の整数解を求めよ.

9. x_0 から

$$x_1 = ax_0+b \quad (a, b>0)$$
$$x_2 = ax_1+b$$
$$\cdots$$
$$x_n = ax_{n-1}+b$$
$$\cdots$$

で定義される自然数列

$$x_0, x_1, x_2, \cdots$$

がすべて素数とはならないことを証明せよ.

10. $m^2+1954=n^2$ を満足する整数 m, n はあるか.

11. $111\cdots1$ という数が素数であるためには数字の個数が素数であることが必要である.

12. 2ケタの数で数字の積の2倍に等しい数を求めよ.

13. $a_1, a_2, \cdots, a_n$ が整数で $(k, a_k)=1$ なるとき,

$$\frac{a_2}{2}+\frac{a_3}{3}+\cdots+\frac{a_n}{n}$$

は整数とならぬことを証明せよ.

第3章 いろいろの関数

これまでのところでも，$[x], \langle x \rangle$ などのような関数が現われてきたが，これらの関数は広い意味の関数であることにかわりはないにしても $2x-3, x^2, \sin x, \cdots$ などの関数とはやや趣きを異にしている．整数論に特有な関数ともいうべきであろう．このような関数についてのべよう．

約数の個数

正整数 n のすべての約数の個数を求めてみよう．そのために n の素因数分解を手がかりとする．

$$n = {p_1}^{\alpha_1}{p_2}^{\alpha_2}\cdots{p_k}^{\alpha_k}.$$

この約数 m はすべてつぎの形をもつ．

$$m = {p_1}^{\beta_1}{p_2}^{\beta_2}\cdots{p_k}^{\beta_k},$$

$$0 \leqq \beta_1 \leqq \alpha_1,$$

$$0 \leqq \beta_2 \leqq \alpha_2,$$

$$\cdots$$

$$0 \leqq \beta_k \leqq \alpha_k.$$

このような $(\beta_1, \beta_2, \cdots, \beta_k)$ の組の数は全部で

$$(\alpha_1+1)(\alpha_2+1)\cdots(\alpha_k+1)$$

となる．

だから，n のすべての約数の個数を $\tau(n)$ で表わすと，つぎの公式が得られる．

定理 3.1

$$\tau(n)=(\alpha_1+1)(\alpha_2+1)\cdots(\alpha_k+1).$$

問　$\tau(12)$，$\tau(18)$，$\tau(24)$，$\tau(56)$，$\tau(100)$ を求めよ．

例　$n \leqq 100$，$\tau(n)=6$ を満足する n を求めよ．

解　n の素因数が１個のときは

$$\alpha_1+1=6, \quad \alpha_1=5.$$

$$2^5=32, \quad 3^5=243, \quad \cdots$$

したがって $n \leqq 100$ にあてはまるのは $2^5=32$ だけである．

n の素因数が２個のときは，

$$\tau(n)=(\alpha_1+1)(\alpha_2+1)=6,$$

$$\alpha_1+1=3, \quad \alpha_1=2,$$

$$\alpha_2+1=2, \quad \alpha_2=1.$$

したがって n はつぎの形をもつ．

$$n={p_1}^2p_2.$$

$p_1=2$ のときは

$$2^2\cdot3=\mathbf{12}, \quad 2^2\cdot5=\mathbf{20}, \quad 2^2\cdot7=\mathbf{28}, \quad 2^2\cdot11=\mathbf{44},$$

$$2^2\cdot13=\mathbf{52}, \quad 2^2\cdot17=\mathbf{68}, \quad 2^2\cdot19=\mathbf{76}, \quad 2^2\cdot23=\mathbf{92}.$$

$p_1 = 3$ のときは

$$3^2 \cdot 2 = \mathbf{18}, \quad 3^2 \cdot 5 = \mathbf{45}, \quad 3^2 \cdot 7 = \mathbf{63}, \quad 3^2 \cdot 11 = \mathbf{99}.$$

$p_1 = 5$ のときは

$$5^2 \cdot 2 = \mathbf{50}, \quad 5^2 \cdot 3 = \mathbf{75}.$$

$p_1 = 7$ のときは

$$7^2 \cdot 2 = \mathbf{98}.$$

問　$n \leqq 100$, $\tau(n) = 10$ なる n を求めよ.

例

$$(m_1, m_2) = 1 \quad \text{ならば} \quad \tau(m_1 m_2) = \tau(m_1)\tau(m_2)$$

となることを証明せよ.

解　m_1, m_2 を素因数に分解すると

$$m_1 = {p_1}^{\alpha_1} {p_2}^{\alpha_2} \cdots {p_r}^{\alpha_r},$$

$$m_2 = {q_1}^{\beta_1} {q_2}^{\beta_2} \cdots {q_s}^{\beta_s}.$$

ところで

$$(m_1, m_2) = 1$$

であるから $\{p_1, p_2, \cdots, p_r\}$ と $\{q_1, q_2, \cdots, q_s\}$ には共通の素数はない. したがって $m_1 m_2$ の素因数分解はつぎのようになる.

$$m_1 m_2 = {p_1}^{\alpha_1} {p_2}^{\alpha_2} \cdots {p_r}^{\alpha_r} {q_1}^{\beta_1} {q_2}^{\beta_2} \cdots {q_s}^{\beta_s}.$$

したがって定理 3.1 によって

$$\tau(m_1m_2) = (\alpha_1+1)(\alpha_2+1)\cdots(\alpha_r+1)(\beta_1+1)(\beta_2+1)\cdots(\beta_s+1)$$
$$= \tau(m_1)\tau(m_2).$$

乗法的関数

以上のような $\tau(n)$ の性質を一般化すると，乗法的関数という概念が得られる．

定義 正整数 n に対して定義された関数 $f(n)$ があり，$(m_1, m_2)=1$ のときはつねに

$$f(m_1m_2) = f(m_1)f(m_2)$$

となるとき，$f(n)$ は**乗法的関数**という．

問 n の異なる素因数の個数を $g(n)$ とすれば，$2^{g(n)}$ は乗法的であることを証明せよ．

例 $f(n)$ が乗法的で，恒等的に0ではないとすると，$f(1)=1$ となることを証明せよ．

解

$$f(n) \neq 0$$

としよう．

$$(1, n) = 1$$

となるから

$$f(n) = f(1\cdot n) = f(1)f(n).$$

これから

$$f(1) = 1.$$

例　$f(n)$ が乗法的ならば，n の素因数分解

$$n = {p_1}^{\alpha_1}{p_2}^{\alpha_2}\cdots{p_k}^{\alpha_k}$$

に対して

$$f(n) = f({p_1}^{\alpha_1})f({p_2}^{\alpha_2})\cdots f({p_k}^{\alpha_k})$$

となることを証明せよ．

解　${p_1}^{\alpha_1}$ と ${p_2}^{\alpha_2}\cdots{p_k}^{\alpha_k}$ は互いに素である．すなわち

$$({p_1}^{\alpha_1}, {p_2}^{\alpha_2}\cdots{p_k}^{\alpha_k}) = 1$$

であるから

$$\begin{aligned} f(n) &= f({p_1}^{\alpha_1}({p_2}^{\alpha_2}\cdots{p_k}^{\alpha_k})) \\ &= f({p_1}^{\alpha_1})f({p_2}^{\alpha_2}\cdots{p_k}^{\alpha_k}). \end{aligned}$$

同様に

$$\begin{aligned} &= f({p_1}^{\alpha_1})f({p_2}^{\alpha_2})f({p_3}^{\alpha_3}\cdots{p_k}^{\alpha_k}) = \cdots \\ &= f({p_1}^{\alpha_1})f({p_2}^{\alpha_2})\cdots f({p_k}^{\alpha_k}). \end{aligned}$$

注意　以上のことから，$f(n)$ が乗法的ならば素数の累乗 p^α に対する値 $f(p^\alpha)$ を知れば，すべての $f(n)$ の値が定まることがわかる．

格子点　平面上の整数の座標をもつ点を**格子点**という．整数論ではその格子点によって問題を幾何学の言葉に翻訳してめざましい解決が得られることが少なくない．

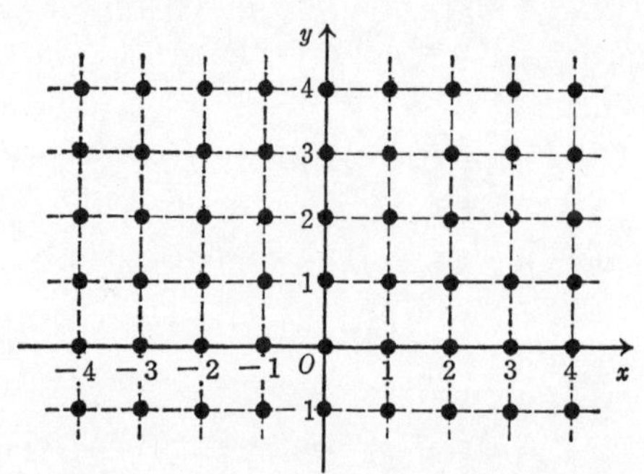

たとえばつぎのような値を考えてみよう．

$$\tau(1)+\tau(2)+\cdots+\tau(n).$$

がんらい $\tau(n)$ の値の分布はかなり不規則である．

n	1	2	3	4	5	6	7	8	9	10	11	…
$\tau(n)$	1	2	2	3	2	4	2	4	3	4	2	…

しかし

$$\tau(1)+\tau(2)+\cdots+\tau(n)$$

は比較的安定した値となる．

それをみるために幾何学的に考えてみよう．

平面上で $xy=m\,(x>0, y>0)$ を満足する曲線は直角双曲線の第1四半面（象限）にある部分である．この曲線の上にある格子点は方程式 $xy=m$ の正整数解であるから，x, y は m の約数でなければならない．

$$x\,)\,m,\ \ y=\frac{m}{x}.$$

つまり m の1つの約数 x に1つの格子点が対応する．結局，$xy=m$ 上の格子点の数が $\tau(m)$ である．だから

$$\tau(1)+\tau(2)+\cdots+\tau(n)$$

は

$$xy=1,\quad xy=2,\quad \cdots,\quad xy=n$$

上の格子点の数の総和であり，これは曲線 $xy=n$ と x 軸，y 軸に囲まれた部分に含まれる格子点の総数である．(x 軸と y 軸の上の点は除く．)

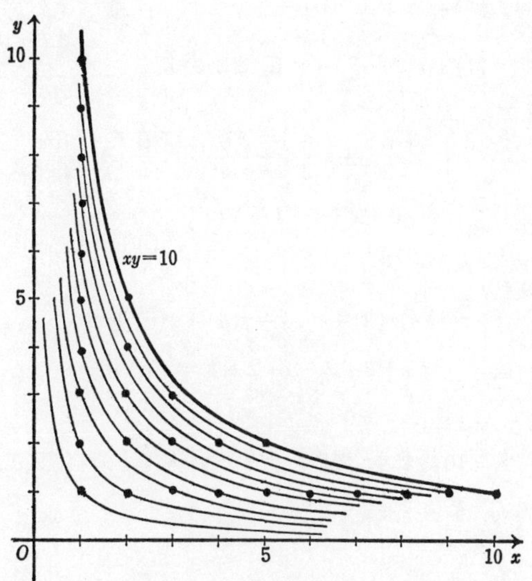

ところで直線 $x=k$ 上の格子の数は高さ $y=\frac{n}{k}$ までに1がいくつ含まれているかによって定まるから，$\left[\frac{n}{k}\right]$ に等しくなる．したがって $k=1$ から $k=n$ までを集めると，

$$\left[\frac{n}{1}\right]+\left[\frac{n}{2}\right]+\cdots+\left[\frac{n}{n}\right]$$

となる．したがって

定理 3.2

$$\tau(1)+\tau(2)+\cdots+\tau(n)=\left[\frac{n}{1}\right]+\left[\frac{n}{2}\right]+\cdots+\left[\frac{n}{n}\right].$$

例　$\tau(1)+\tau(2)+\cdots+\tau(6)$ を求めよ．

解

$$\left[\frac{6}{1}\right]+\left[\frac{6}{2}\right]+\left[\frac{6}{3}\right]+\left[\frac{6}{4}\right]+\left[\frac{6}{5}\right]+\left[\frac{6}{6}\right]$$
$$=6+3+2+1+1+1=14.$$

一方，表から

$$\tau(1)+\tau(2)+\tau(3)+\tau(4)+\tau(5)+\tau(6)$$
$$=1+2+2+3+2+4=14.$$

もちろん2つは一致する．

問　$n=10$ のとき，定理 3.2 をたしかめよ．

約数の和

正整数nのすべての約数の和を考えてみよう．nのすべての約数の和を$\sigma(n)$で表わしてみよう．

まずこの$\sigma(n)$は乗法的であることを示そう．つまり

$(m_1, m_2) = 1$のとき$\sigma(m_1 m_2) = \sigma(m_1)\sigma(m_2)$.

まず$m_1 m_2$の約数はm_1の約数とm_2の約数の積であることを示そう．

$$m_1 = {p_1}^{\alpha_1}{p_2}^{\alpha_2}\cdots{p_k}^{\alpha_k},$$
$$m_2 = {q_1}^{\beta_1}{q_2}^{\beta_2}\cdots{q_l}^{\alpha_l}.$$

上の素因数の分解で$p_1, p_2, \cdots, p_k$と$q_1, q_2, \cdots, q_l$には共通要素はない．

$$m_1 m_2 = {p_1}^{\alpha_1}{p_2}^{\alpha_2}\cdots{p_k}^{\alpha_k}{q_1}^{\beta_1}{q_2}^{\beta_2}\cdots{q_l}^{\beta_l}$$

の約数は

$$ {p_1}^{\gamma_1}{p_2}^{\gamma_2}\cdots{p_k}^{\gamma_k}{q_1}^{\delta_1}{q_2}^{\delta_2}\cdots{q_l}^{\delta_l}$$

$$(\gamma_1 \leqq \alpha_1, \quad \gamma_2 \leqq \alpha_2, \quad \cdots, \quad \gamma_k \leqq \alpha_k,$$
$$\delta_1 \leqq \beta_1, \quad \delta_2 \leqq \beta_2, \quad \cdots, \quad \delta_l \leqq \beta_l)$$

の形をとる．これはm_1の約数$p_1^{\gamma_1}p_2^{\gamma_2}\cdots p_k^{\gamma_k}$と$m_2$の約数$q_1^{\delta_1}q_2^{\delta_2}\cdots q_l^{\delta_l}$の積である．

したがって，m_1とm_2の約数の集合を改めて

$D(m_1) = \{1, p_1, p_2, \cdots\}, \quad D(m_2) = \{1, q_1, q_2, \cdots\}$

とすると

$$D(m_1m_2)=\{1, p_1, p_2, \cdots, q_1, q_1p_1, q_1p_2, \cdots, q_2, q_2p_1, q_2p_2, \cdots\cdots\}.$$

したがって，その和は

$$\sigma(m_1m_2)=\sigma(m_1)\sigma(m_2).$$

定理 3.3

$$n={p_1}^{\alpha_1}{p_2}^{\alpha_2}\cdots{p_k}^{\alpha_k}$$

のとき

$$\sigma(n)=\frac{{p_1}^{\alpha_1+1}-1}{p_1-1}\cdot\frac{{p_2}^{\alpha_2+1}-1}{p_2-1}\cdots\cdots\frac{{p_k}^{\alpha_k+1}-1}{p_k-1}.$$

証明 $\sigma(n)$ は乗法的であるから，

$$\begin{aligned}\sigma(n)&=\sigma({p_1}^{\alpha_1}{p_2}^{\alpha_2}\cdots{p_k}^{\alpha_k})\\&=\sigma({p_1}^{\alpha_1})\sigma({p_2}^{\alpha_2})\cdots\sigma({p_k}^{\alpha_k}).\end{aligned}$$

ところで ${p_1}^{\alpha_1}$ の約数は

$$1, p_1, {p_1}^2, \cdots, {p_1}^{\alpha_1}$$

であるから，その和は

$$\sigma({p_1}^{\alpha_1})=1+p_1+{p_1}^2+\cdots+{p_1}^{\alpha_1}=\frac{{p_1}^{\alpha_1+1}-1}{p_1-1}.$$

$p_2, \cdots, p_k$ についても同様だから

$$\sigma(n)=\frac{{p_1}^{\alpha_1+1}-1}{p_1-1}\cdot\frac{{p_2}^{\alpha_2+1}-1}{p_2-1}\cdots\cdots\frac{{p_k}^{\alpha_k+1}-1}{p_k-1}.$$

（証明終）

例 $\sigma(72)$ を求めよ．

解

$$72 = 2^3 \cdot 3^2,$$

$$\sigma(72) = \frac{2^4-1}{2-1} \cdot \frac{3^3-1}{3-1} = \frac{16-1}{1} \cdot \frac{27-1}{2} = 15 \cdot 13$$

$$= 195.$$

問　$\sigma(30), \sigma(18), \sigma(16), \sigma(98)$ を求めよ.

完全数　古代ギリシアではピタゴラス以来整数に神秘的な意味を付加した. そのなかで約数の和（その数自身を除く）と等しい数を**完全数**と名づけた. たとえば 6 や 28 がそうである.

$$1+2+3 = 6,$$

$$1+2+4+7+14 = 28.$$

n が完全数ならば,

$$\sigma(n) - n = n,$$

すなわち,

$$\sigma(n) = 2n.$$

これまでのところ奇数の完全数は発見されていないが, 偶数の完全数についてはつぎの定理が成立する.

定理 3.4　偶数の完全数は

$$2^{m-1}(2^m-1)$$

の形をもつ. ただし 2^m-1 は素数とする.

証明　n を偶数の完全数とすると

$$n = 2^k \cdot l \qquad (k \geqq 1,\ l \text{ は奇数とする.})$$

$$\sigma(n) = \sigma(2^k \cdot l) = \sigma(2^k) \cdot \sigma(l)$$
$$= \frac{2^{k+1}-1}{2-1} \cdot \sigma(l) = (2^{k+1}-1)\sigma(l).$$

$\sigma(n) = 2n$ であるから

$$(2^{k+1}-1)\sigma(l) = 2 \cdot 2^k \cdot l = 2^{k+1} \cdot l = (2^{k+1}-1)l + l.$$

両辺を $2^{k+1}-1$ で割ると,

$$\sigma(l) = l + \frac{l}{2^{k+1}-1}.$$

$\sigma(l)$ と l は整数だから

$$\frac{l}{2^{k+1}-1} \text{ は整数}$$

である. したがって

$$2^{k+1}-1 \text{ は } l \text{ の約数}$$

である.

$\sigma(l)$ は定義によって, すべての約数の和であるが, $\sigma(l)$ は2つの約数 $l,\ \dfrac{l}{2^{k+1}-1}$ の和になっている. したがって l は2つの約数をもつから素数である. だから

$$\frac{l}{2^{k+1}-1} = 1,$$

$$l = 2^{k+1}-1.$$

ところで $2^{k+1}-1$ が素数であるためには $k+1$ は素数でなければならない. もし $k+1$ が素数でなければ

$$k+1 = ab \qquad (a > 1, b > 1)$$

と表わされる.

$$2^{k+1}-1=2^{ab}-1=(2^a-1)(2^{a(b-1)}+2^{a(b-2)}+\cdots+1).$$

したがって，素数ではない．

したがって $k+1$ は素数 p でなければならない．

$$k+1=p.$$

したがって

$$n=2^k\cdot l=2^{p-1}(2^p-1).$$

（証明終）

例　$p=2,3,5$ に対して 2^p-1 は素数か．素数のとき，それに対する完全数を求めよ．

解

$$2^2-1=3,$$
$$2^{p-1}(2^p-1)=2^{2-1}\cdot(2^2-1)=2\cdot 3=6.$$
$$2^3-1=7,$$
$$2^{p-1}(2^p-1)=2^{3-1}(2^3-1)=4\cdot 7=28.$$
$$2^5-1=32-1=31,$$
$$2^{p-1}(2^p-1)=2^4\cdot(2^5-1)=16\cdot 31=496.$$

メルセンヌ数　2^p-1 が素数なら $2^{p-1}(2^p-1)$ は偶数の完全数となる．2^p-1 の形の数を**メルセンヌの数**という．

注意　メルセンヌ（Mersenne 1588-1647）はデカルトの友人で当時のフランスにおける学問研究の中心人物であった．

いかなる素数 p に対して 2^p-1 が素数であるかは興味

のある問題であるが，未解決である．p が素数でも 2^p-1 が素数であるとは限らない．たとえば

$$2^{11}-1=2048-1=2047=23\cdot 89$$

は素数ではない．

メルセンヌ数のなかに無限個の素数が含まれているかどうか不明である．

これまでにわかった素数のメルセンヌ数のうち最大のものは

$$2^{11213}-1$$

である．この数が素数であることは電子計算機によってたしかめられた．（$2^{11213}-1$ は3375ケタの数である．編集部註：現在発見されている最大の素数は $2^{82589933}-1$ で，24862048桁です．）

過剰数と不足数　ギリシア人は完全数と並んで，過剰数と不足数というものを考えた．

ある数の約数の和（その数を除く）がその数より大きいとき，その数を過剰数，逆にその数より小さいとき，不足数と名づけた．式で書くと

$$\sigma(n)-n>n \quad \text{すなわち} \quad \sigma(n)>2n$$

のとき，n を過剰数といい

$$\sigma(n)-n<n, \quad \text{すなわち} \quad \sigma(n)<2n$$

のとき，n を不足数という．

例　1から20までの数を完全数，過剰数，不足数に分けよ．

解

n	1	2	3	4	5	6	7	8	9	10
$\sigma(n)$	1	3	4	7	6	12	8	15	13	18
	不	不	不	不	不	完	不	不	不	不
n	11	12	13	14	15	16	17	18	19	20
$\sigma(n)$	12	28	14	24	24	31	18	39	20	42
	不	過	不	不	不	不	不	過	不	過

例　素数の累乗 p^k は不足数であることを示せ.

解

$$2\cdot p^k-\sigma(p^k)=2p^k-\frac{p^{k+1}-1}{p-1}$$
$$=\frac{2(p-1)p^k-p^{k+1}+1}{p-1}$$
$$=\frac{(p-2)p^k+1}{p-1}$$

$p\geqq 2$ だから

$$>0.$$

だから

$$2p^k>\sigma(p^k).$$

したがって，p^k は不足数である.

問　$2\cdot 3^k\ (k\geqq 2)$ の形の数は過剰数であることを示せ.

親和数　m の約数の和（m 自身を除く）が n に等しく，n の約数の和（n 自身を除く）が m に等しいとき，m と n を親和数と名づける.

式に書くと

$$\sigma(m)-m=n, \quad \sigma(n)-n=m$$

となる．この式から

$$\sigma(m)=\sigma(n)=m+n$$

が得られる．

親和数の例

$$\begin{cases}220\\284\end{cases} \quad \begin{cases}10744\\10856\end{cases}$$

$$\begin{cases}1184\\1210\end{cases} \quad \begin{cases}17296\\18416\end{cases}$$

$$\begin{cases}2620\\2924\end{cases} \quad \begin{cases}9363584\\9437056\end{cases}$$

$$\begin{cases}5020\\5564\end{cases} \quad \begin{cases}111448537712\\118853793424\end{cases}$$

$$\begin{cases}6232\\6368\end{cases}$$

$n!$ の素因数分解

1から n までの整数を掛け合わせた数を $n!$ で表わす．

$$1\cdot 2\cdot 3\cdots\cdots(n-1)\cdot n=n!.$$

この $n!$ を素因数分解したとき，

$$n!={p_1}^{\alpha_1}{p_2}^{\alpha_2}\cdots{p_k}^{\alpha_k}.$$

$p_1, p_2, \cdots, p_k$ はすべて n を越さない素数であるが，そのときの，指数 $\alpha_1, \alpha_2, \cdots, \alpha_k$ を求めてみよう．

1から n までの p の倍数の個数は $\left[\dfrac{n}{p}\right]$ であり，p^2 の倍数は $\left[\dfrac{n}{p^2}\right]$ だけある．したがって，1から n までの p

の倍数で，p^2 の倍数にならないものの個数は

$$\left[\frac{n}{p}\right]-\left[\frac{n}{p^2}\right]$$

である．

同じく p^2 の倍数で p^3 では割り切れないものの個数は

$$\left[\frac{n}{p^2}\right]-\left[\frac{n}{p^3}\right].$$

同様に p^k の倍数で p^{k+1} では割り切れないものの個数は

$$\left[\frac{n}{p^k}\right]-\left[\frac{n}{p^{k+1}}\right].$$

$p^l \leqq n < p^{l+1}$ とすると

$$\left[\frac{n}{p^{l+1}}\right]=0.$$

だから $n!$ に含まれる p の指数 α は

$$\begin{aligned}\alpha &= 1\left(\left[\frac{n}{p}\right]-\left[\frac{n}{p^2}\right]\right)+2\left(\left[\frac{n}{p^2}\right]-\left[\frac{n}{p^3}\right]\right)\cdots\\ &\quad +l\left(\left[\frac{n}{p^l}\right]-\left[\frac{n}{p^{l+1}}\right]\right)\\ &= \left[\frac{n}{p}\right]+\left[\frac{n}{p^2}\right]+\cdots+\left[\frac{n}{p^l}\right].\end{aligned}$$

定理 3.5　$n!$ の素因数分解における p の指数 α はつぎのように表わされる．

$$\alpha=\left[\frac{n}{p}\right]+\left[\frac{n}{p^2}\right]+\cdots+\left[\frac{n}{p^l}\right].$$

定理 3.6　n を p 進法で表わしたとき，

$$n = c_0 + c_1 p + \cdots + c_l p^l \qquad (0 \leqq c_l < p)$$

となったとする．このとき，定理3.5のαは

$$\alpha = \frac{n - (c_0 + c_1 + \cdots + c_l)}{p-1}$$

となる．

証明

$$n = c_0 + c_1 p + c_2 p^2 + \cdots + c_l p^l$$

から

$$\frac{n}{p} = \frac{c_0}{p} + c_1 + c_2 p + \cdots + c_l p^{l-1},$$

$$\left[\frac{n}{p}\right] = c_1 + c_2 p + \cdots + c_l p^{l-1}.$$

同様に

$$\left[\frac{n}{p^2}\right] = c_2 + \cdots + c_l p^{l-2},$$

$$\cdots$$

$$\left[\frac{n}{p^l}\right] = c_l,$$

これを加えると，

$$\begin{aligned}
&\left[\frac{n}{p}\right] + \left[\frac{n}{p^2}\right] + \cdots + \left[\frac{n}{p^l}\right] \\
&= c_1 + c_2(p+1) + \cdots + c_l(p^{l-1} + p^{l-2} + \cdots + 1) \\
&= c_1 \cdot \frac{p-1}{p-1} + c_2 \cdot \frac{p^2-1}{p-1} + \cdots + c_l \cdot \frac{p^l-1}{p-1} \\
&= \frac{c_1 p + c_2 p^2 + \cdots + c_l p^l - (c_1 + c_2 + \cdots + c_l)}{p-1} \\
&= \frac{c_0 + c_1 p + c_2 p^2 + \cdots + c_l p^l - (c_0 + c_1 + \cdots + c_l)}{p-1}
\end{aligned}$$

$$= \frac{n-(c_0+c_1+\cdots+c_l)}{p-1}.$$

(証明終)

例　10! の素因数分解を求めよ．

解　2 の指数は，

$$10 = 0+1\cdot 2+0\cdot 2^2+1\cdot 2^3$$

であるから

$$\frac{10-(0+1+0+1)}{2-1} = \frac{10-2}{1} = 8.$$

3 の指数は，

$$10 = 1+0\cdot 3+1\cdot 3^2$$

であるから

$$\frac{10-(1+0+1)}{3-1} = \frac{10-2}{2} = 4.$$

5 の指数は，

$$10 = 0+2\cdot 5$$

であるから

$$\frac{10-(0+2)}{5-1} = \frac{8}{4} = 2.$$

7 の指数は，

$$10 = 3+1\cdot 7$$

であるから

$$\frac{10-(3+1)}{7-1} = \frac{6}{6} = 1.$$

したがって

$$10! = 2^8 3^4 5^2 7.$$

問 15! を素因数に分解せよ.

例 100! を 10 進法で表わしたとき, 末尾に何個の 0 がつくか.

解 100! を素因数分解したとき

$$100! = 2^\alpha \cdot 3^\beta \cdot 5^\gamma \cdots$$

2 の指数 α と 5 の指数 γ のうち小さいほうを k とすると

$$100! = 2^k 5^k \cdot (\cdots) = 10^k \cdot (\cdots)$$

となるから, この k が求めるものである. $\alpha > \gamma$ は明らかだから

$$\gamma = \left[\frac{100}{5}\right] + \left[\frac{100}{5^2}\right] = 20 + 4 = 24.$$

つまり末尾から 24 個の 0 が並ぶ.

2 項係数の素因数分解

$(x+y)^n$ を展開したときの $x^m y^{n-m}$ $(0 \leqq m \leqq n)$ の係数を **2 項係数**といい,

$$\binom{n}{m}$$

で表わす. この $\binom{n}{m}$ は n 個のものから m 個だけとりだす組合せの数に等しく,

$$\binom{n}{m} = {}_n\mathrm{C}_m = \frac{n!}{m!(n-m)!}$$

となることはよく知られている.

この $\begin{pmatrix} n \\ m \end{pmatrix}$ を素因数に分解してみよう.

素数 p の $n!, m!, (n-m)!$ における指数は定理 3. 5 によって

$$\left[\frac{n}{p}\right]+\left[\frac{n}{p^2}\right]+\cdots+\left[\frac{n}{p^l}\right],$$
$$\left[\frac{m}{p}\right]+\left[\frac{m}{p^2}\right]+\cdots+\left[\frac{m}{p^l}\right],$$
$$\left[\frac{n-m}{p}\right]+\left[\frac{n-m}{p^2}\right]+\cdots+\left[\frac{n-m}{p^l}\right].$$

したがって $\begin{pmatrix} n \\ m \end{pmatrix}=\dfrac{n!}{m!(n-m)!}$ における p の指数は

$$\begin{aligned}
&\left[\frac{n}{p}\right]+\left[\frac{n}{p^2}\right]+\cdots+\left[\frac{n}{p^l}\right]-\left[\frac{m}{p}\right]-\left[\frac{m}{p^2}\right]-\cdots-\left[\frac{m}{p^l}\right] \\
&\quad -\left[\frac{n-m}{p}\right]-\left[\frac{n-m}{p^2}\right]-\cdots-\left[\frac{n-m}{p^l}\right] \\
&\quad =\left(\left[\frac{n}{p}\right]-\left[\frac{m}{p}\right]-\left[\frac{n-m}{p}\right]\right) \\
&\qquad +\left(\left[\frac{n}{p^2}\right]-\left[\frac{m}{p^2}\right]-\left[\frac{n-m}{p^2}\right]\right) \\
&\qquad +\cdots+\left(\left[\frac{n}{p^l}\right]-\left[\frac{m}{p^l}\right]-\left[\frac{n-m}{p^l}\right]\right). \qquad (1)
\end{aligned}$$

ここで一般の項を

$$\left[\frac{n}{p^k}\right]-\left[\frac{m}{p^k}\right]-\left[\frac{n-m}{p^k}\right]$$

とし $\dfrac{m}{p^k}=\alpha,\quad \dfrac{n-m}{p^k}=\beta$ とおくと

$$\alpha+\beta=\frac{m}{p^k}+\frac{n-m}{p^k}=\frac{n}{p^k}$$

となるから，上の項はつぎの形となる．

$$[\alpha+\beta]-[\alpha]-[\beta].$$

一般に

$$[\alpha+\beta]\geqq[\alpha]+[\beta]\geqq[\alpha+\beta]-1$$

が成り立つから

$$1\geqq[\alpha+\beta]-[\alpha]-[\beta]\geqq 0$$

となる．したがって

$$1\geqq\left[\frac{n}{p^k}\right]-\left[\frac{m}{p^k}\right]-\left[\frac{n-m}{p^k}\right]\geqq 0.$$

つまり（1）の各項は0か1かである．したがって，（1）は $\geqq 0$ となる．これは $\dbinom{n}{m}$ が整数であることから当然であるが，すべての素因数の指数が負にならないことからも $\dbinom{n}{m}$ が整数であることが保証されたわけである．

例 $(m,n)=1$ ならば $\dfrac{(m+n-1)!}{m!n!}$ は整数であることを証明せよ．

解 p を任意の素数とし，m,n を p^k で割ってみよう．

$$m=\left[\frac{m}{p^k}\right]\cdot p^k+r_1\qquad(0\leqq r_1<p^k),$$

$$n=\left[\frac{n}{p^k}\right]\cdot p^k+r_2\qquad(0\leqq r_2<p^k).$$

ここでもし r_1, r_2 が同時に 0 となれば

$$p^k\,)\,m, \quad p^k\,)\,n$$

となって，$(m, n)=1$ の仮定に反する．したがって r_1, r_2 は同時に 0 とはならない．だから

$$r_1+r_2 \geqq 1, \quad r_1+r_2-1 \geqq 0.$$

ここで

$$m+n-1=\left(\left[\frac{m}{p^k}\right]+\left[\frac{n}{p^k}\right]\right)p^k+(r_1+r_2-1)$$

の両辺を p^k で割って[　]をとると

$$\begin{aligned}\left[\frac{m+n-1}{p^k}\right] &= \left[\frac{m}{p^k}\right]+\left[\frac{n}{p^k}\right]+\left[\frac{r_1+r_2-1}{p^k}\right] \\ &\geqq \left[\frac{m}{p^k}\right]+\left[\frac{n}{p^k}\right].\end{aligned}$$

したがって

$$\left[\frac{m+n-1}{p^k}\right]-\left[\frac{m}{p^k}\right]-\left[\frac{n}{p^k}\right] \geqq 0.$$

つまり任意の素因数の指数が負でないから，$\dfrac{(m+n-1)!}{m!n!}$ は整数である．

問　$n+1)\begin{pmatrix} 2n \\ n \end{pmatrix}$ を証明せよ．

問　p を素数とすると $m+1)\begin{pmatrix} p-1 \\ m \end{pmatrix}$, $p-m)\begin{pmatrix} p-1 \\ m \end{pmatrix}$ を証明せよ．

問　$(m_1, m_2, \cdots, m_k)=1$ のとき

$$\frac{(m_1+m_2+\cdots+m_k-1)!}{m_1!m_2!\cdots m_k!}$$

は整数であることを証明せよ．

練習問題 3.1

1. $\dfrac{(2m)!(2n)!}{m!(m+n)!n!}$ は整数であることを証明せよ.
(練習問題 1.1, 5. にある不等式 $[2x]+[2y] \geqq [x]+[x+y]+[y]$ を利用せよ.)

2. $\dfrac{(4m)!(4n)!}{m!n!(2m+n)!(m+2n)!}$ は整数であることを証明せよ.
(練習問題 1.1, 10. にある不等式 $[4x]+[4y] \geqq [x]+[y]+[2x+y]+[x+2y]$ を利用せよ.)

3. p を素数とするとき $\begin{pmatrix} p^k \\ p^l \cdot m \end{pmatrix}$ $((m, p)=1)$ における p の指数を求めよ.

4. $\begin{pmatrix} n \\ m \end{pmatrix}$ がすべて奇数となるための必要かつ十分の条件は
$$n=2^k-1$$
となることである.

5. $\dfrac{(2n)!}{(n!)^2}$ は $n+1$ で割り切れることを証明せよ.

ふるい

n を分母とすると真分数
$$\frac{0}{n},\quad \frac{1}{n},\quad \frac{2}{n},\quad \dots,\quad \frac{n-1}{n}$$
のなかで約分できないもの，すなわち既約のものはいくつあるだろうか．たとえば $n=10$ のときは

$$\frac{0}{10}, \frac{1}{10}, \frac{2}{10}, \frac{3}{10}, \frac{4}{10}, \frac{5}{10}, \frac{6}{10}, \frac{7}{10}, \frac{8}{10}, \frac{9}{10}$$

$$\begin{array}{cccccccccc} \frac{0}{10} & \frac{1}{10} & \frac{2}{10} & \frac{3}{10} & \frac{4}{10} & \frac{5}{10} & \frac{6}{10} & \frac{7}{10} & \frac{8}{10} & \frac{9}{10} \\ \downarrow & & \downarrow & & \downarrow & \downarrow & \downarrow & & \downarrow & \\ \frac{0}{1} & & \frac{1}{5} & & \frac{2}{5} & \frac{1}{2} & \frac{3}{5} & & \frac{4}{5} & \end{array}$$

残るものは4個である．

このように n より小さくて，n と互いに素な正整数の個数を $\varphi(n)$ で表わす．この $\varphi(n)$ をオイラー(Euler)の関数という．たとえば $n=10$ のときは $\varphi(10)=4$ である．

この $\varphi(n)$ はつぎのように考えることができる．

n の素因数分解を

$$n = {p_1}^{\alpha_1}{p_2}^{\alpha_2}\cdots{p_k}^{\alpha_k}$$

とする．このとき，n と互いに素な数は集合 $R=\{0, 1, 2, \cdots, n-1\}$ のなかで $p_1, p_2, \cdots, p_k$ の倍数になっていないものである．

つまり R のなかで $p_1, p_2, \cdots, p_k$ の倍数を除いた残りの数の個数を求めることである．

たとえば $n=2^2\cdot 3\cdot 5=60$ のときは，$R=\{0, 1, 2, \cdots, 59\}$ から 2, 3, 5 の倍数の集合 $M(2), M(3), M(5)$ を除いた残りの数の集合の個数を求めると，それが $\varphi(60)$ となる．

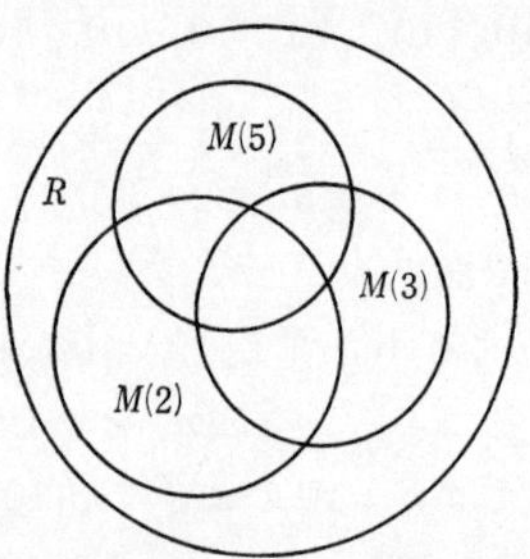

このように1つの集合から，その部分集合を除いた残りの集合を求めることをふるいとよぶ．つまり不必要なものを「ふるい落す」ことになるからである．

集合 A の個数を $|A|$ で表わすことにする．

まず $|R|-|M(2)|-|M(3)|-|M(5)|$ をつくると，$M(2)\cap M(3)$, $M(2)\cap M(5)$, $M(3)\cap M(5)$ の部分は2度引かれている．

$$M(2)\cap M(3)=M(2\cdot 3),$$
$$M(2)\cap M(5)=M(2\cdot 5),$$
$$M(3)\cap M(5)=M(3\cdot 5)$$

だからこれを補っておかねばならない．

$$|R|-|M(2)|-|M(3)|-|M(5)|+|M(2\cdot 3)|+|M(2\cdot 5)|$$
$$+|M(3\cdot 5)|.$$

さらに $M(2)\cap M(3)\cap M(5)$ の部分ははじめに3回引い

て後で 3 回たしていることになるから，この部分の個数

$$|M(2)\cap M(3)\cap M(5)|=|M(2\cdot3\cdot5)|$$

を引いておかねばならない．結局

$$\begin{aligned}\varphi(60)=|R|-|M(2)|-|M(3)|-|M(5)|\\ +|M(2\cdot3)|+|M(2\cdot5)|+|M(3\cdot5)|\\ -|M(2\cdot3\cdot5)|,\end{aligned}$$

$$|R|=60,$$

$$|M(2)|=\frac{60}{2},\quad |M(3)|=\frac{60}{3},\quad |M(5)|=\frac{60}{5},$$

$$|M(2\cdot3)|=\frac{60}{2\cdot3},\quad |M(2\cdot5)|=\frac{60}{2\cdot5},$$

$$|M(3\cdot5)|=\frac{60}{3\cdot5},\quad |M(2\cdot3\cdot5)|=\frac{60}{2\cdot3\cdot5}.$$

$$\begin{aligned}\varphi(60)&=60-\frac{60}{2}-\frac{60}{3}-\frac{60}{5}+\frac{60}{2\cdot3}+\frac{60}{2\cdot5}+\frac{60}{3\cdot5}-\frac{60}{2\cdot3\cdot5}\\ &=60\left(1-\frac{1}{2}-\frac{1}{3}-\frac{1}{5}+\frac{1}{2\cdot3}+\frac{1}{2\cdot5}+\frac{1}{3\cdot5}-\frac{1}{2\cdot3\cdot5}\right)\\ &=60\left(1-\frac{1}{2}\right)\left(1-\frac{1}{3}\right)\left(1-\frac{1}{5}\right)=60\cdot\frac{1}{2}\cdot\frac{2}{3}\cdot\frac{4}{5}=16.\end{aligned}$$

問　$\varphi(24), \varphi(90), \varphi(36), \varphi(42)$ を求めよ．

特性関数　以上の議論を一般化するために特性関数というものを利用してみよう．

集合 R の要素 x と部分集合 A から定まるつぎのような関数 $\chi(x;A)$ を定義する．

$$x \in A \quad \text{のときは} \quad \chi(x; A) = 1,$$
$$x \notin A \quad \text{のときは} \quad \chi(x; A) = 0.$$

この特性関数 $\chi(x; A)$ はつぎのように解釈すると理解しやすい.

R をあるクラスの生徒の集合とする. このクラスでいろいろのクラブがあり, そのなかで庭球クラブに属する生徒の集合を A とする.

担任の先生がクラスの生徒を前にして「庭球クラブに所属する人は手をあげなさい」といった. そのとき, 生徒 x が A に属するときは, あげた手の数は1本, x が A に属しないときはあげた手の数は0本であるから, あげた手の数はちょうど $\chi(x; A)$ となる.

この特性関数 $\chi(x; A)$ の性質をあげてみよう.

(1) $\overline{A}$ を A の補集合とすると

$$\chi(x; \overline{A}) = 1 - \chi(x; A).$$

なぜなら $x \in \overline{A}$ ならば $x \notin A$. したがって $\chi(x; A) = 0$.

$$1 - \chi(x; A) = 1 - 0 = 1.$$

逆に $x \notin \overline{A}$ ならば $x \in A$. したがって $\chi(x; A) = 1$.

$$1 - \chi(x; A) = 1 - 1 = 0.$$

これは $\chi(x; \overline{A})$ と一致する. すなわち

$$\chi(x; \overline{A}) = 1 - \chi(x; A).$$

(2)

$$\chi(x; A \cap B) = \chi(x; A) \cdot \chi(x; B).$$

なぜなら $x \in A \cap B$ ならば, $x \in A, x \in B$. したがって

$$\chi(x;A)\cdot\chi(x;B)=1\cdot 1=1.$$

逆に $\chi(x;A)\cdot\chi(x;B)=1$ ならば

$$\chi(x;A)=1,\quad \chi(x;B)=1.$$

したがって

$$x\in A,\quad x\in B.$$

結局 $x\in A\cap B$ だから

$$\chi(x;A\cap B)=\chi(x;A)\cdot\chi(x;B).$$

(3)

$$\sum_{x\in R}\chi(x;A)=|A|.$$

これはあげた手の数を数えると A の人数がわかるのと同じである．

(1)，(2) の性質を利用して $\overline{A}_1\cap\overline{A}_2\cap\cdots\cap\overline{A}_k$ の特性関数 $\chi(x;\overline{A}_1\cap\overline{A}_2\cap\cdots\cap\overline{A}_k)$ を求めてみよう．

(2) によって

$$\begin{aligned}&\chi(x;\overline{A}_1\cap\overline{A}_2\cap\cdots\cap\overline{A}_k)\\&\quad=\chi(x;\overline{A}_1)\cdot\chi(x;\overline{A}_2)\cdots\cdots\chi(x;\overline{A}_k)\end{aligned}$$

(1) によって

$$=(1-\chi(x;A_1))(1-\chi(x;A_2))\cdots(1-\chi(x;A_k))$$

これを展開すると

$$\begin{aligned}&=1-\chi(x;A_1)-\chi(x;A_2)-\cdots-\chi(x;A_k)\\&\quad+\chi(x;A_1)\chi(x;A_2)+\chi(x;A_1)\chi(x;A_3)+\cdots\\&\qquad\qquad+\chi(x;A_{k-1})\chi(x;A_k)\end{aligned}$$

$$-\chi(x;A_1)\chi(x;A_2)\chi(x;A_3)-\cdots$$
$$\cdots$$
$$+(-1)^k\chi(x;A_1)\chi(x;A_2)\cdots\chi(x;A_k)$$

ここで (2) を逆に使うと

$$=1-\chi(x;A_1)-\cdots-\chi(x;A_k)$$
$$+\chi(x;A_1\cap A_2)+\cdots+\chi(x;A_{k-1}\cap A_k)$$
$$\cdots$$
$$+(-1)^k\chi(x;A_1\cap A_2\cap\cdots\cap A_k).$$

ここで (3) を利用すると

$$\sum_{x\in R}\chi(x;\overline{A}_1\cap\overline{A}_2\cap\cdots\cap\overline{A}_k)$$
$$=\sum_{x\in R}1-\sum_{x\in R}\chi(x;A_1)-\cdots$$
$$\cdots$$
$$+(-1)\sum_{x\in R}\chi(x;A_1\cap A_2\cap\cdots\cap A_k).$$

結局つぎの式が得られる.

定理 3.7

$$|\overline{A}_1\cap\overline{A}_2\cap\cdots\cap\overline{A}_k|$$
$$=|R|-|A_1|-|A_2|-\cdots-|A_k|$$
$$+|A_1\cap A_2|+\cdots+|A_{k-1}\cap A_k|$$
$$-\cdots$$
$$+(-1)^k\,|A_1\cap A_2\cap\cdots\cap A_k|.$$

これはふるいを行なうさいの基本的な公式である．

この公式を使って $\varphi(n)$ を求めることにしよう．

$$R=\{0,1,2,\cdots,n-1\},$$

$$n={p_1}^{\alpha_1}{p_2}^{\alpha_2}\cdots{p_k}^{\alpha_k}$$

とし，R のなかの $p_1,p_2,\cdots,p_k$ の倍数の集合を $M(p_1)$, $M(p_2),\cdots,M(p_k)$ とすれば，R から $M(p_1),M(p_2),\cdots$, $M(p_k)$ をふるい落とした残りを求めることである．つまり

$$\varphi(n)=\left|\overline{M(p_1)}\cap\overline{M(p_2)}\cap\cdots\cap\overline{M(p_k)}\right|$$

となる．これは定理 3. 7 によって

$$\begin{aligned}&=n-|M(p_1)|-|M(p_2)|-\cdots-|M(p_k)|\\&\quad+|M(p_1p_2)|+\cdots+|M(p_{k-1}p_k)|\\&\quad\cdots\\&\quad+(-1)^k\,|M(p_1p_2\cdots p_k)|.\end{aligned}$$

ここで

$M(p_1)$ は $\{0,p_1,2p_1,\cdots\}$ の個数であるから $\dfrac{n}{p_1}$,

$M(p_1p_2)$ は $\{0,p_1p_2,2p_1p_3,\cdots\}$ の個数だから $\dfrac{n}{p_1p_2}$,

$\cdots$

したがって

$$\varphi(n)=n-\frac{n}{p_1}-\frac{n}{p_2}-\cdots-\frac{n}{p_k}$$
$$+\frac{n}{p_1p_2}+\cdots+\frac{n}{p_{k-1}p_k}-\cdots+(-1)^k\frac{n}{p_1p_2\cdots p_k}$$
$$=n\left(1-\frac{1}{p_1}-\frac{1}{p_2}-\cdots-\frac{1}{p_k}\right.$$
$$\left.+\frac{1}{p_1p_2}+\cdots+\frac{1}{p_{k-1}p_k}-\cdots+(-1)^k\frac{1}{p_1p_2\cdots p_k}\right)$$
$$=n\left(1-\frac{1}{p_1}\right)\left(1-\frac{1}{p_2}\right)\cdots\left(1-\frac{1}{p_k}\right)$$

あるいは，$n=p_1{}^{\alpha_1}p_2{}^{\alpha_2}\cdots p_k{}^{\alpha_k}$ とすれば

$$=p_1{}^{\alpha_1}p_2{}^{\alpha_2}\cdots p_k{}^{\alpha_k}\left(1-\frac{1}{p_1}\right)\left(1-\frac{1}{p_2}\right)\cdots\left(1-\frac{1}{p_k}\right)$$
$$=p_1{}^{\alpha_1-1}p_2{}^{\alpha_2-1}\cdots p_k{}^{\alpha_k-1}(p_1-1)(p_2-1)\cdots(p_k-1).$$

すなわち，つぎの定理が得られた.

定理 3.8

$$\varphi(n)=n\left(1-\frac{1}{p_1}\right)\left(1-\frac{1}{p_2}\right)\cdots\left(1-\frac{1}{p_k}\right)$$
$$=p_1{}^{\alpha_1-1}p_2{}^{\alpha_2-1}\cdots p_k{}^{\alpha_k-1}(p_1-1)(p_2-1)\cdots(p_k-1).$$

これをオイラーの公式といい，$\varphi(n)$ をオイラーの関数という.

この公式は，オイラーより前に，和算家久留島義太（くるしまよしひろ）(?-1755)によって発見されたといわれる．したがって上の公式は久留島-オイラーの公式とよぶのが正しいだろう.

問　$n=1, 2, \cdots, 30$ に対する $\varphi(n)$ の値を計算せよ.

例　$\varphi(n)$ は乗法的であることを証明せよ.

解

$$(m_1, m_2)=1$$

ならば m_1, m_2 の素因数分解

$$m_1 = {p_1}^{\alpha_1}{p_2}^{\alpha_2}\cdots{p_k}^{\alpha_k},$$
$$m_2 = {q_1}^{\beta_1}{q_2}^{\beta_2}\cdots{q_l}^{\beta_l}$$

において同じ素数が双方に現われることはない. したがって

$$m_1m_2 = {p_1}^{\alpha_1}{p_2}^{\alpha_2}\cdots{p_k}^{\alpha_k}{q_1}^{\beta_1}{q_2}^{\beta_2}\cdots{q_l}^{\beta_l}$$

は m_1m_2 の素因数分解である.

したがって定理 3.8 によって

$$\begin{aligned}\varphi(m_1m_2) &= m_1m_2\left(1-\frac{1}{p_1}\right)\cdots\left(1-\frac{1}{p_k}\right)\left(1-\frac{1}{q_1}\right)\cdots\left(1-\frac{1}{q_l}\right)\\ &= m_1\left(1-\frac{1}{p_1}\right)\cdots\left(1-\frac{1}{p_k}\right)m_2\left(1-\frac{1}{q_1}\right)\cdots\left(1-\frac{1}{q_l}\right)\\ &= \varphi(m_1)\varphi(m_2).\end{aligned}$$

すなわち $\varphi(m_1m_2)=\varphi(m_1)\varphi(m_2)$ となる. これは $\varphi(n)$ が乗法的であることにほかならない.

問　$\varphi(n)=6$ を満足する n を求めよ.

例　つぎの式を満足させる n を求めよ.

$$\varphi(n)=\frac{1}{2}n.$$

解

$$n=2^{\alpha_1}p_2{}^{\alpha_2}\cdots p_k{}^{\alpha_k},\quad \alpha_1>0,\quad \alpha_2>0,\quad \cdots,\quad \alpha_k>0$$

とすると

$$\frac{\varphi(n)}{n}=\left(1-\frac{1}{2}\right)\left(1-\frac{1}{p_2}\right)\left(1-\frac{1}{p_3}\right)\cdots\left(1-\frac{1}{p_k}\right)$$
$$<\frac{1}{2}.$$

したがって, そのような $\alpha_2, \alpha_3, \cdots, \alpha_n$ は存在しない. したがって, $n=2^{\alpha_1}$ $(\alpha_1>0)$ の形をもつ.

例　$\sum_{d)n}\varphi(d)=n$ を証明せよ.（$\sum_{d)n}$ は「n のすべての約数について加えよ」という意味である.）

解　$R=\{0, 1, 2, \cdots, n-1\}$ のなかで n の約数 d に対して $(n, x)=\dfrac{n}{d}=d'$ となる x の個数を求めよう.

$$x=d'x'$$

とおくと

$$\left(\frac{n}{d'}, \frac{x}{d'}\right)=1,$$

したがって

$$(d, x')=1.$$

このような x' の個数は $\varphi(d)$ である．だから

$$\sum_{d)n} \varphi(d) = n.$$

問　分母が n より大きくなく，値が1より大きくない正の既約分数の個数は

$$\varphi(1) + \varphi(2) + \cdots + \varphi(n)$$

であることを示せ．

練習問題 3.2

1. つぎの式を満足する n を求めよ．

(1)　$\varphi(n) = \dfrac{2}{3}n$

(2)　$\varphi(n) = \dfrac{1}{3}n$

(3)　$\varphi(n) = \dfrac{1}{4}n$

2. ある数は3つの素数 p_1, p_2, p_3 の積である．

$$\begin{aligned} {p_1}^2 + {p_2}^2 + {p_3}^2 &= 2331, \\ \varphi(p_1p_2p_3) &= 7560, \\ d(p_1p_2p_3) = (p_1+1)(p_2+1)(p_3+1) &= 10560 \end{aligned}$$

とする．その数と p_1, p_2, p_3 を求めよ．

3. 普通の正多角形は凸多角形であるが，つぎのような星形の正多角形もある．

一般に星形を含めた正 n 角形は何種類あるか.

メビウスの関数

定理 3.8 の公式

$$\varphi(n) = n\left(1-\frac{1}{p_1}\right)\left(1-\frac{1}{p_2}\right)\cdots\left(1-\frac{1}{p_k}\right)$$

$$= n\left(1-\frac{1}{p_1}-\frac{1}{p_2}-\cdots-\frac{1}{p_k}\right.$$

$$\left.+\frac{1}{p_1p_2}+\cdots+\frac{1}{p_{k-1}p_k}-\cdots+(-1)^k\frac{1}{p_1p_2\cdots p_k}\right)$$

において $\dfrac{1}{p_1p_2\cdots p_s}$ の係数は $(-1)^s$ となっており，しかも分母の $p_1p_2\cdots p_s$ には2乗3乗は現われてこない．ここでつぎのような関数を定義してみよう．

$$\mu(1) = 1.$$

$p_1, p_2, \cdots, p_s$ はみな異なる素数ならば，

$$\mu(p_1p_2\cdots p_s) = (-1)^s.$$

$p_1, p_2, \cdots, p_s$ のなかに等しい素数が2回以上現われたら

$$\mu(p_1p_2\cdots p_s)=0.$$

このように定義された関数を**メビウスの関数**という.

メビウス(Möbius, 1790-1868)はドイツの数学者で「メビウスの帯」などで有名である.

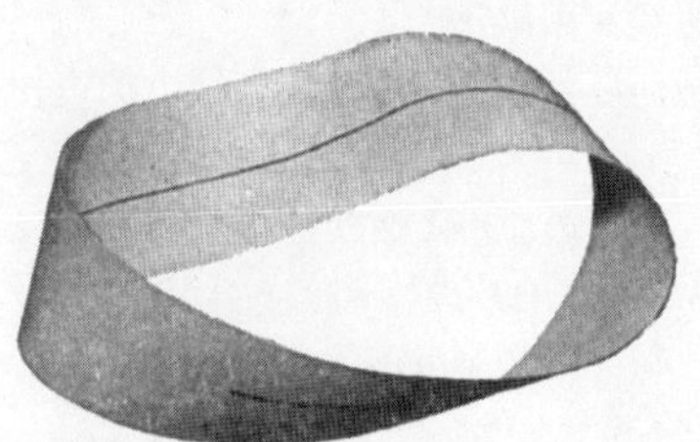

このメビウスの関数 $\mu(n)$ を用いると $\varphi(n)$ の公式は

$$\varphi(n)=n\sum_{d)n}\frac{\mu(d)}{d}=\sum_{d)n}\frac{n}{d}\mu(d)$$

と書ける.

例 $\mu(1), \mu(2), \cdots, \mu(15)$ までの値を求めよ.

解

n	1	2	3	4	5	6	7	8	9	10	11	12	13	14	15
$\mu(n)$	1	-1	-1	0	-1	1	-1	0	0	1	-1	0	-1	1	1

定理 3.9 $\mu(n)$ は乗法的である.

証明

$$(m_1, m_2)=1$$

のとき，m_1, m_2 を素因数に分解すると

$$m_1 = {p_1}^{\alpha_1} {p_2}^{\alpha_2} \cdots {p_k}^{\alpha_k},$$
$$m_2 = {q_1}^{\beta_1} {q_2}^{\beta_2} \cdots {q_l}^{\beta_l}.$$

$p_1, p_2, \cdots, p_k$ と $q_1, q_2, \cdots, q_l$ はみな異なる素数である．だから $m_1 m_2$ の素因数分解は

$$m_1 m_2 = {p_1}^{\alpha_1} {p_2}^{\alpha_2} \cdots {p_k}^{\alpha_k} {q_1}^{\beta_1} {q_2}^{\beta_2} \cdots {q_l}^{\beta_l}$$

となる．

$\alpha_1, \alpha_2, \cdots, \alpha_k$ のなかに 2 以上のものがあると，$\mu(n)$ の定義によって

$$\mu(m_1) = 0$$

だから

$$\mu(m_1)\mu(m_2) = 0.$$

そして

$$\mu(m_1 m_2) = 0.$$

$\beta_1, \beta_2, \cdots, \beta_l$ のなかに 2 以上のものがあっても $\mu(m_2)=0$ だから

$$\mu(m_1)\mu(m_2) = 0.$$

同じく

$$\mu(m_1 m_2) = 0.$$

$\alpha_1, \alpha_2, \cdots, \alpha_k, \beta_1, \cdots, \beta_l$ がすべて 1 ならば

$$\mu(m_1) = (-1)^k, \quad \mu(m_2) = (-1)^l,$$
$$\mu(m_1)\mu(m_2) = (-1)^k \cdot (-1)^l = (-1)^{k+l}.$$

一方

$$\mu(m_1 m_2) = (-1)^{k+l}.$$

ゆえにあらゆる場合に

$$\mu(m_1m_2)=\mu(m_1)\mu(m_2).$$

（証明終）

定理 3.10

$$\sum_{d)n}\mu(d)=\begin{cases}1 & (n=1)\\ 0 & (n\neq 1)\end{cases}$$

証明　$n=1$ ならば

$$\sum_{d)n}\mu(d)=\mu(1)=1.$$

$n\neq 1$ なら n を素因数に分解すると

$$n={p_1}^{\alpha_1}{p_2}^{\alpha_2}\cdots{p_k}^{\alpha_k},$$

$$\sum_{d)n}\mu(d)=\sum_{d)n}\mu({p_1}^{\beta_1}\cdots{p_k}^{\beta_k})$$

ここでの $\beta_1,\beta_2,\cdots,\beta_k$ は0か1かの値をとるものとする.

$$\begin{aligned}&=\mu(1)+\mu(p_1)+\mu(p_2)+\cdots+\mu(p_k)\\&\quad+\mu(p_1p_2)+\cdots+\mu(p_{k-1}p_k)\\&\quad+\cdots+\mu(p_1p_2\cdots p_k)\\&=1-\binom{k}{1}+\binom{k}{2}-\binom{k}{3}+\cdots+(-1)^k\binom{k}{k}\\&=(1-1)^k=0.\end{aligned}$$

（証明終）

メビウスの反転公式

すでにつぎの式が成り立つことを知っている.

$$\sum_{d)n} \varphi(d) = n.$$

$\varphi(n)$ はまだ未知の関数として，上の式から $\varphi(n)$ を求めることはできないだろうか．

それは一般的なメビウスの反転公式といわれるものを適用すればよいのである．

定理 3.11

$$\sum_{d)n} f(d) = g(n)$$

のとき

$$f(n) = \sum_{d)n} g(d)\mu\left(\frac{n}{d}\right) = \sum_{d)n} g\left(\frac{n}{d}\right)\mu(d)$$

が成り立つ．

これは $g(n)$ から $f(n)$ を求める公式だからメビウスの反転公式とよばれている．

証明

$$\frac{n}{d} = d'$$

とすれば

$$g(n) = \sum_{d'd''=n} f(d')$$

と書いてよい． $\sum\limits_{d'd''=n}$ は $d'd''=n$ を満足するすべての d' について加えよ，という意味である．

$$\sum_{d)n} g(d)\mu\left(\frac{n}{d}\right) = \sum_{d)n} g\left(\frac{n}{d}\right)\mu(d) = \sum_{dd'''=n} g(d)\mu(d''').$$

ここで

$$g(d) = \sum_{d'd''=d} f(d')$$

であるから，これを代入すると，

$$\begin{aligned}\sum_{dd'''=n}\left(\sum_{d'd''=d} f(d')\right)\mu(d''') &= \sum_{d'd''d'''=n} f(d')\mu(d''') \\ &= \sum_{d')n} f(d') \sum_{d''d'''=\frac{n}{d'}} \mu(d''')\end{aligned}$$

ところで $\displaystyle\sum_{d''d'''=\frac{n}{d'}} \mu(d''')$ は定理 3. 10 によって $\dfrac{n}{d'}=1$ のときだけ 1 で，他の場合は 0 である．だから

$$= \sum_{d'=n} f(d') = f(n).$$

（証明終）

例　$\displaystyle\sum_{d)n} \varphi(d) = n$ から $\varphi(n)$ を求めよ．

解　反転公式を適用すると，

$$\begin{aligned}\varphi(n) &= \sum_{d)n} \frac{n}{d}\mu(d) \\ &= n\sum_{d)n} \frac{\mu(d)}{d} \\ &= n\left(1-\frac{1}{p_1}-\frac{1}{p_2}-\cdots-\frac{1}{p_k}+\frac{1}{p_1p_2}+\cdots\right. \\ &\qquad \left.+(-1)^k\frac{1}{p_1p_2\cdots p_k}\right)\end{aligned}$$

$$= n\left(1-\frac{1}{p_1}\right)\left(1-\frac{1}{p_2}\right)\cdots\left(1-\frac{1}{p_k}\right).$$

例　$n>1$ のとき n より小で n と互いに素な数を $a_1, a_2, \cdots, a_{\varphi(n)}$ とするとき,

$$a_1+a_2+\cdots+a_{\varphi(n)} = \sum_{\substack{(x,n)=1\\ 0\leqq x<n}} x$$

を求めよ.

解

$$a_1+a_2+\cdots a_{\varphi(n)} = \sum_{\substack{(x,n)=1\\ 0\leqq x<n}} x = f(n)$$

とおく.

$0\leqq x<n$ で $(x,n)=d$ なる x の和は $df\left(\frac{n}{d}\right)$ に等しい. したがって

$$\sum_{d)n} df\left(\frac{n}{d}\right) = 0+1+\cdots+(n-1) = \frac{n(n-1)}{2}.$$

書きかえると

$$\sum_{d)n} \frac{n}{d} f(d) = \frac{n(n-1)}{2}, \quad \sum_{d)n} \frac{f(d)}{d} = \frac{n-1}{2}.$$

反転公式を使うと,

$$\frac{f(n)}{n} = \sum_{d)n} \frac{d-1}{2}\cdot\mu\left(\frac{n}{d}\right)$$

$$= \sum \frac{d\mu\left(\frac{n}{d}\right)}{2} - \sum \frac{\mu\left(\frac{n}{d}\right)}{2}$$

$$= \frac{1}{2}\sum_{d)n} d\mu\left(\frac{n}{d}\right) - \frac{1}{2}\sum_{d)n} \mu(d)$$

$$= \frac{\varphi(n)}{2} - \frac{1}{2} \cdot 0 = \frac{\varphi(n)}{2}.$$

だから

$$f(n) = \frac{n\varphi(n)}{2}.$$

別解　この問題はつぎのようにすれば簡単に解ける．$n = 2$ ならば

$$\frac{1}{2} \cdot 2\varphi(2) = 1.$$

$n > 2$ のときは $\varphi(n)$ は偶数である．

$$0 < a_1 < a_2 \cdots < a_{\varphi(n)} < n$$

a_i が n と互いに素なら $n - a_i$ も n と互いに素である．このような組は $\frac{1}{2}\varphi(n)$ あり，その和は

$$a_i + (n - a_i) = n.$$

だから全部で

$$\frac{1}{2}\varphi(n) \times n = \frac{1}{2} n\varphi(n)$$

となる．

練習問題 3.3

1. $0 < a_1 < a_2 < \cdots < a_{\varphi(n)} < n$ で $a_1, a_2, \cdots, a_{\varphi(n)}$ は n と互いに素であるとき ${a_1}^2 + {a_2}^2 + \cdots + {a_{\varphi(n)}}^2$ を求めよ．
2. 上と同じ記号で $a_1 a_2 \cdots a_{\varphi(n)}$ を求めよ．
3. 同じく ${a_1}^3 + {a_2}^3 + \cdots + {a_{\varphi(n)}}^3$ を求めよ．

4. $m < p, m' < p$ のとき $\begin{pmatrix} p^k m \\ p^l m' \end{pmatrix}$ $((p, m) = 1, (p, m') = 1\ (k \geqq l))$ は $\begin{pmatrix} p^{k-l} m \\ m' \end{pmatrix}$ と同じ p の指数をもつ.

第4章　合同式

直線的と円環的

整数は大小の順に直線の上に並べることができる．

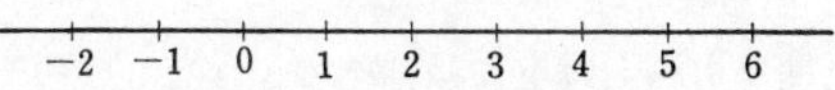

数字が日数を表わすものとすれば，無限の過去から無限の未来に時間が経過していくことを象徴していると考えてよい．

このままでは一定の間隔をへだてくり返すことは考えられていない．

しかし，地球上の自然現象は約1年すなわち365日をへだててほぼくり返すことが知られている．

古代の農民は自然現象を直線的にただ1回だけのものとみないで，一定の周期をへだてて何回でも円環的にくり返す，という見方をもっていた．

たとえば中国では，十干は10の周期，十二支は12の周期でくり返すものである．

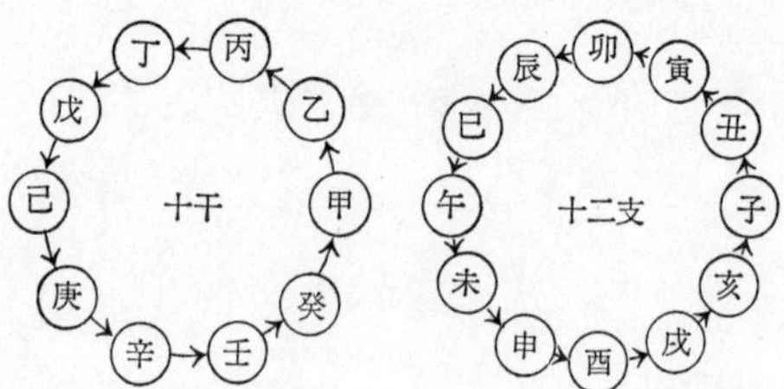

自然ばかりではなく，社会や人生もまた円環的にくり返すものと考えられた．

7の周期をもつ七曜もやはりそのようなものの一つである．

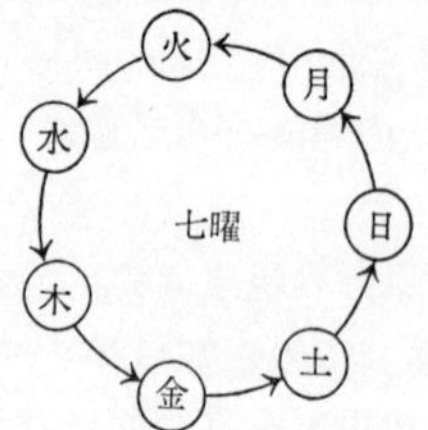

このような円環的，もしくは周期的な見方を数学的に一般化し理論化したのが合同式であるといえよう．

1970年1月1日は木曜日である．この日から数えて木，金，土，日，月，火，水と7日たって，また木，金，土，…とくり返していく．だからカレンダーは次ページの図のようになっている．

日	月	火	水	木	金	土
				1	2	3
4	5	6	7	8	9	10
11	12	13	14	15	16	17
18	19	20	21	22	23	24
25	26	27	28	29	30	31

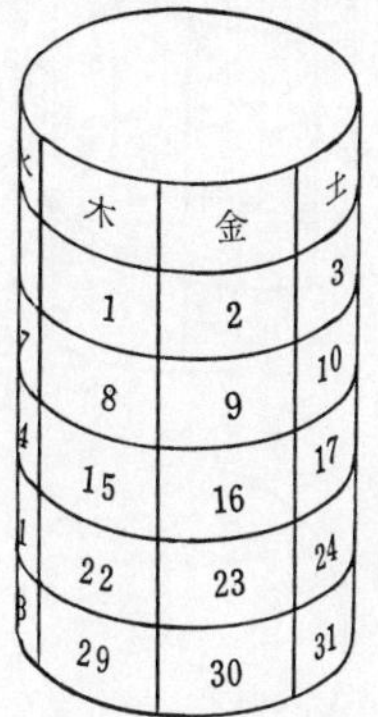

しかし，このことをもっとよく表わすには日曜と土曜をつなぎ合わせて円筒形にしたほうがよいだろう．

このことを抽象化するとつぎのようになる．数直線を伸縮しないが自由に曲がることのできる紐と考え，これを周囲の長さが7の円筒に巻きつけるものとする．そのとき同じ垂線上に並ぶのが，同じ曜日となる．

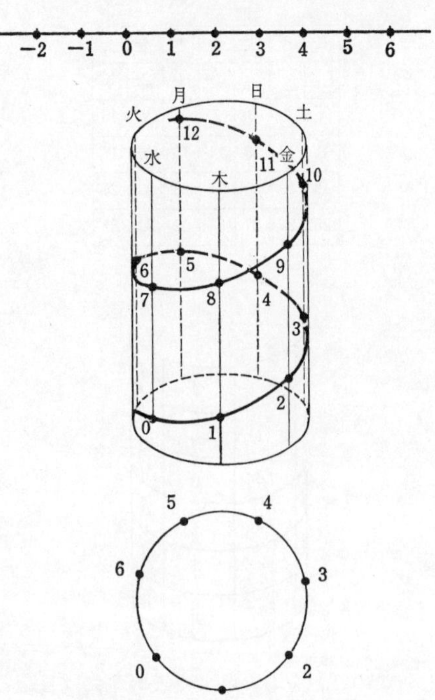

これをま上から見ると，垂線は１点に見えるから

水 $\{0, 7, 14, 21, \cdots\}$,

木 $\{1, 8, 15, 22, \cdots\}$,

金 $\{2, 9, 16, 23, \cdots\}$,

土 $\{3, 10, 17, 24, \cdots\}$

などはみな1点になるだろう．

合同式

上にのべたことを数学的に定式化してみよう．

2つの整数a, bが同じ曜日を表わすということは$a-b$が7の倍数であるということである．つまり

$$7)\,a-b.$$

このとき，aとbは同じ曜日になる．そのことを

$$a \equiv b \pmod 7$$

と書くことにしよう．言葉では

「aは7を法としてbに合同である」

という．

一般に$a \equiv b \pmod n$という記号はガウス(1777-1855)の考えだしたものであって，記号としてもきわめてすぐれたものである．この記号こそ「よい記号はよい思考を生みだす」という格言を実証しているものといえよう．ガウス自身つぎのようにいっている．

「この新しい計算法の長所は，しばしば起こってくる要求の本質に応じているので，天才にだけ恵まれている無意識的な霊感をもっていなくても，この計算法を身につけた人なら誰でも問題が解ける，という点にある．全く天才でさえ途方にくれるようなこみいった問題も機械的に解けるのである．」

ガウスが自慢しているように，この合同式は全くすばらしい記号で，凡人を天才に引上げるものだ，といってもよ

かろう.

ガウス(1777-1855)

さて，この記号の計算法をつぎにのべよう．まずはじめにこの $\equiv$ の記号は $=$ の記号と形式的に同じ性質をもっていることに注意しておこう．

(1) $a \equiv a \pmod{n}$ である．

$$a - a = 0$$

であるから

$$n\,)\,a - a.$$

これは等式 $a = a$ に相当する．これを**反射律**とよぶ．あるいは「自同律」といってもよいだろう．

(2)　$a \equiv b \pmod{n}$ ならば $b \equiv a \pmod{n}$ となる．

なぜなら，

$$a \equiv b \pmod{n} \text{ は } n\,)\,a-b$$

を意味する．これから

$$n\,)\,-(a-b),$$

したがって

$$n\,)\,b-a.$$

すなわち

$$b \equiv a \pmod{n}$$

が得られる．

これは a, b を左右に入れかえてもよい，ということだから，**対称律**と名づける．

これはもちろん，等式 $a=b$ の左右を入れかえて $b=a$ としてもよいということに相当する．

(3)　$a \equiv b \pmod{n}$ であり，かつ $b \equiv c \pmod{n}$ ならば $a \equiv c \pmod{n}$ となる．

なぜなら，

$$a \equiv b \pmod{n}, \quad b \equiv c \pmod{n}$$

を書きかえると

$$n\,)\,a-b, \quad n\,)\,b-c.$$

このことから

$$n\,)\,(a-b)+(b-c).$$

したがって

$$n\,)\,a-c.$$

これを合同式に書きかえると，

$$a \equiv c \pmod{n}$$

が得られる．

これは $a \to b \to c$ の関係から，中間の b を飛ばして直接 $a \to c$ の関係がでてくるので**推移律**とよばれている．

これはもちろん等式の場合には $a=b, b=c$ から $a=c$ がでてくることに相当する．

以上のように合同式は等式と類似の性質をもっていることがわかった．それどころか等式は合同式で $\bmod n$ の n をとくに0とした場合と考えてよいのである．

$a \equiv b \pmod{0}$ は $a-b$ が0の倍数，つまり0に等しいことで $a-b=0$，すなわち $a=b$ を意味する．つまりこれまでの等式は合同式の特殊の場合，逆に合同式の $\equiv$ は $=$ のゆるめられたものと考えてよい．$=$ をゆるめると $-$ とするのが自然であろうが，$-$ は減法と混同のおそれがあるので，やむを得ず $\equiv$ にしたのかもしれない．

例　平年における祝祭日を同じ曜日の類に分けよ．

解　元日から数えて何日目かを数えてみると，つぎのようになっていて，それを mod 7 で類別するとつぎのようになっている（呼称もふくめ1972年頃のもの）．

この表をみると11の祝祭日は7つの類に平等に分布してはいないことがわかる．0類と6類には3日ずつ，2類には1日もない．

問　閏年について，上のような表をつくれ．

祝　祭　日	月　日	元日よりの日数	類
成 人 の 日	1月15日	15	1
建国記念の日	2月11日	42	0
春 分 の 日*	3月21日	80	3
天 皇 誕 生 日	4月29日	119	0
憲 法 記 念 日	5月3日	123	4
こ ど も の 日	5月5日	125	6
敬 老 の 日	9月15日	258	6
秋 分 の 日*	9月23日	266	0
体 育 の 日	10月10日	283	3
文 化 の 日	11月3日	307	6
勤労感謝の日	11月23日	327	5

（*年によってかわることがある.）

類別

ある整数 a と $\bmod n$ によって合同な整数全体の集合を $K(a)$ で表わすと，$K(a)$ は整数全体の集合 $\boldsymbol{Z}$ の部分集合である.

$$K(a) \subseteqq \boldsymbol{Z}.$$

このとき $K(a)$ は剰余類という.

このようにすると

$$K(0), \quad K(1), \quad \cdots, \quad K(n-1)$$

という n 個の部分集合がつくられ，$\boldsymbol{Z}$ はこれらの部分集

合に分かれ，しかもこれらの部分集合は互いに共通部分を有しない．すなわち

$$\boldsymbol{Z} = K(0) \cup K(1) \cup K(2) \cup \cdots \cup K(n-1),$$
$$K(i) \cap K(k) = \varnothing \qquad (i \neq k)$$

（$\varnothing$ は空集合を表わす）

つまり $\boldsymbol{Z}$ は剰余類 $K(0), K(1), \cdots, K(n-1)$ に**類別**されたという．

ここでいう類別は，生物学で，動物を哺乳類，鳥類，…に分けるのと同じである．つまりつぎの条件を満足させる．

(1) すべての動物はどれかの類に属する．

(2) 異なる類は共通部分を有しない．換言すれば同じ動物が2つ以上の類に属することはない．

ガウスは整数論研究のために合同式を創案したのであるが，その考え方は整数論のワクを越えて数学全体に及ぼされて一般的な類別法にまで拡大されるようになった．

ある有限もしくは無限の集合 M がある．

$$M = \{a, b, c, \cdots\}$$

この M の2つの要素のあいだに R という関係が定義されているとする．このような2つの要素のあいだに成立する関係を**2項関係**という．

「a は b に対して R という関係にある」

ということを

$$aRb$$

で表わし，その否定である

「a は b に対して R という関係にはない」

ということを

$$a\overline{R}b$$

で表わす．

たとえば，M は5巻から成る「○○全集」の集合 $\{a_1, a_2, a_3, a_4, a_5\}$ であり，図のように散らばっている．R は「a は b の上にのっている」という関係であるとしよう．

このとき，図をみるとつぎのようになっていることがわかるだろう．たとえば

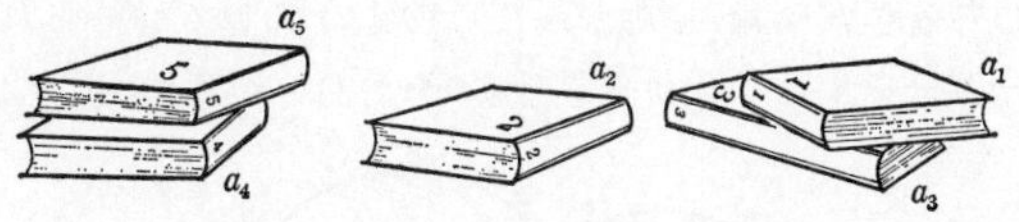

$$a_5Ra_4, \quad a_1\overline{R}a_5, \quad a_4\overline{R}a_5, \quad a_1Ra_3.$$

このように2項関係 R の定義された集合 M が与えられているものとする．

ここで，この2項関係 R には合同式と同じように反射律，対称律，推移律が成り立つものとする．

(1)　**反射律**　すべての a に対して aRa が成り立つ．

(2)　**対称律**　aRb ならば bRa が成立する．

(3)　**推移律**　aRb でかつ bRc ならば aRc が成り立つ．

以上の3つの法則，すなわち，反射律，対称律，推移律を合わせて**同値律**と名づける．つまり2項関係 R は同

値律を満足しているものとする.

このように R が同値律を満足する場合には aRb のかわりに

$$a \sim b\,(R)$$

と書くことにする.

つぎに，この同値律を満足する2項関係によって集合 M を互いに同値な要素の部分集合――これを類と名づける――に分けようというのである.

まず M のなかの要素 a と同値な x つまり $a \sim x\,(R)$ となる x 全体を $K(a)$ とする. この $K(a)$ は必ず a を含む. なぜなら反射律によって $a \sim a\,(R)$ となるからである. すなわち $a \in K(a)$. したがってこのようにしてつくられた部分集合をすべて合わせると M をおおいつくす.

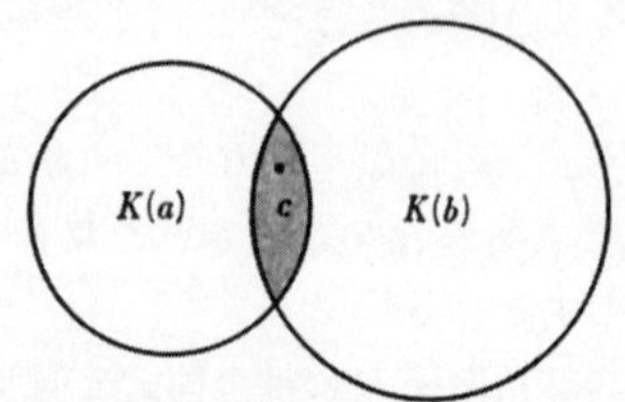

もし2つの $K(a), K(b)$ が共通の要素 c を含んでいるとしよう.

$$c \in K(a), \quad c \in K(b).$$

このとき，定義によって

$$a \sim c\,(R), \quad b \sim c\,(R).$$

対称律によって

$$b \sim c(R) \quad \text{から} \quad c \sim b(R).$$

推移律によって

$$a \sim c(R), c \sim b(R) \quad \text{から} \quad a \sim b(R),$$

したがって b は $K(a)$ に含まれる．d は $K(b)$ の任意の要素とすると

$$b \sim d(R).$$

$a \sim b(R),\quad b \sim d(R)$ から推移律によって，

$$a \sim d(R).$$

したがって

$$d \in K(a).$$

だから

$$K(a) \supseteqq K(b).$$

全く同様にして

$$K(b) \supseteqq K(a).$$

だから

$$K(a) = K(b).$$

つまり 2 つの $K(a), K(b)$ が共通部分をもつときは同じ集合になることがわかる．

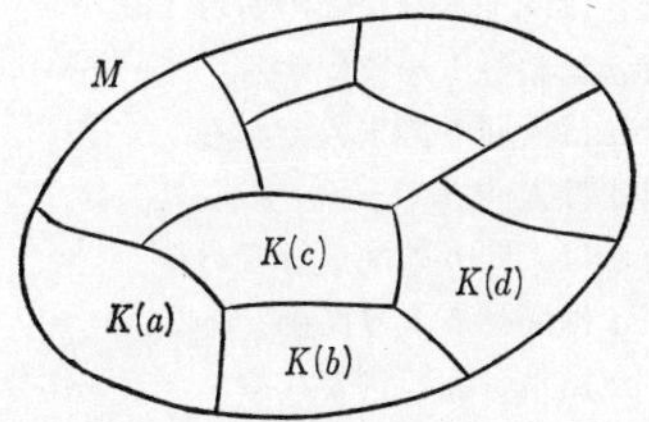

一致する部分集合はすべて1つにしてしまうと，Mは共通部分をもたない部分集合に分かれる．このとき部分集合$K(a), K(b), K(c), \cdots$を類と名づける．

1つの集合を類に分けることを**類別**という．結局Mに同値律を満足する2項関係があれば，それによって類別がなされることがわかる．ただここで注意しておきたいのは，すべての2項関係は同値律を満足させるわけではないことである．

たとえば自然数の集合$\boldsymbol{N}$のなかで定義された$a<b$という大小の関係は，推移律を満足させるが，反射律と対称律は満足させない．また平面上の直線全体の集合Sのなかで「aはbと垂直である」という2項関係

$$a \perp b$$

は，対称律だけを満足させるが反射律，推移律は満足させない．

問　つぎの2項関係には反射律，対称律，推移律のうちどれが成り立つか．

(1)　直線aは直線bに平行である．
(2)　図形aは図形bに相似である．
(3)　図形aは図形bと合同である．
(4)　整数aは整数bを整除する．
(5)　人間aは人間bの友人である．
(6)　人間aは人間bの子孫である．
(7)　人間aは人間bの配偶者である．
(8)　商品aは商品bより高価である．
(9)　集合aは集合bに含まれる．

(10) 地点 a から地点 b まで歩いて行ける.

合同式の算法

さて，ここで話を合同式にもどそう.

$$a \equiv b \pmod{n}, \quad c \equiv d \pmod{n}$$

のとき

$$a+c \equiv b+d \pmod{n}$$

が成り立つことを証明しよう.

$$n\,)\,a-b, \quad n\,)\,c-d$$

したがって

$$n\,)\,(a-b)+(c-d),$$
$$n\,)\,(a+c)-(b+d).$$

これは

$$a+c \equiv b+d \pmod{n}$$

を意味する.

全く同様に

$$a-c \equiv b-d \pmod{n}$$

が成り立つ.

また

$$a \equiv b \pmod{n}$$

のとき

$$n\,)\,a-b$$

から

$$n\,)\,(a-b)c, \quad n\,)\,ac-bc.$$

したがって

$$ac \equiv bc \pmod{n}.$$

つまり合同式の両辺に同じ数を掛けても合同式は成り立つ.

$$a \equiv b \pmod{n}, \quad c \equiv d \pmod{n}$$

から

$$ac \equiv bc \pmod{n},$$
$$bc \equiv bd \pmod{n}.$$

推移律によって

$$ac \equiv bd \pmod{n}.$$

以上の結果をまとめるとつぎのようになる.

定理 4.1

$$a \equiv b \pmod{n}, \quad c \equiv d \pmod{n}$$

のとき, つぎの合同式が成立する.

$$a+c \equiv b+d \pmod{n},$$
$$a-c \equiv b-d \pmod{n},$$
$$ac \equiv bd \pmod{n}.$$

この定理 4.1 は 2 つの合同式があるとき, 等式と同じく, 辺々加えること, 辺々引くこと, 辺々掛け合わせることができることを保証しているわけである.

また合同式の両辺に同じ指数だけ累乗しても, やはり合同式が成り立つ. すなわち

定理 4.2

$$a \equiv b \pmod{n} \text{ ならば } a^k \equiv b^k \pmod{n}.$$

証明

$$\left.\begin{array}{l} a \equiv b \pmod{n} \\ a \equiv b \pmod{n} \\ \quad\cdots \\ a \equiv b \pmod{n} \end{array}\right\} k \text{ 個}$$

の両辺を掛け合わせると

$$a^k \equiv b^k \pmod{n}$$

が得られる.

(証明終)

例

$$F_n = 2^{2^n} + 1 \quad (n = 0, 1, 2, \cdots)$$

という形の数を**フェルマ数**と名づける.

フェルマ数は互いに素であることを証明せよ.

解

$$(F_m, F_n) = k \qquad (m > n)$$

とする

F_n はすべて奇数であるから, k も奇数である.

$$k\,)\,2^{2^m} + 1, \quad k\,)\,2^{2^n} + 1$$

ならば

$$2^{2^n} + 1 \equiv 0 \pmod{k}, \quad 2^{2^n} \equiv -1 \pmod{k}.$$

両辺を 2^{m-n} 乗すると

$$(2^{2^n})^{2^{m-n}} \equiv (-1)^{2^{m-n}} \pmod{k},$$

$$2^{2^m} \equiv 1 \pmod{k}.$$

一方

$$2^{2^m} \equiv -1 \pmod{k}.$$

だから

$$1 \equiv -1 \pmod{k}, \quad 2 \equiv 0 \pmod{k}.$$

k は奇数だから

$$k = 1.$$

したがって

$$(F_m, F_n) = 1.$$

（証明終）

注意 フェルマ数 $F_0, F_1, F_2, \cdots$ は無限にあってしかも互いに素であるから素因数はみな異なっている．このことから素数が無限に存在することが証明できる．

例 $1 \leqq k < n-1$ のとき，$n^k - 1$ は $(n-1)^2$ では整除できないことを証明せよ．

解

$$n^k - 1 = \{(n-1)+1\}^k - 1.$$

2 項定理で展開すると $k > 1$ のとき

$$n^k - 1 = (n-1)^k + \cdots + \binom{k}{2}(n-1)^2 + k(n-1) + 1 - 1$$

$$= (n-1)^2\left\{(n-1)^{k-2} + \cdots + \binom{k}{2}\right\} + k(n-1)$$

$$\equiv k(n-1) \pmod{(n-1)^2}$$

$k < n-1$ だから $\not\equiv 0 \pmod{(n-1)^2}$. （証明終）

定理 4. 1 を類別の立場からみると，つぎのようになる．$K(a)$ の任意の要素を b，$K(c)$ の任意の要素を d とすれば

$$a \equiv b \pmod{n}, \quad c \equiv d \pmod{n}$$

となるが，その和 $b+d$ は

$$a+c \equiv b+d \pmod{n}$$

であるから，$K(a+c)$ に属することになる．換言すれば $K(a)$ の任意の要素と $K(c)$ の任意の要素を加えるとその和は 2 つ以上の類に分散することなく，ただ 1 つの類 $K(a+c)$ に集中して帰属するわけである．つまり $\bmod n$ によって類別された類は加法に対してまとまった集団として行動することがわかる．もし $K(a)$ の要素と $K(c)$ の要素との和が 2 つ以上の類に分散するとしたら，類別は加法によって破壊されたといえようが，事実はそうではないのである．減法，乗法に対しても同じことがいえるのである．$K(a)$ の任意の要素から $K(c)$ の任意の要素を引いた差はただ 1 つの類 $K(a-c)$ に属するし，また積はただ 1 つの類 $K(ac)$ に属することがわかる．つまり $\bmod n$ による類別は加法，減法，乗法に対して堅い団結力をもつといえる．

すでにのべたように数直線を周囲 n の円筒に巻きつけると，同じ類の要素は同じ垂線上に並ぶが（第 4 章のはじめの図をみよ），このとき加法，減法，乗法に対して垂線全体として行動する．

たとえば $\bmod 5$ による類別を例にとってみよう．

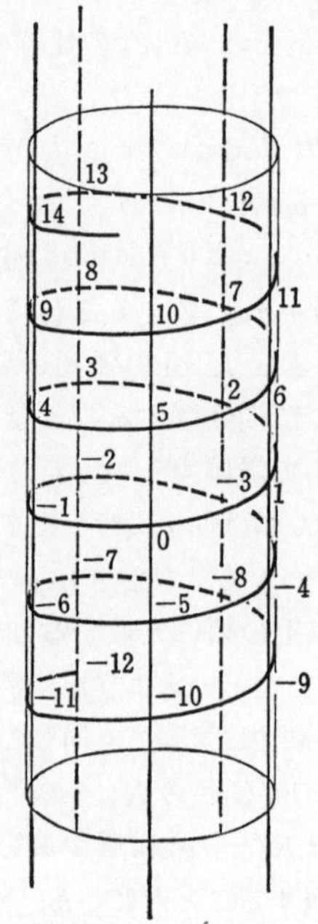
13
12
14
8
7
11
9
10
3
2
6
4
5
−2
−3
1
−1
0
−7
−8
−4
−6
−5
−12
−9
−11
−10

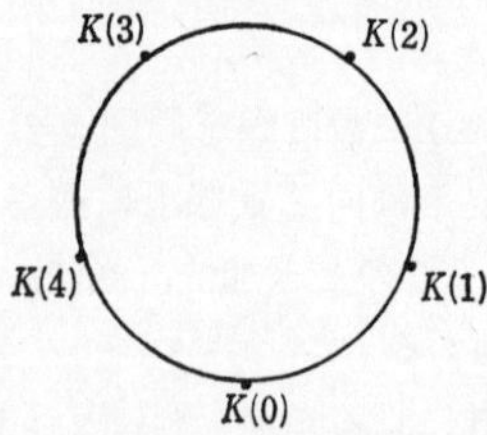
K(3)
K(2)
K(4)
K(1)
K(0)

このとき同じ剰余類は同じ垂線上にのっていて，真上から見おろすと1点に重なって見える．つまり

$$K(0),\quad K(1),\quad K(2),\quad K(3),\quad K(4)$$

が円周を5等分した位置に並んでいる．

そこから，加法の結果をみるとどうなるだろうか．

たとえば $K(3)$ と $K(4)$ の任意の要素を加えた結果はすべて $K(2)$ のなかに落ちる．

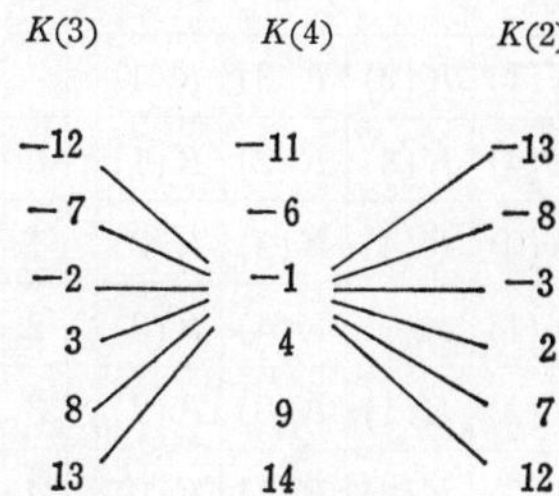

このことを

$$K(3)+K(4)=K(2)$$

と表わすことにしよう．つまり類を1つとみなし，そのような類どうしの加法と考えるのである．

このような加法を表にすると，つぎのようになっている．簡単のために $K(a)$ のかわりに a と書くとその右の表になる．

+	$K(0)$	$K(1)$	$K(2)$	$K(3)$	$K(4)$
$K(0)$	$K(0)$	$K(1)$	$K(2)$	$K(3)$	$K(4)$
$K(1)$	$K(1)$	$K(2)$	$K(3)$	$K(4)$	$K(0)$
$K(2)$	$K(2)$	$K(3)$	$K(4)$	$K(0)$	$K(1)$
$K(3)$	$K(3)$	$K(4)$	$K(0)$	$K(1)$	$K(2)$
$K(4)$	$K(4)$	$K(0)$	$K(1)$	$K(2)$	$K(3)$

+	0	1	2	3	4
0	0	1	2	3	4
1	1	2	3	4	0
2	2	3	4	0	1
3	3	4	0	1	2
4	4	0	1	2	3

同じように減法についてはつぎの表ができる.

−	$K(0)$	$K(1)$	$K(2)$	$K(3)$	$K(4)$
$K(0)$	$K(0)$	$K(4)$	$K(3)$	$K(2)$	$K(1)$
$K(1)$	$K(1)$	$K(0)$	$K(4)$	$K(3)$	$K(2)$
$K(2)$	$K(2)$	$K(1)$	$K(0)$	$K(4)$	$K(3)$
$K(3)$	$K(3)$	$K(2)$	$K(1)$	$K(0)$	$K(4)$
$K(4)$	$K(4)$	$K(3)$	$K(2)$	$K(1)$	$K(0)$

−	0	1	2	3	4
0	0	4	3	2	1
1	1	0	4	3	2
2	2	1	0	4	3
3	3	2	1	0	4
4	4	3	2	1	0

ただし減法の表は加法の表から導きだされるので不要である.

乗法についても全く同様である.

×	$K(0)$	$K(1)$	$K(2)$	$K(3)$	$K(4)$
$K(0)$	$K(0)$	$K(0)$	$K(0)$	$K(0)$	$K(0)$
$K(1)$	$K(0)$	$K(1)$	$K(2)$	$K(3)$	$K(4)$
$K(2)$	$K(0)$	$K(2)$	$K(4)$	$K(1)$	$K(3)$
$K(3)$	$K(0)$	$K(3)$	$K(1)$	$K(4)$	$K(2)$
$K(4)$	$K(0)$	$K(4)$	$K(3)$	$K(2)$	$K(1)$

×	0	1	2	3	4
0	0	0	0	0	0
1	0	1	2	3	4
2	0	2	4	1	3
3	0	3	1	4	2
4	0	4	3	2	1

以上のように

$$R(5) = \{K(0), K(1), K(2), K(3), K(4)\}$$

という集合の要素のあいだには $+, -, \times$ の演算が定義されていて，しかも，そのあいだには，つぎのようなルールが成り立っている（ここで5のかわりに一般的な n でつくった剰余類

$$R(n) = \{K(0), K(1), \cdots, K(n-1)\}$$

についても同じことがいえる）.

$R(n)$ は $+, -, \times$ について，つぎのことが成り立つ.

(1) 加法について閉じている．すなわち，任意の $K(a)$, $K(b)$ に対して $K(a)+K(b)$ は $R(n)$ に属する.

(2) 加法の交換法則.

$$K(a)+K(b) = K(b)+K(a).$$

(3) 加法の結合法則.

$$(K(a)+K(b))+K(c) = K(a)+(K(b)+K(c)).$$

(4) 0の存在.

$$K(a)+K(0) = K(a)$$

となる $K(0)$ が存在する.

(5) 加法の逆元の存在.

$$K(a)+K(n-a) = K(0).$$

(6) 乗法に対して閉じている．任意の $K(a)$, $K(b)$ に対して $K(a)K(b)$ は $R(n)$ に属する.

(7) 乗法の結合法則.

$$(K(a)K(b))K(c) = K(a)(K(b)K(c)).$$

(8) 分配法則.

$$K(a)(K(b)+K(c)) = K(a)K(b)+K(a)K(c),$$
$$(K(b)+K(c))K(a) = K(b)K(a)+K(c)K(a).$$

このような $R(n)$ を剰余環という.

例 $R(7)$ について加法と乗法の表をつくれ.

解 簡単のために $K(a)$ のかわりに a で表わす.

+	0	1	2	3	4	5	6
0	0	1	2	3	4	5	6
1	1	2	3	4	5	6	0
2	2	3	4	5	6	0	1
3	3	4	5	6	0	1	2
4	4	5	6	0	1	2	3
5	5	6	0	1	2	3	4
6	6	0	1	2	3	4	5

×	0	1	2	3	4	5	6
0	0	0	0	0	0	0	0
1	0	1	2	3	4	5	6
2	0	2	4	6	1	3	5
3	0	3	6	2	5	1	4
4	0	4	1	5	2	6	3
5	0	5	3	1	6	4	2
6	0	6	5	4	3	2	1

問 $R(2)$, $R(4)$, $R(6)$, $R(8)$, $R(12)$ の加法, 乗法の表をつくれ.

完全剰余系

$\bmod n$ に対して集合

$$s = \{0, 1, 2, \cdots, n-1\}$$

は1つの剰余類から代表として1つの整数を選びだして, まとめたものである. だから, 任意の整数は $\bmod n$ に対して, $0, 1, 2, \cdots, (n-1)$ のうちのどれか1つと合同になる．このような整数の集合を**完全剰余系**という．

$\mathrm{mod}\, n$ の完全剰余系としては

$$\{0, 1, 2, \cdots, n-1\}$$

を選ぶのが普通であるが，場合によっては，n が奇数のときは

$$\left\{-\frac{n-1}{2}, -\frac{n+1}{2}, \cdots, -1, 0, 1, \cdots, \frac{n-3}{2}, \frac{n-1}{2}\right\},$$

n が偶数のときは

$$\left\{-\frac{n}{2}+1, \cdots, -1, 0, 1, \cdots, \frac{n}{2}\right\},$$

もしくは

$$\left\{-\frac{n}{2}, \cdots, -1, 0, 1, \cdots, \frac{n}{2}-1\right\}$$

をとることがある．

例　$(a, n)=1$ のとき x がある完全剰余系の上を動くとき，やはり $y=ax+b$ は完全剰余系を動くことを示せ．

解　$x \to y$ という対応を考えるとき，この対応は剰余類のあいだの 1 対 1 対応を引き起こすことを示そう．

$$x_1 \to y_1, \quad x_2 \to y_2.$$

とする．

まず

$$x_1 \equiv x_2 \pmod{n}$$

のときは

$$ax_1+b \equiv ax_2+b \pmod{n}.$$

したがって

$$y_1 \equiv y_2 \pmod{n}.$$

逆に

$$y_1 \equiv y_2 \pmod{n}$$

ならば

$$ax_1 + b \equiv ax_2 + b \pmod{n},$$
$$a(x_1 - x_2) \equiv 0 \pmod{n}.$$

だから,

$$n \,)\, a(x_1 - x_2).$$

ところが

$$(a, n) = 1$$

であるから

$$n \,)\, x_1 - x_2,$$

したがって

$$x_1 \equiv x_2 (\mathrm{mod}\, n).$$

すなわち $x \to ax + b$ は剰余類のあいだの1対1対応を与える.

問　九九の表をみて 1, 3, 7, 9 の段の1位の数字には0から9までの数字が1回ずつ現われることをたしかめ，その理由を考えよ.

×	0	1	2	3	4	5	6	7	8	9
0	0	0	0	0	0	0	0	0	0	0
1	**0**	**1**	**2**	**3**	**4**	**5**	**6**	**7**	**8**	**9**
2	0	2	4	6	8	10	12	14	16	18
3	**0**	**3**	**6**	**9**	**12**	**15**	**18**	**21**	**24**	**27**
4	0	4	8	12	16	20	24	28	32	36
5	0	5	10	15	20	25	30	35	40	45
6	0	6	12	18	24	30	36	42	48	54
7	**0**	**7**	**14**	**21**	**28**	**35**	**42**	**49**	**56**	**63**
8	0	8	16	24	32	40	48	56	64	72
9	**0**	**9**	**18**	**27**	**36**	**45**	**54**	**63**	**72**	**81**

練習問題 4. 1

1. 3つ以下の平方数の和で表わされない自然数が無限にあることを証明せよ.

2. k が奇数のとき $1^k+2^k+\cdots+n^k$ は $1+2+\cdots+n$ で割り切れる.

3. $n>11$ なる自然数は

$$n=\text{合成数}+\text{合成数}$$

で表わされる.

4.

$$1^{30}+2^{30}+\cdots+10^{30}\equiv -1 \pmod{11}$$

を証明せよ.

5. 任意の k について $a-k^3$ が $27-k$ で整除されるとき a を求めよ.

6. 3より大きい任意の素数を p とすれば

$$p^2\equiv 1 \pmod{12}.$$

7.

$$2^n = 10a+b, \quad n>3, \quad 0<b<10$$

のとき

$$6)ab$$

となることを証明せよ.

8. 6ケタの数を中央から分けて前3ケタと後3ケタの数に分けてその差が7で割り切れるときは，その数が7で割り切れることを証明せよ.

9. $f(x)=x^9-6x^7+9x^5-4x^3$ はすべての整数値 x に対して8640で整除されることを証明せよ.

10. 2進法で1111…1となるような数は整数の累乗にはなれないことを証明せよ.

11. 3ケタの数で数字の順序を逆にすると2倍になる数は存在するか.

12. 連続する5個の正整数がある．そのとき，はじめの4つの2乗の和が第5のものの2乗に等しくなりうるか.

13.

$$x^3-2y^3-4z^3=0$$

の整数解を求めよ.

14. 整数 a, b, c に対して

$$9\,)\,a^3+b^3+c^3$$

ならば

$$3\,)\,abc$$

となることを証明せよ.

15. 整数 a_1, a_2, a_3, a_4, a_5 に対して

$$9\,)\,a_1^3+a_2^3+a_3^3+a_4^3+a_5^3$$

ならば

$$3\,)\,a_1a_2a_3a_4a_5$$

となることを証明せよ.

16.
$$x^{2y}+(x+1)^{2y}=(x+2)^{2y}$$
の正整数解を求めよ.

17. $x^2+y^2=z^2$ は素数の解を有しないことを証明せよ.

既約剰余系

完全剰余系
$$\{0, 1, 2, \cdots, n-1\}$$
のなかで, n と互いに素であるものの個数はすでに第3章で知ったとおり $\varphi(n)$ である. これらの剰余系を**既約剰余系**といい $R'(n)$ で表わす. もちろん
$$R'(n) \subset R(n)$$
である.

たとえば $n=4$ のときは
$$\varphi(4)=2(2-1)=2,$$
$$R(4)=\{0, \mathbf{1}, 2, \mathbf{3}\},$$
$$R'(4)=\{\mathbf{1}, \mathbf{3}\}.$$

$n=12$ のときは
$$\varphi(12)=2(2-1)(3-1)=4,$$
$$R(12)=\{0, \mathbf{1}, 2, 3, 4, \mathbf{5}, 6, \mathbf{7}, 8, 9, 10, \mathbf{11}\},$$
$$R'(12)=\{\mathbf{1}, \mathbf{5}, \mathbf{7}, \mathbf{11}\}.$$

$n=7$ のときは

$$\varphi(7) = 7-1 = 6,$$
$$R(7) = \{0, \mathbf{1}, \mathbf{2}, \mathbf{3}, \mathbf{4}, \mathbf{5}, \mathbf{6}\},$$
$$R'(7) = \{\mathbf{1}, \mathbf{2}, \mathbf{3}, \mathbf{4}, \mathbf{5}, \mathbf{6}\}.$$

$(a, n)=1$, $(b, n)=1$ ならば $(ab, n)=1$ であるから既約剰余系どうしを掛け合わせた積はやはり既約剰余系となる.

たとえば mod 10 の乗法の表で mod 10 の既約剰余系だけを抜きだして表をつくると，その下の図のようになる.

×	0	**1**	2	**3**	4	5	6	**7**	8	**9**
0	0	0	0	0	0	0	0	0	0	0
1	0	**1**	2	**3**	4	5	6	**7**	8	**9**
2	0	2	4	6	8	0	2	4	6	8
3	0	**3**	6	**9**	2	5	8	**1**	4	**7**
4	0	4	8	2	6	0	4	8	2	6
5	0	5	0	5	0	5	0	5	0	5
6	0	6	2	8	4	0	6	2	8	4
7	0	**7**	4	**1**	8	5	2	**9**	6	**3**
8	0	8	6	4	2	0	8	6	4	2
9	0	**9**	8	**7**	6	5	4	**3**	2	**1**

×	1	3	7	9
1	1	3	7	9
3	3	9	1	7
7	7	1	9	3
9	9	7	3	1

この表には $\{1, 3, 7, 9\}$ 以外の数は現われないし，しかも各行各列には同じ数字が 1 回しかも 1 回だけ現われることに気づくだろう.

問　$R'(8), R'(7), R'(12)$ の乗法表をつくれ.

定理 4.3　$\mathrm{mod}\, n$ の既約剰余系 $R'(n) = \{a_1, a_2, \cdots, a_{\varphi(n)}\}$ の各要素 x にそのうちの 1 つの要素 a_i を掛けて

$$x \to a_i x$$

という対応を考えると，この対応は 1 対 1 である.

証明　$(a_i, n) = 1, (x, n) = 1$ だから $(a_i x, n) = 1$. したがって $a_i x$ は既約剰余系の 1 つに属する.

また

$$x_1 \to ax_1, \quad x_2 \to ax_2$$

で

$$ax_1 \equiv ax_2 \pmod{n}$$

ならば

$$a(x_1 - x_2) \equiv 0 \pmod{n},$$

すなわち

$$n\,)\,a(x_1 - x_2).$$

ここで

$$(a, n) = 1$$

を考えに入れると

$$n\,)\,x_1 - x_2,$$

したがって

$$x_1 \equiv x_2 \pmod{n}.$$

だからこの対応は 1 対 1 である.

（証明終）

例　$4n+3$ という形の素数は無数にあることを証明せ

よ.

解　背理法による.

$4n+3$ という形の素数が有限個しかないとすると，それらの素数のすべてを

$$p_1, p_2, \cdots, p_k$$

としよう.

$$a=(p_1p_2\cdots p_k)^2+2\equiv 1+2\equiv -1 \pmod 4.$$

したがって a は $4n+3$ という形の数である.

ところで $\varphi(4)=2$ だから奇数の素数は $4n+1$ か $4n+3$ の形で $\equiv 1 \pmod 4$ か，$\equiv -1 \pmod 4$ のどちらかである.

a の素因数がすべて $\equiv 1 \pmod 4$ ならば $a\equiv 1 \pmod 4$ となり仮定に反する．だから a は $\equiv -1 \pmod 4$ の素因数をもつ．それを p_i とする.

$$a=(p_1p_2\cdots p_k)^2+2\equiv 0 \pmod{p_i}.$$

p_i は $4n+3$ の形で $p_1, p_2, \cdots, p_k$ のどれかにあたるから

$$2\equiv 0 \pmod{p_i}.$$

p_i は奇数だから矛盾である.

この矛盾は $4n+3$ の形の素数が有限個であると仮定したからである．だから背理法によって $4n+3$ の形の素数は無数にある.

(証明終)

オイラーの定理

定理 4.4（オイラーの定理）　$(a, n)=1$ ならば，つぎの

式が成り立つ.

$$a^{\varphi(n)} \equiv 1 \pmod{n}.$$

証明 前の定理で証明したとおり, $x \to a_i x$ は1対1対応であるから集合 $\{a_1, a_2, \cdots, a_{\varphi(n)}\}$ と $\{a_i a_1, a_i a_2, \cdots, a_i a_{\varphi(n)}\}$ は類としては一致する. もちろん順序はかわっているかもしれないが, 全体としては一致する. したがって, その積は同じ積になる. すなわち

$$a_1 a_2 \cdots a_{\varphi(n)} \equiv (a_i a_1)(a_i a_2) \cdots (a_i a_{\varphi(n)}) \pmod{n},$$

$$a_1 a_2 \cdots a_{\varphi(n)} \equiv {a_i}^{\varphi(n)} a_1 a_2 \cdots a_{\varphi(n)} \pmod{n},$$

$$a_1 a_2 \cdots a_{\varphi(n)} ({a_i}^{\varphi(n)} - 1) \equiv 0 \pmod{n}.$$

もちろん $a_1, a_2, \cdots, a_{\varphi(n)}$ は n と互いに素だから

$$ {a_i}^{\varphi(n)} - 1 \equiv 0 \pmod{n},$$

$$ {a_i}^{\varphi(n)} \equiv 1 \pmod{n}.$$

(証明終)

例 mod 10 に対してオイラーの定理をたしかめよ.

解

$$R'(10) = \{1, 3, 7, 9\},$$

$$\varphi(10) = 4.$$

$$1^4 \equiv 1 \pmod{10},$$

$$3^4 \equiv (3^2)^2 \equiv 9^2 \equiv 81 \equiv 1 \pmod{10},$$

$$7^4 \equiv (7^2)^2 \equiv (49)^2 \equiv 9^2 \equiv 81 \equiv 1 \pmod{10},$$

$$9^4 \equiv (9^2)^2 \equiv 81^2 \equiv 1^2 \equiv 1 \pmod{10}.$$

問 mod 5, mod 7, mod 12, mod 9 に対してオイラーの定理を検証せよ.

例 $(a, n)=1$ のとき, $ax \equiv 1 \pmod{n}$ を満足する x を求めよ.

解

$$x = a^{\varphi(n)-1}$$

とおくと, オイラーの定理によって,

$$ax \equiv a \cdot a^{\varphi(n)-1} = a^{\varphi(n)} \equiv 1.$$

だから

$$x \equiv a^{\varphi(n)-1} \pmod{n}$$

が求める解である. このような x は a の逆元と考えて a^{-1} と表わしてもよい.

$$a^{-1} \equiv a^{\varphi(n)-1} \pmod{n}.$$

例 つぎの合同式を解け.

(1) $7x \equiv 4 \pmod{10}$

(2) $5x \equiv 9 \pmod{12}$

(3) $9x \equiv 5 \pmod{14}$

解 (1)

$$\varphi(10) = 4$$

だから, 両辺に $7^{-1} \equiv 7^{4-1} \equiv 7^3 \equiv 49 \cdot 7 \equiv 63 \equiv 3 \pmod{10}$ を掛けると

$$7 \cdot 3x \equiv 4 \cdot 3 \pmod{10},$$

$$x \equiv 12 \equiv 2 \pmod{10}.$$

(2)

$$\varphi(12) = 4$$

であり

$$5^{-1} \equiv 5^{4-1} \equiv 5^3 \equiv 25\cdot 5 \equiv 5 \pmod{12}.$$

$5x \equiv 9 \pmod{12}$ の両辺に 5 を掛けると

$$5\cdot 5x \equiv 5\cdot 9 \equiv 45 \equiv 9 \pmod{12},$$
$$x \equiv 9 \pmod{12}.$$

(3)

$$\varphi(14) = 6,$$
$$9^{-1} \equiv 9^{6-1} \equiv 9^5 \equiv (9^2)^2\cdot 9 \equiv 81^2\cdot 9$$
$$\equiv (-3)^2\cdot 9 \equiv 9\cdot 9 \equiv 81 \equiv 11 \pmod{14}.$$

$9x \equiv 5 \pmod{14}$ の両辺に 11 を掛けると

$$11\cdot 9x \equiv 11\cdot 5 \pmod{14},$$
$$99x \equiv 55 \pmod{14},$$
$$x \equiv 13 \pmod{14}.$$

問　つぎの合同式を解け.

(1)　$3x \equiv 4 \pmod 8$

(2)　$11x \equiv 10 \pmod{15}$

(3)　$7x \equiv 8 \pmod{16}$

定理 4.5

$$ax + by = c$$

が整数解 x, y をもつための必要かつ十分条件は $(a, b)\,)\,c$ である．

証明　まず

$$(a, b)\,)\,c$$

として

$$(a, b) = d$$

とおく．ここで

$$a = a'd, \quad b = b'd, \quad c = c'd$$

とする．このとき

$$(a', b') = 1$$

となる．これを代入すると，

$$a'dx + b'dy = c'd,$$

$$a'x + b'y = c'.$$

ここで

$$a'x \equiv c' \pmod{b'}$$

となる．

$(a', b') = 1$ だから 2 つ前の例によって

$$x = (a')^{\varphi(b')-1}c'.$$

ここで

$$\frac{a'x - c'}{b'} = \frac{a'(a')^{\varphi(b')-1}c' - c'}{b'} = -y$$

とおくと，y は整数で

$$a'x - c' = -b'y,$$

$$a'x + b'y = c'.$$

dを両辺に掛けると

$$a'dx + b'dy = c'd,$$

$$ax + by = c.$$

逆にこのような整数の x, y があれば $(a, b) = d$ のとき

$$ax + by \equiv 0 \cdot x + 0 \cdot y \equiv 0 \pmod{d}.$$

したがって

$$c \equiv 0 \pmod{d},$$

すなわち，

$$(a, b)\,)\,c.$$

（証明終）

注意 以上で $ax + by = c$ の整数解の存在のための条件が与えられたが，x, y という解を求めるための最もよい方法ではない．それは別のところでのべる予定である．

例 4ケタの数（10進法）がある．その数の4位の数を1位にもってきた数はその数に $\dfrac{3}{4}$ を掛けて1を加えた数に等しくなるという．その数は何か．

解 その数は $abcd$ という数字で表わされているとしよう．4位の a を1位にもってきた数は $bcda$ である．問題の意味を式に表わすと

$$bcda = \frac{3}{4}abcd + 1$$

となる.

$$a = x, \quad bcd = y$$

とすると

$$abcd = 1000x + y,$$

$$bcda = 10y + x$$

と書ける.

$$10y + x = \frac{3}{4}(1000x + y) + 1,$$

$$40y + 4x = 3000x + 3y + 4,$$

$$2996x - 37y = -4.$$

2996 は 37 では割り切れないから

$$(2996, 37) = 1.$$

だからこの方程式は整数解をもつ.

$$2996x \equiv -4 \pmod{37}.$$

$2996 \equiv -1 \pmod{37}$ だから

$$-x \equiv -4 \pmod{37},$$

$$x \equiv 4 \pmod{37}.$$

$0 \leqq x \leqq 9$ だから

$$x = 4.$$

$$2996 \times 4 - 37y = -4,$$

$$(2996+1)4 = 37y,$$

$$2997 \cdot 4 = 37y,$$

$$y = \frac{2997}{37} \cdot 4 = 81 \cdot 4 = 324.$$

したがって

$$abcd = 4324.$$

例　7^{67} を 12 で割ったときの余りを求めよ．

解　7^{67} を実際に計算して 12 で割るのは賢明ではない．オイラーの定理を利用すれば容易に答がだせる．

$$(7, 12) = 1, \quad \varphi(12) = 4$$

で，オイラーの定理で

$$7^4 \equiv 1 \pmod{12}.$$

67 を 4 で割ると

$$67 = 16 \cdot 4 + 3,$$

$$7^{67} = 7^{16\cdot4+3} = (7^4)^{16} \cdot 7^3 \equiv 1^{16} \cdot 7^3 \equiv 7^3 \equiv 7^2 \cdot 7$$

$$\equiv 49 \cdot 7 \equiv 1 \cdot 7 \equiv 7 \pmod{12}.$$

問　つぎの割り算の余りを求めよ．

(1)　$10^{100} \div 17$

(2)　$(2^{11213} - 1) \div 13$

(3)　$(2^{210} + 1) \div 17$

(4)　$197^{157} \div 35$

(5)　$267^{311} \div 37$

(6)　$(3^{100}+4^{100}) \div 7$

九去法

計算の結果をしらべるのに，むかしから九去法といわれるものがある．これは mod 9 の合同式を利用するものである．

$$10 \equiv 1 \pmod 9$$

の両辺を m 乗すると，

$$10^m \equiv 1^m \equiv 1 \pmod 9$$

が得られる．10 進法で k ケタの数 a

$$\begin{aligned} a &= \alpha_k \alpha_{k-1} \cdots \alpha_1 \\ &= \alpha_k 10^{k-1} + \alpha_{k-1} 10^{k-2} + \cdots + \alpha_2 10 + \alpha_1 \end{aligned}$$

は $10^m \equiv 1$ を代入すると，

$$\equiv \alpha_k + \alpha_{k-1} + \cdots + \alpha_2 + \alpha_1 \pmod 9.$$

この数字の和を $S(a)$ とおくと，

$$a \equiv S(a) \pmod 9.$$

合同式の性質によって，$a \equiv S(a) \pmod 9$，$b \equiv S(b) \pmod 9$ のとき，

$$a+b \equiv S(a)+S(b) \pmod 9,$$
$$a+b \equiv S(a+b) \pmod 9.$$

だから

$$S(a+b) \equiv S(a)+S(b) \pmod 9.$$

同様に

$$S(a-b) \equiv S(a)-S(b) \pmod 9,$$

$$S(ab) \equiv S(a)S(b) \pmod 9$$

が得られる．すなわち

定理 4.6

$$S(a+b) \equiv S(a)+S(b) \pmod 9,$$

$$S(a-b) \equiv S(a)-S(b) \pmod 9,$$

$$S(ab) \equiv S(a)S(b) \pmod 9.$$

例　つぎの計算に九去法を適用してその誤りを指摘せよ．

$$7 \cdot 11 \cdot 13 = 1011.$$

解

$$S(7)S(13)S(11) \equiv 7 \cdot 4 \cdot 2 \equiv 2 \pmod 9,$$

$$S(1011) \equiv 3 \pmod 9.$$

両辺は一致しない．だからこの計算は誤りである．計算をやり直すと

$$7 \cdot 11 \cdot 13 \equiv 1001.$$

例　つぎの計算で 3 ケタ目の数字は紙が破れて見えなくなった．その数字は何であったか．

$237 \times 386 = 91\square 82$ ……

解　九去法を適用すると，

$$
\begin{array}{l}
237\times 386 \equiv 91x82,\\
\downarrow \quad \downarrow\\
12\times 17 \equiv 20+x \pmod 9,\\
\downarrow \quad \downarrow \quad \downarrow\\
3\times 8 \equiv 2+x \pmod 9,\\
24 \equiv 2+x \pmod 9,
\end{array}
$$

$$x\equiv 22\equiv 4 \pmod 9,$$

$$x=4.$$

答　91482

例　ある整数の2乗となる整数の数字の和は決して5にはならないことを証明せよ．

解　mod 9 で

$$x^2\equiv S(x^2)\equiv S(x)^2,$$

$S(x)=0$　のときは　$S(x)^2\equiv 0,$

$S(x)\equiv 1$　〃　$S(x)^2\equiv 1,$

$S(x)\equiv 2$　〃　$S(x)^2\equiv 4,$

$S(x)\equiv 3$　〃　$S(x)^2\equiv 9\equiv 0,$

$S(x)\equiv 4$　〃　$S(x)^2\equiv 16\equiv 7,$

$S(x)\equiv 5$　〃　$S(x)^2\equiv 25\equiv 7,$

$S(x)\equiv 6$　〃　$S(x)^2\equiv 36\equiv 0,$

$S(x)\equiv 7$　〃　$S(x)^2\equiv 49\equiv 4,$

$S(x)\equiv 8$　〃　$S(x)^2\equiv 64\equiv 1.$

したがって，どの場合にも $S(x)^2\equiv 5$ とはならない．

天文学と純粋数学は私の心の磁石が常にそれに向かってまわる磁極である. ガウス

多くの科学においては, 他の世代が創ったものを1つの世代が打ちこわし, 1人が建てたものを他の1人が倒す. ただひとり数学においては, あらゆる世代は古い建物の上に新しい階層をつくる. ハンケル

練習問題 4.2

1. 10進法で a の数字の和を $S(a)$ で表わすとき $S(a) \equiv S(2a)$ なるとき, a は9で割り切れることを証明せよ.

2. $\mathrm{mod}\, n\,(n>2)$ の既約剰余系を
$$\{a_1, a_2, \cdots, a_{\varphi(n)}\}$$
とすると
$$a_1 + a_2 + \cdots + a_{\varphi(n)} \equiv 0 \pmod{n}$$
となることを証明せよ.

3.
$$x^2 + y^2 + z^2 \equiv 7 \pmod{8}$$
を満たす整数 x, y, z は存在しないことを証明せよ.

4. m が正の奇数, n は正整数のとき,
$$(2^m - 1, 2^n + 1) = 1$$
を証明せよ.

5. $6n+5$ という形の素数は無数にあることを証明せよ.

6. 4ケタの数で数字の順序を逆にすると6倍になるものは存在しないことを証明せよ.

7. 3つの連続する奇数の各々が他の2つの平方の和とはなれないことを証明せよ.

8. p, q が異なる素数ならば
$$p^{q-1} + q^{p-1} \equiv 1 \pmod{pq}$$

となることを証明せよ．

9. 任意の n に対して，$nx+1$ が合成数となるような x が存在することを証明せよ．

フェルマの定理

オイラーの定理─定理4.4でとくに n を素数 p とすると，$n=p$，$\varphi(p)=p-1$ になるから，つぎの定理が得られる．

定理 4.7（フェルマの定理） p が素数で，$(a,p)=1$ ならば

$$a^{p-1} \equiv 1 \pmod{p}.$$

例 $p=5$ のとき上の定理をたしかめよ．

解 $a \equiv 1, 2, 3, 4$ の場合がある．

$$p-1=4,$$
$$1^4 \equiv 1 \pmod{5},$$
$$2^4 = 16 \equiv 1 \pmod{5},$$
$$3^4 = 81 \equiv 1 \pmod{5},$$
$$4^4 = 256 \equiv 1 \pmod{5}.$$

問 $p=7, 17, 19$ に対してフェルマの定理をたしかめよ．

フェルマの定理からただちにつぎの定理が導きだされる．

定理 4.8 p が素数のとき，任意の整数 a に対してつぎの合同式が成り立つ．

$$a^p \equiv a \pmod{p}.$$

証明 $(a, p)=1$ のときは，フェルマの定理によって，

$$a^p \equiv a \cdot a^{p-1} \equiv a \cdot 1 \equiv a \pmod{p}.$$

$(a, p)=p$, すなわち, $a \equiv 0 \pmod{p}$ のときは,

$$a^p \equiv 0 \pmod{p},$$

したがって

$$a^p \equiv a \pmod{p}.$$

いずれの場合にも

$$a^p \equiv a \pmod{p}.$$

（証明終）

例 任意の整数 a に対して $a^7 \equiv a \pmod{42}$ を証明せよ.

解 $42=2 \cdot 3 \cdot 7$ であるから

$$a^7 \equiv a \pmod{2}, \quad a^7 \equiv a \pmod{3}, \quad a^7 \equiv a \pmod{7}$$

を証明すればよい.

まず $\mathrm{mod}\, 2$ について.

$$a \equiv 0 \pmod{2} \quad \text{なら} \quad a^7 \equiv 0 \pmod{2}.$$

したがって

$$a^7 \equiv a \pmod{2}.$$

$$a \equiv 1 \pmod{2} \quad \text{なら} \quad a^7 \equiv 1 \pmod{2}$$

だから

$$a^7 \equiv a \pmod{2}.$$

$\mathrm{mod}\, 3$ について.

$$a^7 = a \cdot a^6 = a \cdot (a^3)^2 \equiv a \cdot a^2 \equiv a^3 \equiv a \pmod{3}.$$

mod 7 について.

上の定理で

$$a^7 \equiv a \pmod 7.$$

したがって

$$a^7 \equiv a \pmod{2\cdot 3\cdot 7},$$

$$a^7 \equiv a \pmod{42}.$$

問 つぎの合同式を証明せよ.

(1) 任意の整数 a に対してつぎの合同式が成立する.

$$a^{13} \equiv a \pmod n.$$

(n は 2, 3, 5, 7, 13 とする.)

(2) $(a, 7)=1$ のとき $a^{12}\equiv 1 \pmod 7$.

(3) $(a, 13)=1$, $(b, 13)=1$ のとき

$$a^{12} \equiv b^{12} \pmod{13}.$$

ウイルソンの定理

素数 p の完全剰余系は

$$R(p) = \{0, 1, 2, \cdots, p-1\}$$

で既約剰余系は, $\varphi(p)=p-1$ であるから, それから 0 を除いた

$$R'(p) = \{1, 2, \cdots, p-1\}$$

である. このなかの任意の要素 a に対しては

$$ab \equiv 1 \pmod p$$

となる b が存在する. この b としては

$$b = a^{p-2}$$

を選べばよい. このような b を a の逆元といい a^{-1} で表

わすことにしよう．しかも a の逆元は唯一に定まる．なぜなら

$$ab \equiv 1 \pmod{p},$$

$$ab' \equiv 1 \pmod{p}$$

となれば

$$a(b-b') \equiv 0 \pmod{p}, \quad (a, p) = 1$$

だから

$$b-b' \equiv 0 \pmod{p},$$

$$b \equiv b' \pmod{p}.$$

またある数の逆元の逆元はその数自身である．なぜなら

$$ab \equiv 1 \pmod{p}, \quad b = a^{-1}$$

から

$$ba \equiv 1 \pmod{p}$$

となる．ここで b^{-1} は a 自身である．

$$(a^{-1})^{-1} = a.$$

このように $R'(p)$ のなかで互いに逆元をなす組が得られる．

たとえば mod 11 については

1 の逆元は $1^{11-2} = 1^9 \equiv 1,$

2 の逆元は $2^{11-2} = 2^9 = 512 \equiv 6,$

$3^{-1} \equiv 3^{11-2} = 3^9 = (3^3)^3 \equiv 5^3 = 125 \equiv 4,$

$4^{-1} \equiv 3,$

$$
\begin{aligned}
&5^{-1} \equiv 5^{11-2} = 5^9 = (5^3)^3 = 125^3 \equiv 4^3 = 64 \equiv 9,\\
&6^{-1} \equiv 2,\\
&7^{-1} \equiv 7^{11-2} = 7^9 = (7^3)^3 = (343)^3 \equiv 2^3 = 8,\\
&8^{-1} \equiv 7,\\
&9^{-1} \equiv 5,\\
&10^{-1} \equiv 10^{11-2} = 10^9 = (10^3)^3 = 1000^3 \equiv 10^3\\
&\qquad\qquad = 1000 \equiv 10.
\end{aligned}
$$

互いに逆元となるものの組をつくると

$$\{1\}, \{2, 6\}, \{3, 4\}, \{5, 9\}, \{7, 8\}, \{10\}$$

ここで自分自身の逆元となっているものは $\{1\}$, $\{10\}$ の 2 組であることに注意しよう.

ここで既約剰余系をすべて掛け合わせた 10! をつくってみよう.

$$
\begin{aligned}
10! &= 1\cdot 2\cdot 3\cdot 4\cdot 5\cdot 6\cdot 7\cdot 8\cdot 9\cdot 10\\
&\quad\ 1 \qquad\qquad\qquad\qquad\qquad\ \ 10\\
&= 1\cdot(\underset{1}{\underline{2\cdot 6}})\cdot(\underset{1}{\underline{3\cdot 4}})\cdot(\underset{1}{\underline{5\cdot 9}})\cdot(\underset{1}{\underline{7\cdot 8}})\cdot 10 \equiv 10\\
&\equiv -1 (\mathrm{mod} 11).
\end{aligned}
$$

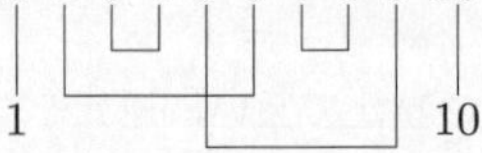

つまり

$$10! \equiv -1 \pmod{11}$$

となることがわかった.

mod 11 についての以上の論議は一般の素数 p について

もそのまま通用しないだろうか.

まず $\mathrm{mod}\, p$ の既約剰余系

$$R'(p)=\{1, 2, 3, \cdots, p-1\}$$

で逆元どうしの組をつくってみよう. このなかで自分自身の逆元となっているものを探してみよう. 以下 $p \geqq 3$ とする.

$$x^{-1} \equiv x \pmod{p}.$$

この条件から

$$x^2 \equiv 1 \pmod{p},$$

$$x^2-1 \equiv 0 \pmod{p},$$

$$x^2-1=(x+1)(x-1) \equiv 0 \pmod{p},$$

$$p\,)\,(x+1)(x-1)$$

で, p は素数だから $(x+1)$ か $(x-1)$ かを整除しなければならない. すなわち

$$p\,)\,x+1,$$

$$x+1 \equiv 0 \pmod{p},$$

$$x \equiv -1 \pmod{p},$$

または

$$p\,)\,x-1,$$

$$x-1 \equiv 0 \pmod{p},$$

$$x \equiv 1 \pmod{p}.$$

つまり $p-1$ 個の既約剰余系のなかで

$$x^{-1} \equiv x \pmod{p}$$

となるのは1と，$-1 \equiv p-1$ との2つしかない．

残りは $p-1-2=p-3$ 個で逆元どうしはみな異なっている．2つずつが組になっているので，逆元どうしの組は $\dfrac{p-3}{2}$ 組だけある．

したがって既約剰余系を全部掛け合わせた

$$\begin{aligned}(p-1)! &= 1\cdot 2\cdot 3\cdots\cdots(p-1)\\ &\equiv 1\cdot\underbrace{\underbrace{(\ \cdot\ )}_{1}\cdot\underbrace{(\ \cdot\ )}_{1}\cdots\underbrace{(\ \cdot\ )}_{1}}_{\frac{p-3}{2}\text{個}}\cdot\underset{\underset{-1}{\parallel\!\!|}}{(p-1)}\\ &\equiv -1 \pmod{p}.\end{aligned}$$

$p=2$ のときはやはり

$$(p-1)! \equiv 1! = 1 \equiv -1 \pmod{2}$$

となる．

このようにしてつぎの定理が得られる．

定理 4.9（ウイルソンの定理）　p が素数ならば

$$(p-1)! \equiv -1 \pmod{p}.$$

例　p が素数ならば

$$(p-2)! \equiv 1 \pmod{p}$$

となることを証明せよ．（ライプニッツの定理）

解　ウイルソンの定理によって

$$(p-1)! \equiv (p-2)!(p-1) \equiv (p-2)!p-(p-2)!$$
$$\equiv -(p-2)! \equiv -1 \pmod{p}.$$

だから

$$(p-2)! \equiv 1 \pmod{p}.$$

注意 $p=2$ のときは $(p-2)! = 0! = 1 \equiv 1 \pmod{2}$ となり，やはり成り立つ．

ウイルソンの定理の逆が成り立つ．

定理 4.10 $n > 1$ で $(n-1)! \equiv -1 \pmod{n}$ なら n は素数である．

証明 背理法による．n が素数でなく合成数であるとしよう．$1 < r < n$ で $r\,)\,n$ とする．

$$(n-1)! = r!(r+1)\cdots(n-1) \equiv 0 \pmod{r}.$$

したがって

$$(n-1)! \not\equiv -1 \pmod{r}.$$

もちろん

$$r\,)\,n$$

だから

$$(n-1)! \not\equiv -1 \pmod{n}.$$

だから n は合成数ではなく素数でなければならない．

（証明終）

この定理は素数を見分けるための簡潔な手がかりを与える．

練習問題 4.3

1. p が奇数の素数なら

$$\left[\left(\frac{p-1}{2}\right)!\right]^2 \equiv (-1)^{\frac{p+1}{2}} \pmod{p}$$

となることを証明せよ.

2. p は奇数の素数とすると, つぎの合同式が成り立つことを証明せよ.

$$(1\cdot 3\cdot 5\cdots\cdots(p-2))^2 \equiv (-1)^{\frac{p+1}{2}} \pmod{p},$$

$$(2\cdot 4\cdot 6\cdots\cdots(p-1))^2 \equiv (-1)^{\frac{p+1}{2}} \pmod{p}.$$

3. (クレメント(Clement)の定理) p と $p+2$ がともに素数であるためには

$$4[(p-1)!+1]+p \equiv 0 \pmod{p(p+2)}$$

となることが必要かつ十分である.

4. p は素数で $a^p \equiv b^p \pmod{p}$ なら

$$a^p \equiv b^p \pmod{p^2}$$

が成り立つことを証明せよ.

5. $(p-1)!-p+1$ は $1+2+\cdots+(p-1)$ で整除されることを証明せよ.

連立合同式

古代中国の数学書『孫子算経』につぎのような問題がある.

「物がある. その数はまだわからない.

3 ずつ数えていくと, 余りが 2,

5 ずつ数えていくと, 余りが 3,

7 ずつ数えると, 余りが 2,

その数は何か.」

原文はつぎのようになっている.

今有物、不知其数。
三、三数之、賸二
五五数之、賸三
七七数之、賸二
問物幾何

この問題を合同式の形に書くとつぎのようになる. その数を x とすると

$$\begin{cases} x \equiv 2 \pmod{3} \\ x \equiv 3 \pmod{5} \\ x \equiv 2 \pmod{7} \end{cases}$$

ここで mod の 3, 5, 7 は 2 つずつ互いに素であることに注意しよう.

この問題を一般化すると, つぎのような連立合同式になる.

$(m_i, m_j) = 1\ (i \neq j)$ のとき

$$\begin{cases} x \equiv a_1 \pmod{m_1} \\ x \equiv a_2 \pmod{m_2} \\ \cdots \\ x \equiv a_k \pmod{m_k} \end{cases}$$

を満たす x を求めよ.

このxを求めるのに x をつぎのようにおいてみる. l 番目の項は $m_1, m_2, \cdots, m_k$ の積から m_l を除いて, そのかわりに x_l を入れかえたものである. この $x_1, x_2, \cdots, x_k$ を

これから定めようというのである.

$$\begin{aligned} x = x_1m_2m_3\cdots m_k \\ +x_2m_1m_3\cdots m_k \\ +x_3m_1m_2m_4\cdots m_k \\ +\cdots \\ +x_lm_1m_2\cdots m_{l-1}m_{l+1}\cdots m_k \\ +\cdots \\ +x_km_1m_2\cdots m_{k-1}. \end{aligned}$$

$\bmod m_1$ では第1項以外はすべて $\equiv 0$ となるから第1項が

$$x_1m_2m_3\cdots m_k \equiv a_1 \pmod{m_1}$$

となれば

$$x \equiv a_1 \pmod{m_1}$$

となる.

同じく, $\bmod m_2$ では, 第2項以外はすべて $\equiv 0 \pmod{m_2}$ となるから第2項が

$$x_2m_1m_3\cdots m_k \equiv a_2 \pmod{m_2}$$

となれば

$$x \equiv a_2 \pmod{m_2}$$

となる.

一般に

$$x_lm_1m_2\cdots m_{l-1}m_{l+1}\cdots m_k \equiv a_l \pmod{m_l}$$

を満足させる x_l を求めればよい.

$m_1m_2\cdots m_{l-1}m_{l+1}\cdots m_k$ は m_l とは互いに素であるから，x_l は必ず求められる．たとえば

$$x_l \equiv (m_1m_2\cdots m_{l-1}m_{l+1}\cdots m_k)^{\varphi(m_l)-1}a_l \pmod{m_l}$$

によって求められる．

これをまとめるとつぎのようになる．

$$\begin{aligned} x = &(m_2m_3\cdots m_k)^{\varphi(m_1)}a_1 \\ &+(m_1m_3\cdots m_k)^{\varphi(m_2)}a_2 \\ &\cdots \\ &+(m_1\cdots m_{l-1}m_{l+1}\cdots m_k)^{\varphi(m_l)}a_l \\ &\cdots \\ &+(m_1\cdots m_{k-1})^{\varphi(m_k)}a_k \end{aligned}$$

$m_1m_2\cdots m_k = M$ とおくと

$$x = \left(\frac{M}{m_1}\right)^{\varphi(m_1)}a_1 + \left(\frac{M}{m_2}\right)^{\varphi(m_2)}a_2 + \cdots + \left(\frac{M}{m_k}\right)^{\varphi(m_k)}a_k.$$

一般の $\bmod m_l$ について考えると

$$x \equiv (m_1\cdots m_{l-1}m_{l+1}\cdots m_k)^{\varphi(m_l)}a_l \pmod{m_l}$$

オイラーの定理によって，

$$\equiv 1\cdot a_l \equiv a_l \pmod{m_l}$$

となり，条件を満たす．

またこのような連立合同式の解は 1 つではない．もう 1 つの解を x' とすると

$$\begin{cases} x' \equiv a_1 \pmod{m_1} \\ x' \equiv a_2 \pmod{m_2} \\ \cdots \\ x' \equiv a_k \pmod{m_k} \end{cases}$$

$$x' - x \equiv 0 \pmod{m_1},$$
$$x' - x \equiv 0 \pmod{m_2},$$
$$\cdots$$
$$x' - x \equiv 0 \pmod{m_k}$$

となる．$m_1, m_2, \cdots, m_k$ は2つずつ互いに素であるから

$$x' - x \equiv 0 \pmod{m_1 m_2 \cdots m_k},$$

$$x' \equiv x \pmod{m_1 m_2 \cdots m_k}.$$

そこでつぎの定理が得られる．

定理 4.11 $m_1, m_2, \cdots, m_k$ は2つずつ互いに素であるとき，つぎの連立合同式の解は必ず存在し，しかもその解は $\mathrm{mod}\, m_1 m_2 \cdots m_k$ に対して合同である．

$$\begin{cases} x \equiv a_1 \pmod{m_1} \\ x \equiv a_2 \pmod{m_2} \\ \cdots \\ x \equiv a_k \pmod{m_k}. \end{cases}$$

この定理はその起源から Chinese Remainder Theorem とよぶ人がある．

例 孫子算経の問題

$$\begin{cases} x \equiv 2 \pmod{3} \\ x \equiv 3 \pmod{5} \\ x \equiv 2 \pmod{7} \end{cases}$$

を解け.

mod 3 で

$$x_1 \cdot 5 \cdot 7 \equiv 2,$$
$$35x_1 \equiv 2,$$
$$2x_1 \equiv 2,$$
$$x_1 \equiv 1.$$

mod 5 で

$$x_2 \cdot 3 \cdot 7 \equiv 3,$$
$$21x_2 \equiv 3,$$
$$x_2 \equiv 3.$$

mod 7 で

$$x_3 \cdot 3 \cdot 5 \equiv 2,$$
$$15x_3 \equiv 2,$$
$$x_3 \equiv 2.$$

$3 \cdot 5 \cdot 7 = 105$ であるから

$$x = 1 \cdot 5 \cdot 7 + 3 \cdot 3 \cdot 7 + 2 \cdot 3 \cdot 5 = 35 + 63 + 30 = 128$$
$$\equiv 23 \pmod{105}.$$

答　$x \equiv 23 \pmod{105}$

問 江戸時代の数学書『塵劫記』にはつぎのような問題がのっている.

「碁石或は86ある時に，この86の数を知らずして，この数何ほどあるという時に，

先ず，7ずつ引く時に残る半，2つ有ると云う，

又，5ずつ引く時には残る半に1つ有ると云う.

又，3ずつ引く時には残る半2つ有ると云う.

86あると云うなり.」

（かな使いその他は現代風に改めた.）

この問題は答86を知らせているが，知らないことにして解け.

注意 $3 \cdot 5 \cdot 7 = 105$であることから著者の吉田光由はこの問題を「百五間算」と名づけた.

問 つぎの連立合同式を解け.

(1) $\begin{cases} x \equiv 1 \pmod 3 \\ x \equiv 2 \pmod 5 \\ x \equiv 3 \pmod 7 \end{cases}$　(2) $\begin{cases} x \equiv 1 \pmod 2 \\ x \equiv 2 \pmod 3 \\ x \equiv 3 \pmod 5 \end{cases}$

(3) $\begin{cases} x \equiv 6 \pmod 9 \\ x \equiv 10 \pmod 8 \end{cases}$　(4) $\begin{cases} x \equiv 5 \pmod 7 \\ x \equiv 4 \pmod{11} \\ x \equiv 3 \pmod{13} \end{cases}$

例 2ケタの数で，何乗しても末尾から2ケタの数字がかわらないような数を求めよ.

解 その数をxとする.

x^nの末尾から2ケタの数がxとなるから$x^n - x$は100で整除される.

したがって

$$x^n \equiv x \pmod{100}.$$

ここで $100=4\cdot 25$ だから

$$\begin{cases} x^n \equiv x \pmod{4} \\ x^n \equiv x \pmod{25}. \end{cases}$$

もし x が 4 と互いに素でなかったら，偶数である．したがって

$$x^2 \equiv 0 \pmod{4}.$$

$$x^2 \equiv x \pmod{4}$$

だから

$$x \equiv 0 \pmod{4}.$$

また $(x,4)=1$ だったら

$$x^2-x=x(x-1) \equiv 0 \pmod{4}.$$

だから

$$x \equiv 1 \pmod{4}.$$

よって

$$x \equiv 0 \quad \text{または} \quad x \equiv 1 \pmod{4}.$$

mod 25 にも同じことがいえる．

$$x \equiv 0 \quad \text{または} \quad x \equiv 1 \pmod{25}.$$

ここで組合せをつくると

$$(1) \begin{cases} x \equiv 0 \pmod{4} \\ x \equiv 0 \pmod{25} \end{cases} \qquad (2) \begin{cases} x \equiv 0 \pmod{4} \\ x \equiv 1 \pmod{25} \end{cases}$$

$$(3) \begin{cases} x \equiv 1 \pmod{4} \\ x \equiv 0 \pmod{25} \end{cases} \qquad (4) \begin{cases} x \equiv 1 \pmod{4} \\ x \equiv 1 \pmod{25} \end{cases}$$

となる.

$$(1)\quad \begin{cases} x \equiv 0 \pmod{4} \\ x \equiv 0 \pmod{25} \end{cases}$$

の解は

$$x \equiv 0 \pmod{100}.$$

これは2ケタの数ではない.

$$(2)\quad \begin{cases} x \equiv 0 \pmod{4} \\ x \equiv 1 \pmod{25} \end{cases}$$

の解は，定理4.11によって，まず

$$25x_1 \equiv 0 \pmod{4}$$

の解を求める.

$$x_1 \equiv 0 \pmod{4}.$$

つぎに

$$4x_2 \equiv 1 \pmod{25}$$

の解を求めると

$$x_2 \equiv 19 \pmod{25}.$$

$$x = 25 \cdot 0 + 4 \cdot 19 = 76.$$

$$(3)\quad \begin{cases} x \equiv 1 \pmod{4} \\ x \equiv 0 \pmod{25} \end{cases}$$

の解はまず

$$25x_1 \equiv 1 \pmod 4),$$

$$x_1 \equiv 1 \pmod 4),$$

$$4x_2 \equiv 0 \pmod{25},$$

$$x_2 \equiv 0 \pmod{25},$$

$$x = 25\cdot 1 + 4\cdot 0 = 25.$$

(4) $\begin{cases} x \equiv 1 \pmod 4 \\ x \equiv 1 \pmod{25} \end{cases}$

この解は

$$x \equiv 1 \pmod{100}.$$

しかし 2 ケタの数ではない.

答　25, 76

合同式の解法

$f(x)$ を整数を係数とする x の多項式とする.

$$f(x) = a_0x^n + a_1x^{n-1} + \cdots + a_{n-1}x + a_n.$$

このときつぎの合同式を解くことが，整数論の重要な問題となる.

$$f(x) \equiv 0 \pmod m.$$

ところでこの種の問題は m が 1 つの素数の累乗になっている場合,

$$f(x) \equiv 0 \pmod{p^\alpha}$$

が最も解きやすいことがわかっている.

そこで m の素因数分解が

$$m = {p_1}^{\alpha_1}{p_2}^{\alpha_2}\cdots{p_k}^{\alpha_k}$$

となっているとき，

(1)　$f(x) \equiv 0 \pmod{m}$

のかわりに，つぎのような連立合同式を考えるのである

$$
(2)\quad \begin{cases} f(x) \equiv 0 \pmod{{p_1}^{\alpha_1}} \\ f(x) \equiv 0 \pmod{{p_2}^{\alpha_2}} \\ \quad \cdots \\ \quad \cdots \\ f(x) \equiv 0 \pmod{{p_k}^{\alpha_k}} \end{cases}
$$

ここで ${p_1}^{\alpha_1}, {p_2}^{\alpha_2}, \cdots, {p_k}^{\alpha_k}$ は2つずつ互いに素である．

$$f(x) \equiv 0 \pmod{m}$$

の1つの解を x_0 とすると，

$$x' \equiv x_0 \pmod{m}$$

となる x' はすべてまた $f(x) \equiv 0 \pmod{m}$ の解となっていることはいうまでもない．

なぜなら $f(x)$ は $+, -, \times$ の演算だけを含んでいるから

$$f(x') \equiv f(x_0) \equiv 0$$

となるからである．このような解は x_0 と同一視することにする．換言すれば解としては数よりも $\mathrm{mod}\, m$ の剰余類を求めているわけである．

これから

$$
\begin{cases} f(x_0) \equiv 0 \pmod{{p_1}^{\alpha_1}} \\ f(x_0) \equiv 0 \pmod{{p_2}^{\alpha_2}} \\ \quad \cdots \\ f(x_0) \equiv 0 \pmod{{p_k}^{\alpha_k}} \end{cases}
$$

となることは明らかである．

つまり (1) の1つの解は (2) の解となっていることは明らかである.

ここで問題になるのは逆に (2) の解から (1) の解がでてくるかどうかということである.

(2) の各々の合同式を——他の合同式とは無関係に——解いたときの解をそれぞれ $x_1, x_2, \cdots, x_k$ としよう.

すなわち

$$\begin{cases} f(x_1) \equiv 0 \pmod{{p_1}^{\alpha_1}} \\ f(x_2) \equiv 0 \pmod{{p_2}^{\alpha_2}} \\ \quad\cdots \\ f(x_k) \equiv 0 \pmod{{p_k}^{\alpha_k}} \end{cases}$$

$x_1, x_2, \cdots, x_k$ がすべて等しければそれがそのまま,

$$f(x) \equiv 0 \pmod{m}$$

の解となるが, 一般に各合同式は他とは無関係に解いたのであるから, $x_1, x_2, \cdots, x_k$ はみな異なっているとみなければならない.

しかし, さきに注意したように, つぎの連立合同式

$$x_0 \equiv x_1 \pmod{{p_1}^{\alpha_1}},$$
$$x_0 \equiv x_2 \pmod{{p_2}^{\alpha_2}},$$
$$\cdots$$
$$x_0 \equiv x_k \pmod{{p_k}^{\alpha_k}}$$

を満たす x_0 が存在することは定理 4. 11 によって保証されたから, このような x_0 は各々の合同式を満足させる.

$$\begin{cases} f(x_0) \equiv 0 \pmod{p_1{}^{\alpha_1}} \\ f(x_0) \equiv 0 \pmod{p_2{}^{\alpha_2}} \\ \cdots \\ \cdots \\ f(x_0) \equiv 0 \pmod{p_k{}^{\alpha_k}} \end{cases}$$

ここで，$p_1{}^{\alpha_1}, p_2{}^{\alpha_2}, \cdots, p_k{}^{\alpha_k}$ が 2 つずつ互いに素であることから

$$f(x_0) \equiv 0 \pmod{p_1{}^{\alpha_1} p_2{}^{\alpha_2} \cdots p_k{}^{\alpha_k}}.$$

すなわち

$$f(x_0) \equiv 0 \pmod{m}.$$

結局，(2) を解くことによって (1) の解が得られたわけである．解としては (2) の k 個の合同式の解の 1 組から (1) の 1 つの解が得られることがわかった．

$$\left.\begin{matrix} x_1 \\ x_2 \\ \vdots \\ x_k \end{matrix}\right\} \longrightarrow x_0$$

この方法は問題を単純な場合に分解し，その各々の場合を解いて（分析），その各々の場合をまとめて複雑な場合の解決に到達する（総合）という典型的な分析・総合の方法である．

つぎに解の個数を問題にしよう．

$f(x) \equiv 0 \pmod{p_1{}^{\alpha_1}}$ の合同でない解は n_1 個

$$\{x_1^{(1)}, x_1^{(2)}, \cdots, x_1^{(n_1)}\}$$

$f(x) \equiv 0 \pmod{p_2{}^{\alpha_2}}$ の合同でない解は n_2 個

$$\{x_2^{(1)}, x_2^{(2)}, \cdots, x_2^{(n_2)}\}$$

$$\cdots$$

$f(x) \equiv 0 \pmod{p_k{}^{\alpha_k}}$ の合同でない解は n_k 個

$$\{x_k^{(1)}, x_k^{(2)}, \cdots, x_k^{(n_k)}\}$$

この組合せは $n_1 \cdot n_2 \cdot \cdots \cdot n_k$ だけあるが，それはみな $\bmod m$ で合同でない $f(x) \equiv 0 \pmod{m}$ の解を与える．なぜなら

$$\begin{cases} x_0 \equiv x_1^{(i_1)} \pmod{p_1{}^{\alpha_1}} \\ x_0 \equiv x_2^{(i_2)} \pmod{p_2{}^{\alpha_2}} \\ \quad \cdots \\ x_0 \equiv x_k^{(i_k)} \pmod{p_k{}^{\alpha_k}} \end{cases}$$

$$\begin{cases} x_0{}' \equiv x_1^{(j_1)} \pmod{p_1{}^{\alpha_1}} \\ x_0{}' \equiv x_2^{(j_2)} \pmod{p_2{}^{\alpha_2}} \\ \quad \cdots \\ x_0{}' \equiv x_k^{(j_k)} \pmod{p_k{}^{\alpha_k}} \end{cases}$$

をくらべたとき，右辺の同じ段に 1 つ，たとえば l 番目に合同でない $x_l^{(i_l)} \not\equiv x_l^{(j_l)} \pmod{p_l{}^{\alpha_l}}$ が現われたら，

$$x_0 \not\equiv x_0{}' \pmod{p_l{}^{\alpha_l}}$$

となるから

$$x_0 \not\equiv x_0{}' \pmod{m}$$

となり，x_0 と $x_0{}'$ は合同でない．

したがって，異なる $x_1, x_2, \cdots, x_k$ の組合せは $\bmod m$ について合同でない解を生みだす．だから合同でない解の数は $n_1 n_2 \cdots n_k$ である．

定理 4.12 $f(x) \equiv 0 \pmod{p_l{}^{\alpha_l}}$ の $\bmod p_l{}^{\alpha_l}$ に対して合同でない解の個数を n_l とすると $(l=1, 2, \cdots, k)$, $f(x) \equiv 0 \pmod{m}$ の $\bmod m$ に対して合同でない解の個数は

$$n_1 n_2 \cdots n_k$$

である.

例

$$x^2 - 9x - 2 \equiv 0 \pmod{20}$$

を解け.

解 $20 = 2^2 \cdot 5 = 4 \cdot 5$ であるから

$$f(x) = x^2 - 9x - 2 \pmod{4}, \tag{1}$$

$$f(x) = x^2 - 9x - 2 \pmod{5}. \tag{2}$$

(1)の解 x_1 は

$$f(0) = -2 \not\equiv 0 \pmod{4},$$

$$f(1) = -10 \not\equiv 0 \pmod{4},$$

$$f(2) = -16 \equiv 0 \pmod{4},$$

$$f(3) = -20 \equiv 0 \pmod{4}.$$

$$x_1 \equiv 2, 3.$$

(2)の解 x_2 は

$$f(0) = -2 \not\equiv 0 \pmod 5$$
$$f(1) = -10 \equiv 0 \pmod 5$$
$$f(2) = -16 \not\equiv 0 \pmod 5$$
$$f(3) = -20 \equiv 0 \pmod 5$$
$$f(4) = -22 \not\equiv 0 \pmod 5$$
$$x_2 \equiv 1, 3.$$

ここで組合せをつくると,

$$\begin{cases} x \equiv 2 \pmod 4 \\ x \equiv 1 \pmod 5 \end{cases} \text{から} \quad x = 6$$

$$\begin{cases} x \equiv 2 \pmod 4 \\ x \equiv 3 \pmod 5 \end{cases} \text{から} \quad x = 18$$

$$\begin{cases} x \equiv 3 \pmod 4 \\ x \equiv 1 \pmod 5 \end{cases} \text{から} \quad x = 11$$

$$\begin{cases} x \equiv 3 \pmod 4 \\ x \equiv 3 \pmod 5 \end{cases} \text{から} \quad x = 3$$

答　3, 6, 11, 18.

別解　$f(x)$ に直接 mod 20 の完全剰余系 $\{0, 1, 2, \cdots, 19\}$ を代入して $f(x) \equiv 0$ となる場合を求めてもよい.

mod 20 で,

$$
\begin{aligned}
&f(0) = -2 \not\equiv 0, && f(10) = 8 \not\equiv 0,\\
&f(1) = -10 \not\equiv 0, && f(11) = 20 \equiv 0,\\
&f(2) = -16 \not\equiv 0, && f(12) = 34 \not\equiv 0,\\
&f(3) = -20 \equiv 0, && f(13) = 50 \not\equiv 0,\\
&f(4) = -22 \not\equiv 0, && f(14) = 68 \not\equiv 0,\\
&f(5) = -22 \not\equiv 0, && f(15) = 88 \not\equiv 0,\\
&f(6) = -20 \equiv 0, && f(16) = 110 \not\equiv 0,\\
&f(7) = -16 \not\equiv 0, && f(17) = 134 \not\equiv 0,\\
&f(8) = -10 \not\equiv 0, && f(18) = 160 \equiv 0,\\
&f(9) = -2 \not\equiv 0, && f(19) = 188 \not\equiv 0.
\end{aligned}
$$

答　3, 6, 11, 18.

問　つぎの合同式を解け．

(1)　$x^2+7x+1 \equiv 0 \pmod{15}$

(2)　$x^2-9x-1 \equiv 0 \pmod{21}$

(3)　$x^2+x+4 \equiv 0 \pmod{10}$

(4)　$x^3+x+2 \equiv 0 \pmod{12}$

一般の場合の合同式の解法

これまでは，連立合同式

$$
\begin{cases}
x \equiv a_1 \pmod{m_1}\\
x \equiv a_2 \pmod{m_2}\\
\quad \cdots\\
x \equiv a_k \pmod{m_k}
\end{cases}
$$

を解くのには $m_1, m_2, \cdots, m_k$ が2つずつ互いに素であるという条件をつけた．しかし，その条件のない一般の場合を考えてみよう．

$m_1, m_2, \cdots, m_k$ を素因数に分解してみよう．たとえばその1つを

$$m_1 = {p_1}^{\alpha_1}{p_2}^{\alpha_2}\cdots{p_\gamma}^{\alpha_\gamma}$$

とすると1番目の合同式はつぎの連立合同式に分解する．

$$x \equiv a_1 \pmod{m_1} \longrightarrow \begin{cases} x \equiv a_1 \pmod{{p_1}^{\alpha_1}} \\ x \equiv a_1 \pmod{{p_2}^{\alpha_2}} \\ \quad\cdots \\ x \equiv a_1 \pmod{{p_\gamma}^{\alpha_\gamma}} \end{cases}$$

この分解をおのおのの合同式に適用してみよう．

$$x \equiv a_2 \pmod{m_2} \longrightarrow \begin{cases} x \equiv a_2 \pmod{{p_1}^{\beta_1}} \\ x \equiv a_2 \pmod{{p_2}^{\beta_2}} \\ \quad\cdots \\ x \equiv a_2 \pmod{{p_\gamma}^{\beta_\gamma}} \end{cases}$$

$$x \equiv a_3 \pmod{m_3} \longrightarrow \begin{cases} x \equiv a_3 \pmod{{p_1}^{\gamma_1}} \\ x \equiv a_3 \pmod{{p_2}^{\gamma_2}} \\ \quad\cdots \\ x \equiv a_3 \pmod{{p_\gamma}^{\gamma_\gamma}} \end{cases}$$

$m_1, m_2, \cdots, m_k$ が2つが互いに素であるという条件がないから，そのなかの1つの素数，たとえば p_1 は他の合同式にも現われるだろう．

この p_1 の現われる合同式をすべて集めてみると，つぎのようになったとしよう．

$$\begin{cases} x \equiv a_1 \pmod{{p_1}^{\alpha_1}} \\ x \equiv a_2 \pmod{{p_1}^{\beta_1}} \\ \quad \cdots \\ x \equiv a_k \pmod{{p_1}^{\sigma_1}} \end{cases}$$

この $\alpha_1, \beta_1, \cdots, \sigma_1$ のなかで最大のものを1つ選び，それをかりに ρ_1 としよう．その ${p_1}^{\rho_1}$ に相当する合同式は

$$x \equiv a_{S_1} \pmod{{p_1}^{\rho_1}}$$

とする．

これと同じ選択を他の素因数にほどこし，それらを順々にひとまとめにして連立合同式をつくる．

$$(1) \quad \begin{cases} x \equiv a_{S_1} \pmod{{p_1}^{\rho_1}} \\ x \equiv a_{S_2} \pmod{{p_2}^{\rho_2}} \\ \quad \cdots \\ x \equiv a_{S_l} \pmod{{p_l}^{\rho_l}} \end{cases}$$

この連立合同式は定理 4. 11 によって解を有する．

ところで ${p_1}^{\rho_1}, {p_2}^{\rho_2}, \cdots, {p_l}^{\rho_l}$ は $m_1, m_2, \cdots, m_k$ のなかの $p_1, p_2, \cdots, p_l$ の最大の累乗であるから，その積は $m_1, m_2, \cdots, m_k$ の最小公倍数である．

$${p_1}^{\rho_1}{p_2}^{\rho_2}\cdots{p_l}^{\rho_l} = [m_1, m_2, \cdots, m_k].$$

したがってこの連立合同式の解は mod $[m_1, m_2, \cdots, m_k]$ に対して合同であることがわかる．

さて，上の解は存在するが，それがもとの連立合同式を満足させるかどうかの保証はない．その点が定理 4. 11 と異なるところである．そこで (1) の解をはじめの連立合同式に代入してみなければならない．そのときもとの連立合

同式を満足させれば，それが解である．しかし，もとの連立合同式を満足させなければもとの連立合同式は解がない，ということになる．

例　つぎの連立合同式を解け．

$$\begin{cases} x \equiv 5 \pmod{6} \\ x \equiv 4 \pmod{5} \\ x \equiv 3 \pmod{4} \\ x \equiv 2 \pmod{3} \end{cases}$$

解　mod に現われる素数は $2, 3, 5$ である．まず 2 の最高累乗は $4=2^2$ である．だから，

$$x \equiv 3 \pmod{4}.$$

3 の最高累乗は $x\equiv 5$ と $x\equiv 2$ とあるが，かりに

$$x \equiv 2 \pmod{3}$$

を選ぶことにする．

5 のそれは

$$x \equiv 4 \pmod{5}$$

である．そこでつぎの連立合同式をつくる．

$$\begin{cases} x \equiv 3 \pmod{4} \\ x \equiv 2 \pmod{3} \\ x \equiv 4 \pmod{5} \end{cases}$$

定理 4. 11 の方法で解くと

$$x = 59$$

を得る．

これをもとの連立合同式に代入してみると

$$\begin{cases} 59 = 9\times6+5 \equiv 5 \pmod 6 \\ 59 = 11\times5+4 \equiv 4 \pmod 5 \\ 59 = 14\times4+3 \equiv 3 \pmod 4 \\ 59 = 19\times3+2 \equiv 2 \pmod 3 \end{cases}$$

ところで $[6, 5, 4, 3] = 60$.

だから $x \equiv 59 \pmod{60}$ が解である.

例 つぎの連立合同式を解け.

$$\begin{cases} x \equiv 5 \pmod{24} \\ x \equiv 7 \pmod{18} \end{cases}$$

解 $24 = 2^3\cdot3$, $18 = 2\cdot3^2$ となり 24, 18 に現われる素数は 2, 3 である.

2 の最高累乗は $2^3 = 8$ で, それに相当するのは

$$x \equiv 5 \pmod 8.$$

3 については $3^2 = 9$.

$$x \equiv 7 \pmod 9.$$

この 2 つを連立させると,

$$\begin{cases} x \equiv 5 \pmod 8 \\ x \equiv 7 \pmod 9 \end{cases}$$

これを定理 4. 11 の方法で解くと,

$$x = 61.$$

これをもとの連立合同式に代入してみると,

$$\begin{cases} 61 = 2\cdot24+13 \equiv 13 \not\equiv 5 \pmod{24} \\ 61 = 3\cdot18+7 \equiv 7 \pmod{18} \end{cases}$$

となって, 満足させない. だから解はない.

問 つぎの連立合同式を解け.

$$(1)\quad \begin{cases} x \equiv 1 \pmod 2 \\ x \equiv 2 \pmod 3 \\ x \equiv 5 \pmod 6 \\ x \equiv 5 \pmod{12} \end{cases}$$

$$(2)\quad \begin{cases} x \equiv 0 \pmod 7 \\ x \equiv 1 \pmod 2 \\ x \equiv 1 \pmod 3 \\ x \equiv 1 \pmod 4 \\ x \equiv 1 \pmod 5 \\ x \equiv 1 \pmod 6 \end{cases}$$

$$(3)\quad \begin{cases} x \equiv 5 \pmod{12} \\ x \equiv 14 \pmod{15} \\ x \equiv 9 \pmod{20} \end{cases}$$

練習問題 4.4

1. 3 ケタの数があり，その数を何乗しても末尾から 3 ケタの数字はその数と同じになっているという．その数を求めよ．
2. 定理 4.12 を用いて $\varphi(n)$ が乗法的であること，すなわち，$(m_1, m_2) = 1$ のとき，$\varphi(m_1 m_2) = \varphi(m_1)\varphi(m_2)$ となることを証明せよ．
3. 連立合同式

$$\begin{cases} x \equiv a_1 \pmod{m_1} \\ x \equiv a_2 \pmod{m_2} \end{cases}$$

が解を有するための必要かつ十分な条件は

$$a_1 \equiv a_2 \pmod{(m_1, m_2)}$$

であることを証明せよ．

4. 十干十二支（参照 p. 126）で 1972 年は「壬子」であるが，「甲丑」という年はありうるか．

5.

$$\begin{cases} x \equiv a_1 \pmod{m_1} \\ x \equiv a_2 \pmod{m_2} \\ \quad \cdots \\ x \equiv a_k \pmod{m_k} \end{cases}$$

の解が存在するための必要かつ十分な条件を求めよ.

6. $20^n + 16^n - 3^n - 1$ が 323 で割り切れるとき, n はいかなる数か.

7. a, b, c がみな 2 の累乗であるとき $a^3 + b^4 = c^5$ の正整数解を求めよ.

第5章　群，環，体

代数的構造

現代数学の中心的概念の1つに「構造」がある．それはごく一般的にいえば各要素のあいだに何らかの相互関係の規定されている集合であるといえよう．

たとえばある5人家族があったとしよう．この家族は夫婦とそのあいだの2男1女から成り立っているものとしよう．5人の成員は血縁という相互関係によって結びつけられているから，広い意味の構造であるといえよう．

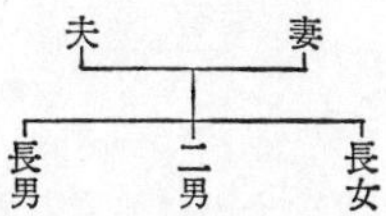

またすでにでてきたことであるが，たとえば12の約数の集合

$$D(12) = \{1, 2, 3, 4, 6, 12\}$$

はそのままでは単なる集合であるが，各要素のあいだに約数—倍数，もしくは整除可能か否か，という相互関係を考えに入れると，もはや1つの構造となる．図示すればつぎのようになる．この図で斜線の上の数は下の数で整除さ

れることを意味しているものとする．

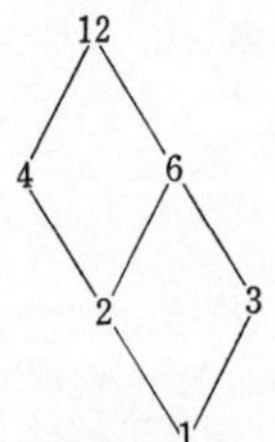

上のように「何らかの相互関係」というきわめて一般的に定義しておくと，構造はきわめて普遍的で広汎なものとなる．むしろ広汎でありすぎて数学という学問のワク内ではとり扱いかねるほどである．

そこで，1つの学問の研究対象とするために，広すぎる構造をつぎのように限定する必要が起こってきた．

1. 位相的構造
2. 順序の構造
3. 代数的構造

ここで位相的構造というのは要素のあいだに何らかの遠近の関係の規定された集合のことであり，順序の構造は要素のあいだに何らかの順序の関係の規定された集合である．

そして代数的構造とは，要素のあいだに何らかの「結合」という関係の規定された集合である．

それでは，「結合」とは何であろうか．

よく知られた例をとってみよう．

自然数の集合

$$N=\{1, 2, 3, 4, \cdots\}$$

がある．この集合のなかから任意の2つの要素a, bを選びだして，それを加法によって「結合」すると，第3の要素cが得られる．

$$a+b=c.$$

たとえば

$$1+1=2,$$
$$1+2=3,$$
$$2+2=4,$$
$$2+3=5,$$
$$\cdots$$
$$\cdots$$

のようになる．これを表にすると，つぎのような形となる．

a \ b	1	2	3	4	…
1	2	3	4	5	…
2	3	4	5	6	…
3	4	5	6	7	…
4	5	6	7	8	…
⋮	⋮	⋮	⋮	⋮	…

これをもっと一般化すると, 2つの要素の組から第3の要素が定まるのであるから, 関数記号を利用して, つぎのように書ける.

$$f(a, b) = c.$$

つまり, ある集合 E の上に2変数の関数 $f(x, y)$ が定義されていて, その値もまたその集合 E に属するとき, $f(x, y)$ を「結合」とよび, E はそのような結合の定義された**代数的構造**と名づける.

ふつう, 結合 $f(x, y)$ は

$$x \circ y$$

と書くことが多い.

このような構造をとくに「代数的」とよぶのは, 代数学の研究対象の多くが, このような構造だからである.

ここにあげた自然数の集合も加法という「結合」をもつ代数的構造の1つであるし, その他, 整数, 有理数, 実数, 複素数, … などは何らかの結合の定義されている代数的構造なのである.

それではなぜこの「初等整数論」でとくに代数的構造をとり上げるのか, という疑問が起こってくるだろう. その理由は整数論のなかには, そのような代数的構造の実例が豊富に見いだされるし, しかも有限個の要素をもつ代数的構造が数多く存在するからである. たしかに自然数の集合も代数的構造ではあるが, 無限集合であるために, はじめて学ぶ人には理解しにくい点をもっている.

群

代数的構造はきわめて広い概念であるが，そのなかで，とくに重要なのは群(group)である．

1つの例をあげよう．

正三角形の板があり，その頂点を1, 2, 3で表わす．

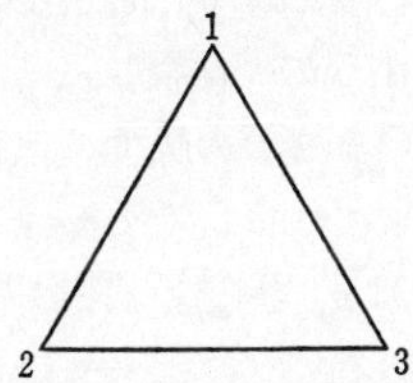

紙の上にこの正三角形の輪廓をかき，その板を動かして，紙にかいた輪廓の上にピッタリと過不足なく，重ね合わせる方法は何種類あるかを考えてみよう．

その頂点の位置が入れかわることに着目すると，結局 $\{1, 2, 3\}$ の入れかえ，すなわち $3! = 6$ だけあることがわかる．この入れかえを，記号でつぎのように表わす．

$$a_1 = \begin{pmatrix} 1 & 2 & 3 \\ 1 & 2 & 3 \end{pmatrix}, \quad a_2 = \begin{pmatrix} 1 & 2 & 3 \\ 2 & 3 & 1 \end{pmatrix},$$

$$a_3 = \begin{pmatrix} 1 & 2 & 3 \\ 3 & 1 & 2 \end{pmatrix}, \quad a_4 = \begin{pmatrix} 1 & 2 & 3 \\ 1 & 3 & 2 \end{pmatrix},$$

$$a_5 = \begin{pmatrix} 1 & 2 & 3 \\ 3 & 2 & 1 \end{pmatrix}, \quad a_6 = \begin{pmatrix} 1 & 2 & 3 \\ 2 & 1 & 3 \end{pmatrix}.$$

これは上の数字を下の数字で入れかえよ，という意味である，つまり，$a_1, a_2, \cdots, a_6$ は数でも図形でもなく，手続き，もしくは操作なのである．

数でも図形でもない操作を研究の対象にしたことは数学の歴史のなかで画期的なことであった．

この6個の操作の集まりを G で表わすことにしよう．

$$G = \{a_1, a_2, a_3, a_4, a_5, a_6\}$$

この G のなかに1つの「結合」$x \circ y$ を考えるのであるが，それは x, y という2つの操作の連続施行を意味するものと約束する．

たとえば $a_3 \circ a_5$ は a_3 を行なったのち，引きつづいて，a_5 を行なうことである．

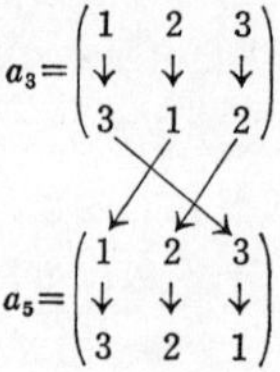

$$a_3 = \begin{pmatrix} 1 & 2 & 3 \\ \downarrow & \downarrow & \downarrow \\ 3 & 1 & 2 \end{pmatrix}$$

$$a_5 = \begin{pmatrix} 1 & 2 & 3 \\ \downarrow & \downarrow & \downarrow \\ 3 & 2 & 1 \end{pmatrix}$$

これを1回の操作にまとめてみると，

$$\begin{pmatrix} 1 & 2 & 3 \\ \downarrow & \downarrow & \downarrow \\ 1 & 3 & 2 \end{pmatrix}$$

となり，これは，a_4 にほかならない．したがって，

$$a_3 \circ a_5 = a_4$$

と書くことができる．このような約束によって G の任意の2つの操作を結合すると，その結果はやはり G のなか

のどれかの要素——もちろん1つの操作——になる．また今後簡単に $x \circ y$ の記号は $\circ$ を略して xy と書くことにしよう．

その結果を表にすると，次の表のようになる．

この表を検討すると，つぎのような事実に気づく．

(1)　G の結合には任意の3つの要素 x, y, z に対して結合法則

$x \backslash y$	a_1	a_2	a_3	a_4	a_5	a_6
a_1	a_1	a_2	a_3	a_4	a_5	a_6
a_2	a_2	a_3	a_1	a_5	a_6	a_4
a_3	a_3	a_1	a_2	a_6	a_4	a_5
a_4	a_4	a_6	a_5	a_1	a_3	a_2
a_5	a_5	a_4	a_6	a_2	a_1	a_3
a_6	a_6	a_5	a_4	a_3	a_2	a_1

$$(xy)z = x(yz)$$

が成り立つ．

このことをたしかめるにはいちいちあたってみてもよいが，これは，x, y, z が入れかえの操作であることから，必然的に成り立つことがわかる．

$$
\begin{array}{ccc}
\begin{array}{l}
(1\quad 2\quad 3)\\
\left.\begin{array}{c}\downarrow_x\\ (\text{〃}\quad\text{〃}\quad\text{〃})\\ \downarrow_y\end{array}\right\}(xy)\\
(\text{〃}\quad\text{〃}\quad\text{〃})\\
\quad\ \ \downarrow_z\\
(\text{〃}\quad\text{〃}\quad\text{〃})
\end{array}
& &
\begin{array}{l}
(1\quad 2\quad 3)\\
\quad\ \ \downarrow_x\\
(\text{〃}\quad\text{〃}\quad\text{〃})\\
\left.\begin{array}{c}\downarrow_y\\ (\text{〃}\quad\text{〃}\quad\text{〃})\\ \downarrow_z\end{array}\right\}(yz)\\
(\text{〃}\quad\text{〃}\quad\text{〃})
\end{array}
\\
(xy)z & = & x(yz)
\end{array}
$$

左側は x, y で区切ってまずそれをひとまとめにした (xy) の後に z を行なったものであるし，右側はまず x を行なってからそこで区切って一挙に (yz) を行なったもので，その結果にかわりがないから任意の x, y, z に対して

$$(xy)z = x(yz)$$

が成り立つことがわかる．これを結合法則という．

(2)　a_1 は任意の要素と結合しても，その要素そのものとなる．

$$
\begin{array}{llll}
a_1a_1 = a_1, & a_1a_2 = a_2, & a_1a_3 = a_3, & \cdots\\
 & a_2a_1 = a_2, & a_3a_1 = a_3, & \cdots
\end{array}
$$

つまり，a_1 は「何もしない」操作なのである．

このような要素を単位元と名づける．すなわち G は単位元を含んでいることがわかる．

(3)　$ab =$ 単位元　となるとき，b は a の逆元といい a^{-1} で表わす．つまり

$$aa^{-1} = \text{単位元}$$

となる．

G の任意の要素には必ず逆元が存在する．

$$a_1^{-1} = a_1, \quad a_2^{-1} = a_3, \quad a_3^{-1} = a_2,$$
$$a_4^{-1} = a_4, \quad a_5^{-1} = a_5, \quad a_6^{-1} = a_6.$$

操作としては逆の操作である．

現実にはそのような例は無数にある．

出る——入る

売る——買う

上る——下る

行く——帰る

…

さらに

$$a^{-1}a = \text{単位元}$$

となる．なぜなら，

$$a^{-1}(aa^{-1}) = a^{-1}(\text{単位元}) = a^{-1}.$$

結合法則によって

$$(a^{-1}a)a^{-1} = a^{-1}.$$

a^{-1} の逆元を $(a^{-1})^{-1}$ とすると，

$$(a^{-1}a)a^{-1}(a^{-1})^{-1} = a^{-1}(a^{-1})^{-1}, \quad a^{-1}a = \text{単位元}.$$

だから，a に対して $aa^{-1} = a^{-1}a = \text{単位元}$ となるような a^{-1} を a の逆元と定義してもよい．

G のもっているこのような (1), (2), (3) を一般化して，つぎのように群を定義する．

(1)　集合 G——有限もしくは無限の——には結合法則 $(xy)z=x(yz)$ の成り立つような結合 xy が定義されている．もちろん xy はつねに G に属する．

(2)　G のなかには任意の x に対して $1x=x$, $x1=x$ となるような要素 1 が存在する．これを**単位元**という．

(3)　G の任意の要素 x に対しては $xx^{-1}=1$, $x^{-1}x=1$ となる x^{-1} が存在する．これを x の**逆元**という．

このように (1), (2), (3) の条件を満足する G を**群**と名づける．

つぎに群の実例をいろいろあげてみることにしよう．

整数を要素とする群は少なくない．

例　整数全体の集合

$$\boldsymbol{Z}=\{\cdots,-3,-2,-1,0,+1,+2,+3,\cdots\}$$

は普通の加法 $+$ という「結合」について群をつくる．このことは群の定義に照らしてたしかめることができる．ただし記号的には $x+y$ を xy と考える必要がある．

(1)　整数であるから，結合法則

$$(x+y)+z=x+(y+z)$$

は自動的に成立している．

(2)　また整数のなかには 0 が含まれているが，これは

$$0+x=x+0=x$$

となり，単位元としての役割りを演ずる．

(3)　整数 x に対して，その反数 $-x$ はまた整数であるから

$$x+(-x)=0,$$

$$(-x)+x=0$$

となり逆元となる.

以上のように(1), (2), (3)の条件を満足するから, $\boldsymbol{Z}$ は加法について群をなしている. このように結合 xy を加法 $x+y$ の形で書き表わした群を**加群**と名づける. 加群の場合はつねに

$$x+y=y+x.$$

すなわち可換となるのが普通である.

一般に $xy=yx$ となる群を**可換群**, もしくは**アーベル群**という. この名称はノルウェーの数学者 N. H. アーベル(1802-1829)による.

問　正の整数の集合

$$\Gamma=\{1, 2, 3, \cdots\}$$

は加法について群をなしていない. なぜか.

また乗法についてはどうか.

例　正の有理数全体の集合 $\boldsymbol{R}^+$ は乗法について群をなすことを証明せよ.

解　(1)　任意の正の有理数 x, y, z は乗法について結合法則を満足する:

$$(xy)z=x(yz).$$

また積 xy はつねに正の有理数である.

(2)　1は有理数であり

$$1x = x, \quad x1 = x$$

となり，単位元である．

(3) 任意の正の有理数の逆数 x^{-1} はまた正の有理数である．

だから $\boldsymbol{R}^{+}$ は乗法について群をなす．

問 すべての有理数の集合は加法について群をなすか．また乗法についてはどうか．

以上の例はすべて無限の要素をもつ無限集合であったが，つぎは有限集合を例にとってみよう．

例 $\mathrm{mod}\, m$ による整数の剰余類 $R(m)$ は加法に対して可換の有限群をなすことを証明せよ．

解 (1) 任意の $x, y, z \in R(m)$ に対して

$$x + y \in R(m).$$

また

$$(x+y)+z \equiv x+(y+z).$$

(2) $0 \in R(m)$ だから

$$x+0 \equiv x, \quad 0+x \equiv x (\mathrm{mod}\, m).$$

つまり 0 は単位元である．

(3) $x \in R(m)$ に対して $-x \in R(m)$ であり，

$$x+(-x) \equiv 0, \quad (-x)+x \equiv 0 (\mathrm{mod}\, m)$$

であるから，$R(m)$ は群をなす．しかも

$$x+y \equiv y+x (\mathrm{mod}\, m)$$

だから可換である．

有限群 G の要素の個数を G の位数という．$R(m)$ の位数は m である．たとえば $m=12$ のときはテレビのダイアルを想起するとよい．

例 $\mathrm{mod}\, m$ に対する既約剰余類 $R'(m)$ は乗法について群をなすことを証明せよ．

解 (1)

$$x, y \in R'(m)$$

ならば，定義によって，

$$(x, m) = (y, m) = 1.$$

したがって

$$(xy, m) = 1$$

だから，

$$xy \in R'(m)$$

また，任意の 3 要素 x, y, z に対して，

$$(xy)z \equiv x(yz) \pmod{m}.$$

(2) $1 \in R'(m)$ であるから，

$$1x \equiv x, \quad x1 \equiv x \pmod{m}.$$

したがって，この 1 が単位元となる．

(3)

$$(x, m) \equiv 1 \pmod{m}$$

ならば

$$xy \equiv 1 \pmod{m}$$

となる y は存在するから，これを x の逆元 x^{-1} とみなすことができる．

$R'(m)$ の位数は $\varphi(m)$ である．

問　$R(10)$ の加法の表をつくれ．

問　$R'(18)$ の乗法の表をつくれ．

部分群

一部に群 G の部分集合 g が，それ自身として群をなすことがある（G と同じ結合によって）．このとき g を G の**部分群**という．

たとえば，加法を結合とする整数の加群 $\boldsymbol{Z}$ のなかで，m の倍数の集合 $\boldsymbol{Z}_m$ は $\boldsymbol{Z}$ の部分群である．

G のなかに部分群 g があるとき，すなわち，

$$g \subset G$$

のとき，g によって G を類別することができる．

G のなかの2要素 x, y について，

$$xy^{-1} \in g$$

のとき，$x \sim y$ という関係にあると定義すると，この関係は反射的，対称的，かつ推移的である．

(1)

$$xx^{-1} = 1.$$

g は群だから必ず単位元を含む.

$$1 \in g.$$

したがって

$$x \sim x$$

すなわち反射的である.

(2)

$$x \sim y \quad ならば \quad xy^{-1} \in g.$$

ところが, g は群であるから, その逆元を含む. ところが xy^{-1} の逆元は yx^{-1} である.

$$yx^{-1} \in g,$$

したがって

$$y \sim x.$$

つまり対称的である.

(3)

$$x \sim y, \quad y \sim z \quad ならば \quad xy^{-1} \in g, \quad yz^{-1} \in g.$$

しかるに g は群であるから, その積を含む.

$$(xy^{-1})(yz^{-1}) \in g,$$

$$x(y^{-1}y)z^{-1} \in g,$$

$$x1z^{-1} \in g,$$

$$xz^{-1} \in g.$$

だから

$$x \sim z.$$

すなわち, 推移的である.

関係 $x \sim y$ は反射的, 対称的, 推移的だから, 同値関係であり，したがって，G の類別を引き起こす．

このとき，おのおのの類を G における g の**左剰余類**と名づける．$x^{-1}y \in g$ による類別を**右剰余類**という．

$\boldsymbol{Z}_m$ は $\boldsymbol{Z}$ の部分群であり，$\boldsymbol{Z}_m$ による剰余群が $R(m)$ である．

G が有限群であるとき，その位数はその部分群 g の位数とどのような関係があるだろうか．

定理 5.1 有限群の部分群の位数は，その群の位数の約数である．

証明 有限群 G の部分群 g の位数を m とすると，要素で表わすと

$$g = \{a_1, a_2, \cdots, a_m\}$$

となっている．

G の g による左剰余類の各類から要素を1つずつ選びだしたものを，

$$b_1, b_2, \cdots, b_l$$

とする．このようなものを各類の**代表元**という．

このとき，G の任意の要素は

$$a_i b_k \qquad (i = 1, 2, \cdots, m; \quad k = 1, 2, \cdots, l)$$

という形に表わされる．

なぜなら，G の任意の要素 x はどれかの類に属するはずであり，その類の代表元を b_k とすると，

$$x = a_i b_k.$$

また，この表わし方は1通りである．もし，同一の要素 x が，つぎのように表わされたとしたら，

$$x = a_i b_k,$$

$$x = a_i' b_k'.$$

$$a_i b_k = a_i' b_k',$$

$$b_k = a_i^{-1}(a_i' b_k') = (a_i^{-1} a_i') b_k.$$

$a_i^{-1} a_i' \in g$ だから $b_k \sim b_k'$.

ところが代表元は1つの類から1つしか選んでないから,

$$b_k = b_k'.$$

同じく,

$$a_i = a_i'.$$

したがって, G の要素はすべて

$$a_i b_k \qquad (i = 1, 2, \cdots, m; \quad k = 1, 2, \cdots, l)$$

という形に1通りに表わされる. わかりやすく図示すると, つぎのように四角の表に書き並べることができる.

$a_1 b_1$	$a_2 b_1$	$\cdots$	$a_m b_1$
$a_1 b_2$	$a_2 b_2$	$\cdots$	$a_m b_2$
$\cdots$	$\cdots$	$\cdots$	$\cdots$
$a_1 b_l$	$a_2 b_l$	$\cdots$	$a_m b_l$

だから, G の要素の個数, すなわち位数 n は

$$n = ml.$$

すなわち g の位数 m は G の位数 n の約数である.

(証明終)

問 p. 205 にあげた位数6の群について, その部分群をすべてあげ, 上の定理をたしかめよ.

1つの定まった要素の累乗（負の指数を含む）の集合はやはり部分群をなす.

$$a \in G$$

ならば

$$a^m \in G \qquad (m = 1, 2, \cdots).$$

a^{-m} は $(a^{-1})^m$ とすれば，これも G に含まれる．また $a^0 = 1$ と定めると

$$g = \{\cdots, a^{-3}, a^{-2}, a^{-1}, 1, a^1, a^2, \cdots\}$$

は G の部分群となる．このような群を**単生群**という（ブルバキ『数学原論』代数1による）．単一の要素によって生みだされるからである.

たとえば整数の加群 $\boldsymbol{Z}$ は1によって生みだされるから単生群である.

$$\begin{aligned}
&1 = 1, && -1 = -1,\\
&1+1 = 2, && (-1)+(-1) = -2,\\
&1+1+1 = 3, && \cdots\\
&\cdots
\end{aligned}$$

とくに有限の単生群を**巡回群**という.

たとえば $R(m)$ は1によって生成される巡回群である.

G の1つの要素 a のつくる単生群が有限巡回群 $C(a)$ のとき，その位数を a の位数という.

$$C(a) = \{1, a, a^2, \cdots, a^{m-1}\} \qquad (a^m = 1)$$

このとき，a の位数は m である．この m は $a^n = 1$ となる正の整数のなかで最小のものである.

$$a^m = 1$$
$$a^{m'} \neq 1 \qquad (0 < m' < m).$$

定理 5.2　有限群の任意の要素の位数は，その群の位数の約数である．

証明　有限群 G の任意の要素 a のつくる巡回群を

$$C(a) = \{1, a, a^2, \cdots, a^{m-1}\}$$

とすると，$C(a)$ は G の部分群である．

$$C(a) \subset G.$$

定理 5.1 によって $C(a)$ の位数 m は G の位数 n の約数である．

（証明終）

定理 5.3　有限群 G の位数を n とすると，任意の要素 a に対して

$$a^n = 1.$$

証明　定理 5.2 によって a の位数を m とすると，

$$n = ml.$$

ただし l は整数とする．定義によって

$$a^m = 1,$$
$$(a^m)^l = 1^l,$$
$$a^{ml} = 1,$$
$$a^n = 1.$$

（証明終）

例　この定理を用いてオイラーの公式

$$a^{\varphi(n)} \equiv 1 \pmod n$$

を証明せよ.

解　$R'(n)$ は乗法に対して群をなし, その位数は $\varphi(n)$ である. 定理5.3によって

$$a^{\varphi(n)} \equiv 1 \pmod{n}.$$

原始根

つぎに乗法群 $R'(m)$ の構造をしらべてみよう. まず m が素数 p のとき, $R'(p)$ の構造はどうなっているだろうか.

$R'(2)$ は $\{1\}$ でこれは一種の巡回群である.

$R'(3)$ は $\{1, 2\}$ で, これも2によって生みだされる巡回群で, $2^2 \equiv 1 \pmod{3}$.

＼	1	2
1	1	2
2	2	1

$R'(5)$ は

＼	1	2	3	4
1	1	2	3	4
2	2	4	1	3
3	3	1	4	2
4	4	3	2	1

この表をみると,

$$
\begin{aligned}
2^0 &\equiv 1\\
2^1 &\equiv 2\\
2^2 &\equiv 4\\
2^3 &\equiv 3\\
\hline
2^4 &\equiv 1
\end{aligned}
$$

となり 2 によって生成される巡回群であることがわかる．

$R'(7)$ は，つぎのようになっている．

	1	2	3	4	5	6
1	1	2	3	4	5	6
2	2	4	6	1	3	5
3	3	6	2	5	1	4
4	4	1	5	2	6	3
5	5	3	1	6	4	2
6	6	5	4	3	2	1

この表から $R'(7)$ は 3 によって生成される巡回群であることがわかる．

$3^0 \equiv 1,\quad 3^1 \equiv 3,\quad 3^2 \equiv 2,\quad 3^3 \equiv 6,\quad 3^4 \equiv 4,$
$3^5 \equiv 5.$

問　$R'(11)$ について，それが巡回群であることをたしかめよ．

以上の例からいくつかの小さい素数 p については $R'(p)$

が巡回群であることがたしかめられたが，一般の素数についてはどうであろうか．

これに対してはじめて肯定的な解答を与えたのはガウス（1777-1855）である．

定理 5.4 p が素数であるとき，乗法群 $R'(p)$ は巡回群である．

この証明は少しくやっかいである．そのために，いくつかの補題を準備する．

補題 1 整数係数の多項式

$$f(x) = x^m + a_1 x^{m-1} + \cdots + a_m$$

に対して

$$f(x) \equiv 0 \pmod{p}$$

となる $R'(p)$ の要素 x は m より多くは存在しない．

証明 まず $m=1$ の場合をたしかめる．

$$x + a_1 \equiv 0 \pmod{p}$$

から $x = -a_1$ であるから，x は1つしかない．つぎに $m-1$ まで正しいと仮定して，m に対して，正しいことを証明しよう．

$f(x) \equiv 0 (\mathrm{mod}\, p)$ なるすべての x を $x_1, x_2, \cdots, x_l$ とし，そのうちの1つを x_1 とする．

$$f(x_1) \equiv 0 (\mathrm{mod}\, p).$$

$$f(x) \equiv f(x) - f(x_1) = (x - x_1) g(x).$$

ここで $g(x)$ は $m-1$ 次である．

$$f(x_2) \equiv (x_2 - x_1)g(x_2) \equiv 0 \pmod p,$$
$$f(x_3) \equiv (x_3 - x_1)g(x_3) \equiv 0 \pmod p,$$
$$\cdots$$
$$f(x_l) \equiv (x_l - x_1)g(x_l) \equiv 0 \pmod p.$$

$x_i - x_1 \not\equiv 0 \pmod p$ で，p が素数だから

$$g(x_2) \equiv 0,$$
$$g(x_3) \equiv 0,$$
$$\cdots$$
$$g(x_l) \equiv 0.$$

したがって，その個数 $l-1$ は $m-1$ より多くはない．

$$l-1 \leqq m-1.$$

したがって

$$l \leqq m.$$

だから，数学的帰納法によって，すべての m について成り立つ．

（証明終）

補題 2　$R'(p)$ で位数 d（d）$p-1$）の要素の個数は $\varphi(d)$ か，それとも 0 である．

証明　位数 d の要素が 1 つでも存在したら，それを x_0 としよう．このとき，d 個の要素

$$1, x_0, {x_0}^2, \cdots, {x_0}^{d-1}$$

は互いに異なる要素で，しかも，$k=0, 1, \cdots, d-1$ のとき

$$({x_0}^k)^d = {x_0}^{kd} = ({x_0}^d)^k \equiv 1^k = 1.$$

すなわち，この d 個の要素はすべて

$$x^d - 1 \equiv 0 \pmod{p}$$

を満足している．

補題1によって $x^d \equiv 1 \pmod{p}$ となる x は d 個以上にはないから，そのような x は

$$1, x_0, {x_0}^2, \cdots, {x_0}^{d-1}$$

が全部である．

このなかで位数 d の要素はいくつあるだろうか．

$$(k, d) = 1$$

のとき，

$$(x^k)^r \equiv 1 \text{ ならば } x^{kr} \equiv 1 \pmod{p}.$$

これから，

$$kr \equiv 0 \pmod{d}.$$

$(k, d) = 1$ だから

$$r \equiv 0 \pmod{d}.$$

したがって，$0 < r < d$ なる r については $({x_0}^k)^r \equiv 1$ とはならない．つまり，その位数はちょうど d である．

また，

$$(k, d) > 1$$

ならば，

$$(k, d) = s > 1$$

として

$$(x^k)^{\frac{d}{s}} = (x^{\frac{kd}{s}}) = (x^d)^{\frac{k}{s}} \equiv 1^{\frac{k}{s}} = 1$$

となるから位数は d より小さい．

だから，d と互いに素な指数 k をもつ

$$x_0{}^k \qquad ((k, d) = 1)$$

が位数 d の要素であり，その個数は $\varphi(d)$ である．x_0 なるものが1つもないとき，もちろんその個数は0である．

（証明終）

定理 5.4 の証明　$R'(p)$ の要素を位数によって分類してみよう．$K(d)$（$d)p-1$）を位数 d の要素の集合とすると，$K(d)$ の合併集合が $R'(p)$ である．ところが，その個数 $\rho(d)$ は0または $\varphi(d)$ である．したがって，

$$\rho(d) \leqq \varphi(d).$$

$p-1$ のすべての約数 d にわたる $\rho(d)$ の和をつくると，もちろん $p-1$ である．

$$\sum_{d)p-1} \rho(d) = p-1$$

一方において

$$\sum_{d)p-1} \varphi(d) = p-1$$

であるから

$$\sum_{d)p-1} (\varphi(d) - \rho(d)) = 0.$$

各項は負でないから

$$\varphi(d) = \rho(d).$$

とくに

$$\rho(p-1) = \varphi(p-1).$$

つまり，位数 $p-1$ の要素は $\varphi(p-1)$ だけ存在することになった．

そのうちの1つをhとすると

$$\{1, h, h^2, \cdots, h^{p-2}\}$$

は$R'(p)$と一致する．

つまり，$R'(p)$はhを生成元とする巡回群である．

（証明終）

このようなhをpの**原始根**という．

以上のように，すべての素数について，原始根が存在することが証明されたが，pから具体的に原始根を求めることは容易ではない．

例　$p=23$の最小の原始根を求めよ．

解　まず，$R'(23)$を表にする．

1	2	3	4	5	6	7	8	9	10	11
2^{11}	2^1	2^8	2^2		2^9		2^3	2^5		
12	13	14	15	16	17	18	19	20	21	22
2^{10}	2^7			2^4		2^6				

まず，最小の2から試していく．$2^1, 2^2, 2^3, \cdots$をつくってみる．

ところが$2^{11} \equiv 1 \pmod{23}$となることがわかったので2は失格である．また2の累乗もやはり

$$(2^k)^{11} \equiv (2^{11})^k \equiv 1^k \equiv 1 \pmod{23}$$

で失格である．

そこで空いている欄の最小の数をみると，それは5である．

この5を試してみると，$5^2 \not\equiv 1, \cdots, 5^{11} \not\equiv 1$となり，$5^{22}$

ではじめて$\equiv 1$となることがわかり，この5が原始根であることがわかる．

問　11, 13, 31, 41 の最小の原始根を見いだせ．

例　ウイルソンの定理の別証明を考えよ．

解　$(p-1)!=1\cdot 2\cdot 3\cdots(p-1)$ は $R'(p)$ のすべての要素の積であるから，ある原始根 h のすべての累乗の積と等しい．$p>2$ とすると，

$$\equiv h^{0+1+\cdots+p-2}=h^{\frac{(p-1)(p-2)}{2}}=h^{\frac{(p-1)}{2}(p-3+1)}$$
$$=h^{(p-1)\frac{(p-3)}{2}+\frac{p-1}{2}}$$
$$=(h^{p-1})^{\frac{p-3}{2}}\cdot h^{\frac{p-1}{2}}\equiv 1^{\frac{p-3}{2}}\cdot h^{\frac{p-1}{2}}$$
$$\equiv h^{\frac{p-1}{2}}\,(\mathrm{mod}\,p),$$
$$\left(h^{\frac{p-1}{2}}\right)^2=h^{p-1}\equiv 1\,(\mathrm{mod}\,p).$$

したがって $x^2\equiv 1\,(\mathrm{mod}\,p)$ を満足する．このような x は $x\equiv\pm 1\,(\mathrm{mod}\,p)$ である．しかるに，$h^{\frac{p-1}{2}}\equiv 1$ は h が原始根である，という仮定に反する．だから

$$h^{\frac{p-1}{2}}\equiv -1\,(\mathrm{mod}\,p).$$

したがって

$$(p-1)!\equiv -1\,(\mathrm{mod}\,p).$$

(証明終)

定理 5.5　$R'(p)$ のなかの a が，$m\,)\,p-1$ なる m に対して，

$$a\equiv x^m\,(\mathrm{mod}\,p)$$

と表わされるための必要かつ十分な条件は

$$a^{\frac{p-1}{m}} \equiv 1 \pmod{p}$$

となることである.

証明 必要なること. $a \equiv x^m \pmod{p}$ ならば

$$a^{\frac{p-1}{m}} \equiv (x^m)^{\frac{p-1}{m}} = x^{m \cdot \frac{p-1}{m}} = x^{p-1} \pmod{p}.$$

フェルマの定理によって

$$\equiv 1 \pmod{p}.$$

十分なること.

p の原始根を h とすると,

$$a \equiv h^r$$

となる r が存在する. したがって,

$$a^{\frac{p-1}{m}} \equiv (h^r)^{\frac{p-1}{m}} = h^{\frac{r(p-1)}{m}} \pmod{p}.$$

$$a^{\frac{p-1}{m}} \equiv 1 \pmod{p}$$

ならば

$$h^{\frac{r(p-1)}{m}} \equiv 1 \pmod{p}.$$

h は原始根だから, $\dfrac{r(p-1)}{m}$ は $p-1$ の倍数でなければならない. したがって $\dfrac{r}{m} = l$ は整数である.

$$r = ml,$$

$$a \equiv h^r = h^{ml} = (h^l)^m.$$

ここで $h^l = x$ とおけば

$$a \equiv x^m \pmod{p}$$

なる x が存在することになる.

(証明終)

練習問題 5.1

1. 7からはじまるある数で7を最後にまわすと $\frac{1}{5}$ になるという. そのような数を求めよ.

2.
$$a_n = 7^{n+2} + 8^{2n+1} \quad (n = 0, 1, 2, \cdots)$$
なる数列の G. C. M. (最大公約数) を求めよ.

3. $x^2 - 3y^2 = 17$ は整数解を有しない.

4. 3より大きい素数 p のすべての原始根の積は p で割ると1が残ることを証明せよ.

5.
$$5^{2n+1} \cdot 2^{n+2} + 3^{n+2} \cdot 2^{2n+1} \equiv 0 \pmod{19}$$
を証明せよ.

素数の累乗の場合

素数 p に対する既約剰余系 $R'(p)$ のつくる乗法群が巡回群であることは前節で証明されたが, つぎには素数の累乗 p^k についてはどうなるかを考えてみよう.

$2^k\ (k>1)$ の場合には $R'(2^k)$ は巡回群にはならない. たとえば $k=3$ のとき $2^3=8$ であるが, 8の既約剰余系は

$$1, 3, 5, 7$$

となるが,

$$3^2 = 9 \equiv 1 \pmod 8,$$

$$5^2 = 25 \equiv 1 \pmod 8,$$

$$7^2 = 49 \equiv 1 \pmod 8)$$

で $\varphi(8)=8-4=4$ であるのに，2 乗まででですべてが 1 と合同になるから，4 乗ではじめて 1 と合同になるはずの原始根は存在しない．

だから $2^k\ (k>2)$ に対しては $R'(2^k)$ は巡回群ではなさそうである．

それでは $p>2$，つまり奇数の場合はどうなるだろうか．

結論的にいうと p が奇数であるとき $R'(p^k)$ はすべて巡回群になる．そのことを証明するために二，三の準備的な定理を証明しておく．

定理 5.6

$$a \equiv b \pmod{p^k} \qquad (k \geqq 1)$$

なるときは

$$a^p \equiv b^p \pmod{p^{k+1}}$$

が成り立つ．

証明

$$a \equiv b \pmod{p^k}$$

ならば

$$a \equiv b + c \cdot p^k$$

と書くことができる．ただし c は整数である．

両辺を p 乗すると，2 項定理によって，

$$a^p = (b + c \cdot p^k)^p$$
$$= b^p + \binom{p}{1} b^{p-1} \cdot c \cdot p^k + \binom{p}{2} b^{p-2} \cdot c^2 \cdot p^{2k} + \cdots + c^p \cdot p^{kp}.$$

ところで第2項は，$\binom{p}{1}$ は p であるから，p^{k+1} で整除され，第3項以下も $k \geqq 1$ であるからすべて p^{k+1} で整除される．したがって

$$a^p \equiv b^p \pmod{p^{k+1}}$$

が得られる．

（証明終）

つぎにこの定理の逆ともいうべきつぎの定理が成り立つ．

定理 5.7　$(a, p) = 1, (b, p) = 1$ で

$$a^p \equiv b^p \pmod{p^{k+1}}$$

であるが

$$a^p \not\equiv b^p \pmod{p^{k+2}}$$

であるとき，

$$a \equiv b \pmod{p^k},$$
$$a \not\equiv b \pmod{p^{k+1}}$$

が得られる．

証明　$a - b = c$ とおく．$a = b + c$ として

$$a^p = (b + c)^p$$
$$= b^p + \binom{p}{1} b^{p-1} \cdot c + \binom{p}{2} b^{p-2} \cdot c^2 + \cdots + c^p.$$

ところが

$$a^p \equiv b^p \pmod{p^{k+1}}$$

であるから，

$$\binom{p}{1}b^{p-1}\cdot c+\binom{p}{2}b^{p-2}\cdot c^2+\cdots$$
$$+\binom{p}{p-1}b\cdot c^{p-1}+c^p \equiv 0 \pmod{p^{k+1}} \qquad (1)$$

$$\binom{p}{1}\equiv\binom{p}{2}\equiv\cdots\equiv\binom{p}{p-1}\equiv 0 \pmod{p}$$

であるから，

$$c^p \equiv 0 \pmod{p},$$

したがって

$$c \equiv 0 \pmod{p}.$$

cに含まれるpの最高の指数をlとすると

$$c=p^l\cdot d \quad (l \geqq 1), \quad (d,p)=1.$$

これを(1)に代入すると，

$$\binom{p}{1}b^{p-1}\cdot p^l\cdot d+\binom{p}{2}b^{p-2}\cdot p^{2l}\cdot d^2+\cdots$$
$$+(p^l\cdot d)^p \equiv 0 \pmod{p^{k+1}}.$$

すべての項はp^{l+1}で割り切れる．

$$p^{l+1}\left(b^{p-1}\cdot d+\frac{p-1}{2}\cdot b^{p-2}\cdot p^l\cdot d^2+\cdots+p^{lp-l-1}\cdot d^p\right)$$
$$\equiv 0 \pmod{p^{k+1}}.$$

カッコのなかの第1項はpと互いに素であり，第2項以

下はすべて p で整除される．だから，カッコのなかは p と互いに素である．だから

$$l+1 \geqq k+1,$$
$$l \geqq k.$$

しかし

$$a \not\equiv b \pmod{p^{k+2}}$$

であるから

$$c \not\equiv 0 \pmod{p^{k+2}}.$$

このことから

$$l+1 < k+2,$$
$$l < k+1.$$

したがって

$$l = k.$$

つまり $a \equiv b \pmod{p^k}$ であるが $a \equiv b \pmod{p^{k+1}}$ とはならない．

（証明終）

以上の 2 つの定理を使って $\bmod p^k$ $(p \neq 2)$ に対する原始根の存在を証明しよう．

定理 5.8　p は奇数の素数であり，$k \geqq 2$ のとき，$0 < r < \varphi(p^k)$ に対してはつねに

$$a^r \not\equiv 1 \pmod{p^k}$$

となるような a が存在する．

証明　ある a に対して $a^{p-1} \equiv 1 \pmod{p^2}$ のときは a の

かわりに $a+p$ とおきかえると

$$(a+p)^{p-1}=a^{p-1}+(p-1)a^{p-2}p+\binom{p-1}{2}a^{p-3}p^2+\cdots$$

$p\geqq 3$ ならば第3項以下は p^2 で整除されるから

$$(a+p)^{p-1}\equiv 1+(p-1)a^{p-2}p \pmod{p^2}.$$

第2項は p では整除されるが, p^2 では整除されない. したがって

$$(a+p)^{p-1}\not\equiv 1 \pmod{p^2}.$$

$a+p$ を h とおくと,

$$h^{p-1}\not\equiv 1 \pmod{p^2} \tag{2}$$

となる. この h が目的の原始根である.

r は

$$h^r\equiv 1 \pmod{p^k}$$

となる最小の正の指数とする. $\varphi(p^k)$ を r で割ると

$$\varphi(p^k)=nr+r' \qquad (0\leqq r'<r).$$

オイラーの定理で

$$h^{\varphi(p^k)}\equiv 1 \pmod{p^k}$$

であるから

$$h^{nr+r'}\equiv 1 \pmod{p^k},$$

$$(h^r)^n\cdot h^{r'}\equiv 1 \pmod{p^k}.$$

したがって

$$h^{r'}\equiv 1 \pmod{p^k}.$$

ところが r は最小の正の指数であったから

$$r'=0.$$

すなわち r は $\varphi(p^k)$ の約数でなければならない.

$$\varphi(p^k)=p^{k-1}(p-1)$$

であるから

$$r=p^l\cdot s \qquad (s \text{ は } p-1 \text{ の約数}).$$

しかるに

$$r<p^{k-1}(p-1)$$

だから

$$l<k-1$$

となるか

$$s<p-1$$

となるべきである.

$$l<k-1$$

のときは

$$h^{p^l\cdot s}\equiv 1\ (\mathrm{mod}\ p^k)$$

に定理 5. 7 をつぎつぎに適用すると

$$h^s\equiv 1\ (\mathrm{mod}\ p^{k-l}).$$

しかるに

$$k-l\geqq 2$$

であるから

$$h^s\equiv 1\ (\mathrm{mod}\ p^2).$$

$$\frac{p-1}{s}=t$$

とおき両辺を t 乗すると,

$$h^{st} \equiv 1^t \pmod{p^2},$$
$$h^{p-1} \equiv 1 \pmod{p^2}.$$

これは h の仮定(2)に反する.

また

$$r = p^{k-1} \cdot s \qquad (s < p-1)$$

のときは,

$$h^r \equiv 1 \pmod{p^k},$$
$$h^{p^{k-1}s} \equiv 1 \pmod{p^k}.$$

に定理 5.7 を適用すると,

$$h^s \equiv 1 \pmod{p}, \quad s < p-1$$

だから h が p の原始根であるという仮定に反する. だから $0 < r < \varphi(p^k)$ に対しては

$$h^r \equiv 1 \pmod{p^k}$$

とはなりえない. つまり h は $\mathrm{mod}\, p^k$ の原始根である.

(証明終)

問　$3^k, 5^k, 7^k$ に対する原始根を求めよ.

つぎに 2^k $(k \geqq 3)$ の場合をしらべてみよう.

前にのべたように mod 8 の場合に, すでに原始根が存在しないということを知った. そこで原始根に近いものはないかどうかを探してみよう.

mod 8 のとき 5 の累乗をつくると,

$$\left.\begin{aligned} 5^0 &= 1 \\ 5^1 &\equiv 5 \\ 5^2 = 25 &\equiv 1 \end{aligned}\right\}\pmod 8$$

これでは $R'(8)=\{1,3,5,7\}$ のなかの $3,7$ は脱落してしまう．その $3,7$ はどう表わされるか，というと

$$-1 \equiv 7 \pmod 8,$$
$$-5 \equiv 3 \pmod 8.$$

すなわち $R'(8)$ は

$$\frac{1(\equiv 5^0),\quad 5(\equiv 5^1)}{7(\equiv -5^0),\quad 3(\equiv -5^1)}$$

でつくされることがわかる．しかも一方で

$$5^1-1=4\equiv 0 \pmod{2^2},$$

すなわち

$$5^1 \equiv 1 \pmod{2^2}$$

ではあるが

$$5^1 \not\equiv 1 \pmod{2^3}$$

となる．

この事実に定理 5. 6 をつぎつぎに適用すると，

$$5^{2^{k-2}} \equiv 1 \pmod{2^k}$$

となる．

逆にもどし，合同式

$$5^{2^{k-3}} \equiv 1 \pmod{2^k}$$

が成り立つと仮定して，

$$(5^{2^{k-4}})^2 \equiv 1^2 \pmod{2^k}$$

と書きかえて定理 5.7 を適用すると

$$5^{2^{k-4}} \equiv 1 \pmod{2^{k-1}}.$$

つぎつぎに適用していって $(k-3)$ 回目には

$$5^{2^0} \equiv 1 \pmod{2^3},$$

$$5^1 \equiv 1 \pmod{2^3}$$

が得られ，これは矛盾である．だから

$$5^{2^{k-3}} \not\equiv 1 \pmod{2^k}$$

が得られる．

ここでもし 2^{k-2} より小さい正の r に対して

$$5^r \equiv 1 \pmod{2^k}$$

となることがあったら，そのような r のなかの最小のものを r とおいてみる．この r は明らかに 2^k の約数でなければならない．それを 2^l とおいてみる．$(l \leqq k-3)$

しかるに

$$5^{2^{k-3}} \not\equiv 1 \pmod{2^k}$$

であったから，矛盾である．したがって 2^{k-2} 乗より小さい5の累乗が $\equiv 1 \pmod{2^k}$ となることはありえない．

そこで5の累乗をつくっていって 2^{k-2} 乗の1つ手前までつくる．$5^{2^{k-2}} \equiv 1$ だから，そこまでつくると出発点の1と重複する．

$$1, 5, 5^2, \cdots, 5^{2^{k-2}-1}$$

これら 2^{k-2} 個の数は $\bmod 2^k$ に対して合同ではない．なぜなら $0 < r < s < 2^{k-2}$ に対して

$$5^r \equiv 5^s \pmod{2^k}$$

となったとしたら

$$5^{s-r} \equiv 1 \pmod{2^k},$$

$$0 < s-r < 2^{k-2}$$

であり，これは起こりえない．

したがって，

$$1, 5, 5^2, \cdots 5^{2^{k-2}-1}$$

は互いに合同ではない．これとならんで

$$-1, -5, -5^2, \cdots, -5^{2^{k-2}-1}$$

をつくると，この列も同様に合同ではない．

また，上下 2 つの列の数どうしも決して合同ではない．なぜなら，

$$5^r \equiv -5^s \pmod{2^k}$$

となるとしたら，$k > 2$ だから

$$5^r \equiv -5^s \pmod 4$$

となるはずであり，

$$5 \equiv 1 \pmod 4$$

を考えると

$$1^r \equiv -1^s \pmod 4),$$

$$1 \equiv -1 \pmod 4$$

となり矛盾が起こる．

だから，上の列と下の列には合同なものはない．ところが上の列は全部で 2^{k-2} 個，下の列も全部で 2^{k-2} 個で合

計すると

$$2^{k-2}+2^{k-2}=2\cdot 2^{k-2}=2^{k-1}.$$

一方

$$\varphi(2^k)=2^k-2^{k-1}=2^{k-1}$$

であるから，上，下の2列で $R'(2^k)$ の全部をつくしていることになる．ここでつぎの定理が得られる．

定理 5.9 任意の奇数 a に対して

$$a\equiv(-1)^q 5^r \pmod{2^k} \qquad (k\geqq 3)$$

となる $q\,(=0,1)$ と $r\,(0\leqq r<2^{k-2})$ が存在し，しかもそのような q, r はただ1通りに定まる．

この定理によると，$R'(2^k)\,(k\geqq 3)$ は -1 と5によって生成されるから，巡回群ではない．

このときの -1 と5を基とよぶことにすると，2つの基によって生成されることになる．

注意 定理5.8と定理5.9を合わせて考えると，原始根の存在する場合，換言すれば $R'(n)$ が巡回群になる場合は，奇数の素数 p の累乗 $p^k\,(k\geqq 1)$ と $2^1=2, 2^2=4$ であり，$2^k\,(k\geqq 3)$ は例外的に巡回群ではなく，したがって原始根は存在しないことがわかった．

この例からもみてとれるように，素数のなかで唯一の偶数である2は例外的な振舞いをすることが多いのである．

問 $R'(16)$ のすべての要素を -1 と5の積で表わしてみよ．

有限環

整数全体の集合

$$Z = \{\cdots, -2, -1, 0, 1, 2, \cdots\}$$

は，$+, -, \times$ に対して閉じている数の集合であり，したがって環をなしている．

これは最も身近にある環ではあるが，無限集合であるために，困難の生ずることもある．そこで有限の環はないかと探してみると，最も身近にあるのは，$\mathrm{mod}\, n$ による完全剰余系のつくる環であろう．これが環になることは，たやすくたしかめることができる．

たとえば $R(6)$ では加法と乗法とはつぎのような表で示される．

+	0	1	2	3	4	5
0	0	1	2	3	4	5
1	1	2	3	4	5	0
2	2	3	4	5	0	1
3	3	4	5	0	1	2
4	4	5	0	1	2	3
5	5	0	1	2	3	4

×	0	1	2	3	4	5
0	0	0	0	0	0	0
1	0	1	2	3	4	5
2	0	2	4	0	2	4
3	0	3	0	3	0	3
4	0	4	2	0	4	2
5	0	5	4	3	2	1

乗法の表をみると，

$$R'(6) = \{1, 5\}$$

であり，これはいうまでもなく，逆元をもつが，それ以外の要素 0, 2, 3, 4 はすべて逆元を有せず，

$$\left.\begin{aligned} 2\cdot 3 \equiv 0 \\ 3\cdot 2 \equiv 0 \\ 4\cdot 3 \equiv 0 \end{aligned}\right\} (\mathrm{mod}\, 6)$$

となって，0でない適当な要素を掛けて，0にすることができる．このような要素を**零因子**という．つまり $R(6)$ は0以外に零因子をもっているのである．

例 $R(n)$ の要素 a が既約剰余系に属しないときは，零因子となることを証明せよ．

解 a は既約剰余系に属しないから

$$(a, n) = d > 1.$$

a に $\dfrac{n}{d}$ を掛けると，$0 < \dfrac{n}{d} < n$ であり，

$$a\cdot\frac{n}{d} = \frac{a}{d}\cdot n \equiv 0\,(\mathrm{mod}\, n).$$

だから a は零因子である．

問 $R(15)$ のなかから零因子を探しだせ．

注意 $R(n)$ はいうまでもなく有限環であるが，有限環はその他にも無数にある．

有限体

体についても同じことがいえる．すべての有理数の集合は $+, -, \times, \div$ に対して閉じている（ただし $\div 0$ は除く）から，体をなしている．この有理数体は最も身近にある体であるが，無限であるために，考えにくいこともある．そこで有限の要素をもつ体，すなわち有限体について考えて

みよう．

上にのべた通り，体の要素は $\div 0$ 以外はつねに可解であるから，0 以外の要素はすべて逆元をもっていなければならない．換言すれば 0 以外には零因子はない．

$R(n)$ でこのような体となるのは，n が素数となる場合に限る．そこで素数 p に対する $R(p)$ を考えよう．

例　$R(7)$ の加法と乗法の表をつくり，この表から，体をなすことをたしかめよ．

解

+	0	1	2	3	4	5	6
0	0	1	2	3	4	5	6
1	1	2	3	4	5	6	0
2	2	3	4	5	6	0	1
3	3	4	5	6	0	1	2
4	4	5	6	0	1	2	3
5	5	6	0	1	2	3	4
6	6	0	1	2	3	4	5

×	0	1	2	3	4	5	6
0	0	0	0	0	0	0	0
1	0	1	2	3	4	5	6
2	0	2	4	6	1	3	5
3	0	3	6	2	5	1	4
4	0	4	1	5	2	6	3
5	0	5	3	1	6	4	2
6	0	6	5	4	3	2	1

× の表をみると 0 以外の要素には 0 がでてこない．つまり零因子ではない．だから，$R(7)$ は体である．

練習問題 5.2

1. 素数の位数をもつ有限群は巡回群であることを証明せよ．
2. 巡回群の部分群はまた巡回群であることを証明せよ．

3. 位数 n の巡回群の部分群を求めよ．
4. 環において，ある正整数 k に対して $x^k=0$ となるような要素 x を冪零元という．$R(n)$ のなかの冪零元を選びだせ．
5. $R(p^\alpha)$ において，$x^p=1$ なる要素を求めよ．

$R(2)$ について

体は加法の単位元としての 0，乗法の単位元としての 1 をもっていなければならない．つまり最小限 2 個の要素をもっている．ところがこの最小限の要素しかもっていない体が存在する．それはいうまでもなく $R(2)$ である．＋と × の表をつくると

+	0	1
0	0	1
1	1	0

×	0	1
0	0	0
1	0	1

この最小の体（“ミニ体” とでもいうべきか）は記号論理学と密接な関係をもつ．

ある命題 A が真であるときその真理値 $\tau(A)$ は 1，偽であるときその真理値 $\tau(A)$ は 0 であると約束する．つまり $\tau(A)$ は 0 と 1 の値をとる関数であると考えることができる．あるいは $\tau(A)$ は $R(2)$ の要素を値とする関数であるともいえる．

このとき，命題どうしの合接 $\wedge$，離接 $\vee$ や，否定 $\overline{A}$ に対して，$\tau(\quad)$ はどのように対応するだろうか．

2 つの命題 A, B の合接，つまり A and B に対して $A\wedge$

B と書くが，$\tau(A\wedge B)$ はどうなるか．$A\wedge B$ は A と B がともに真であるとき，つまり $\tau(A)=\tau(B)=1$ のときだけ真（つまり $\tau(A\wedge B)=1$）であって，A, B のどちらかが偽であるとき偽（つまり $\tau(A\wedge B)=0$）であるから，$\tau(A)\cdot\tau(B)$ と結果は同じになる．つまり

$$\tau(A\wedge B) = \tau(A)\cdot\tau(B).$$

A の否定を $\overline{A}$ で表わすと

$$\tau(\overline{A}) = 1-\tau(A)$$

となる．

離接 $A\vee B$ については

$$\tau(A\vee B) = \tau(A)+\tau(B)$$

となりそうに思われるが，残念ながらそうではない．それは A, B がともに真のときには，$\tau(A)=\tau(B)=1$ となり，

$$\tau(A)+\tau(B) = 1+1 = 0$$

となり $\tau(A\vee B)=1$ とはならなくなる．そこで $\tau(A\wedge B)$ を加えて，

$$\tau(A\vee B) = \tau(A)+\tau(B)+\tau(A\wedge B)$$

としておく必要がある．あるいは，同じことであるが

$$\begin{aligned}\tau(A\vee B) &= \tau(A)+\tau(B)-\tau(A\wedge B)\\ &= \tau(A)+\tau(B)-\tau(A)\tau(B)\end{aligned}$$

としてもよい．

以上のように命題のあいだの $\wedge$（and），$\vee$（or），$^{-}$（not）という演算が $R(2)$ のなかの $+, -, \times$ という演算

とうまく照応することがわかったのである.

注意 数学では何か極端なものが, 著しい性質をもち, そのために利用されることが多い. 最小の体である $R(2)$ が記号論理学に利用されたことは, その一例である.

一般に有限体を別にガロア体(Galois field)とよぶことがある. 有限体の発見者ガロア(1811-1832)の名を記念するためである.

ガロアについては, インフェルト『ガロアの生涯』(日本評論社), をみるとよい.

素数 p の平方剰余

$x^2 \equiv a \pmod p$ が解をもつかどうかは定理 5.5 によって

$$a^{\frac{p-1}{2}} \equiv 1 \pmod p$$

が成り立つかどうかによって定まる.

$x^2 \equiv a \pmod p$ に解があるとき, a は p の**平方剰余**, 解がないときは**平方非剰余**という.

ルジャンドル(Legendre)は $\left(\dfrac{a}{p}\right)$ なる記号を導入した. それは

$$\left(\frac{a}{p}\right) = \begin{cases} 1 & (a \text{ が } p \text{ の平方剰余のとき}) \\ -1 & (a \text{ が } p \text{ の平方非剰余のとき}) \end{cases}$$

と定義される. これを**ルジャンドルの記号**という. 上の事実と合わせると,

定理 5.10 $\left(\dfrac{a}{p}\right) \equiv a^{\frac{p-1}{2}} \pmod p$ となる.

例　$\left(\frac{2}{5}\right)$, $\left(\frac{3}{7}\right)$, $\left(\frac{2}{7}\right)$, $\left(\frac{6}{11}\right)$ を求めよ.

解

$$\left(\frac{2}{5}\right) \equiv 2^{\frac{5-1}{2}} \equiv 2^2 \equiv 4 \equiv -1 \pmod{5},$$

$$\therefore \left(\frac{2}{5}\right) = -1.$$

$$\left(\frac{3}{7}\right) \equiv 3^{\frac{7-1}{2}} \equiv 3^3 \equiv 27 \equiv -1 \pmod{7},$$

$$\therefore \left(\frac{3}{7}\right) = -1,$$

$$\left(\frac{2}{7}\right) \equiv 2^{\frac{7-1}{2}} \equiv 2^3 \equiv 8 \equiv 1 \pmod{7},$$

$$\therefore \left(\frac{2}{7}\right) = 1.$$

$$\left(\frac{6}{11}\right) \equiv 6^{\frac{11-1}{2}} \equiv 6^5 \equiv (6^2)^2 \cdot 6 \equiv 36^2 \cdot 6$$

$$\equiv 3^2 \cdot 6 \equiv 54 \equiv -1 \pmod{11},$$

$$\therefore \left(\frac{6}{11}\right) = -1.$$

定理 5.11

$$\left(\frac{a}{p}\right)\left(\frac{b}{p}\right) = \left(\frac{ab}{p}\right).$$

証明

$$\left(\frac{a}{p}\right)\left(\frac{b}{p}\right) \equiv a^{\frac{p-1}{2}} \cdot b^{\frac{p-1}{2}} \equiv (ab)^{\frac{p-1}{2}}$$

$$\equiv \left(\frac{ab}{p}\right) \pmod{p},$$

$$\therefore \left(\frac{a}{p}\right)\left(\frac{b}{p}\right)=\left(\frac{ab}{p}\right).$$

（証明終）

p の平方剰余と非剰余を見分けるには，p の原始根 h に対して，h の偶数乗となっているものが平方剰余であり，奇数乗となっているものが，非剰余である．

たとえば $p=23$ のときは，$h=5$ で

N	1	2	3	4	5	6	7	8	9	10	11
I	0	2	16	4	1	18	19	6	10	3	9

N	12	13	14	15	16	17	18	19	20	21	22
I	20	14	21	17	8	7	12	15	5	13	11

となるから

$$1, 2, 3, 4, 6, 8, 9, 12, 13, 16, 18$$

は平方剰余であり，

$$5, 7, 10, 11, 14, 15, 17, 19, 20, 21, 22$$

は平方非剰余である．

つまり $R'(p)$ のうち半分の $\dfrac{p-1}{2}$ 個は平方剰余であり，残りの半分の $\dfrac{p-1}{2}$ 個は平方非剰余である．

例　$p=19$ の原始根が 2 であることを知って，$R'(p)$ の平方剰余をすべて求めよ．

解　mod 19 で

$$2^0 \equiv 1$$

$$2^2 \equiv 4$$

$$2^4 \equiv 16$$
$$2^6 \equiv 64 \equiv 7$$
$$2^8 \equiv 28 \equiv 9$$
$$2^{10} \equiv 36 \equiv 17$$
$$2^{12} \equiv 68 \equiv 11$$
$$2^{14} \equiv 44 \equiv 6$$
$$2^{16} \equiv 24 \equiv 5$$

mod p^α の平方剰余

p が奇の素数であるとき,

$$x^2 \equiv a \pmod{p^\alpha} \qquad (\alpha > 0)$$

の解を考えてみよう.

ここでまず mod p^α について, 解 x_1 があれば mod $p^{\alpha+1}$ についても解があることを証明しよう.

$$x_1 + p^\alpha r = x_2$$

とおいて

$$x_2^2 - a = (x_1 + p^\alpha r)^2 - a = {x_1}^2 + 2p^\alpha r x_1 + p^{2\alpha} r^2 - a$$
$$= ({x_1}^2 - a) + p^\alpha (2rx_1 + p^\alpha r^2)$$

${x_1}^2 - a = p^\alpha s$ とおくと,

$$= p^\alpha (s + 2rx_1 + p^\alpha r^2).$$

ここで

$$s + 2rx_1 \equiv 0 \pmod{p}$$

となるように r を選ぶことができるので

$$x_2{}^2 - a \equiv 0 \pmod{p^{\alpha+1}}$$

が得られる.

つまり, $\alpha=1$ に対する

$$x^2 \equiv a \pmod{p}$$

が解をもてば, $p^2, p^3, \cdots$ に対する解が存在する.

$\mathrm{mod}\, 2^\alpha$ に対する

$$x^2 \equiv a \pmod{2^\alpha} \qquad (a, 2) = 1$$

の解を求めよう.

この解 x はもちろん $(x, 2)=1$ である.

$x=2k+1$ とおくと,

$$x^2-1 = (2k+1)^2-1 = 4k^2+4k = 4k(k+1)$$

ここで $k(k+1)$ は偶数であるから

$$\equiv 0 \pmod{2^3}.$$

したがって

$$x^2 \equiv a \pmod{2^\alpha}$$

は

$$(x^2-1)+1 \equiv a \pmod{2^\alpha}$$

と変形してみると,

$$\alpha = 2 \quad \text{ならば} \quad a \equiv 1 \pmod{2^2}$$

となる必要があるし,

$$\alpha \geqq 3 \quad \text{のときは} \quad a \equiv 1 \pmod{2^3}$$

となる必要がある.

逆に,

$$\alpha=2 \quad \text{のとき} \quad a\equiv 1\ (\mathrm{mod}\ 4),$$
$$\alpha\geqq 3 \quad \text{のとき} \quad a\equiv 1\ (\mathrm{mod}\ 8)$$

であるとしよう．

$\alpha\leqq 3$ のときは x が奇数ならば

$$x^2\equiv 1\ (\mathrm{mod}\ 8)$$

だから $a\equiv 1(\mathrm{mod}\ 4)$ のとき

$$x^2\equiv a\ (\mathrm{mod}\ 4)$$

となる解は $x\equiv 1, 3$ の 2 つである．$a\equiv 1\ (\mathrm{mod}\ 8)$ ならば

$$x^2\equiv a\ (\mathrm{mod}\ 8)$$

となる x は 1, 3, 5, 7 である．

つぎに $\alpha=4$ の場合を考えよう．

$x_4=\pm(1+4m)$ とおいて

$${x_4}^2\equiv a\ (\mathrm{mod}\ 2^4)$$

に代入すると

$$(1+4m)^2\equiv a\ (\mathrm{mod}\ 2^4),$$
$$1+8m+16m^2\equiv a\ (\mathrm{mod}\ 2^4),$$
$$m+2m^2\equiv \frac{a-1}{8}\ (\mathrm{mod}\ 2),$$
$$m\equiv \frac{a-1}{8}\ (\mathrm{mod}\ 2).$$

このような m の 1 つの値に対する解 x_4' に対して一般の解は

$$x_4=\pm({x_4}'+4\cdot 2t)=\pm({x_4}'+8t)$$

となる．解は，${x_4}', {x_4}'+8, -{x_4}', -{x_4}'-8$ の 4 個である．

つぎにこの x_4 をもとにして,

$$\{\pm(x_4+8m)\}^2 \equiv a \pmod{2^5}$$

の解を求めると,

$$x_4{}^2+16mx_4+64m^2 \equiv a \pmod{2^5},$$

$$mx_4+4m^2 \equiv \frac{a-x_4{}^2}{16} \pmod 2,$$

$$mx_4 \equiv \frac{a-x_4{}^2}{16} \pmod 2$$

だからこの1つの解 m' に対する $x^2 \equiv a \pmod{2^5}$ の1つの解 x_5 に対して, 他の解は

$$-x_5, \quad x_5+2^4, \quad -x_5-2^4$$

で計4個となる.

このようにして, α をつぎつぎに多くしていくと,

$$x^2 \equiv a \pmod{2^\alpha}$$

の解はそのうちの1つ x_α から導かれる4個の解

$$x_\alpha, \quad x_\alpha+2^{\alpha-1}, \quad -x_\alpha, \quad -x_\alpha-2^{\alpha-1}$$

となる.

以上をまとめると,

定理 5.12

$$x^2 \equiv a \pmod{2^\alpha}, \qquad (a, 2)=1$$

は, $\alpha=1$ のときは, 解は $x \equiv 1 \pmod 2$.

$\alpha=2$ のときは解があるためには $a \equiv 1 \pmod 4$ であり, その解は, $x \equiv \pm 1 \pmod 4$.

$\alpha=3$ のときは, 解があるためには $a \equiv 1 \pmod 8$ であり解は $x \equiv 1, 3, 5, 7 \pmod 8$ の4個.

$\alpha \geqq 4$ のときは，解があるためには $a \equiv 1 \pmod 8$ で1つの解 x_α から得られる

$$x_\alpha, \quad x_\alpha + 2^{\alpha-1}, \quad -x_\alpha, \quad -x_\alpha - 2^{\alpha-1}$$

の4個である.

一般の合成数に対する平方剰余

$$n = 2^{\alpha_1} p_2^{\alpha_2} \cdots p_s^{\alpha_s}$$

なる合成数に対する

$$x^2 \equiv a \pmod n, \quad (a, n) = 1$$

が解をもつためには

$\alpha_1 = 0, 1$ のときは

$$\left(\frac{a}{p_i}\right) = 1 \qquad (i = 2, 3, \cdots, s)$$

$\alpha_1 = 2$ のときは

$$a \equiv 1 \pmod 4, \qquad \left(\frac{a}{p_i}\right) = 1 \qquad (i = 2, 3, \cdots, s)$$

$\alpha_1 \geqq 3$ のときは

$$a \equiv 1 \pmod 8, \qquad \left(\frac{a}{p_i}\right) = 1 \qquad (i = 2, 3, \cdots, s)$$

が必要かつ十分である.

平方剰余の相互法則

初等整数論の最高峰ともみなされるのは平方剰余の相互法則である．それは2つの素数 p, q に対する $\left(\frac{q}{p}\right)$ と

$\left(\dfrac{p}{q}\right)$との相互関係を表わすものである．この定理ははじめオイラーが帰納的に発見したが，証明には成功しなかった．当時の整数論の水準では不可能であった．

この定理をはじめて厳密に証明したのはガウスであった．しかし，最初の証明は困難をきわめ，ガウスの天才をもってしても1カ年以上の悪戦苦闘をへた後，はじめて成功したのであった．

最初の証明は帰納法によって，はじめて成功した．

これはガウスの腕力を立証するものではあったが，定理の本質を明らかにするようなものではなかった．その後ガウスは多くの証明法を発見したのであるが，一つ一つの証明は整数論の進歩の道標となりうるものであった．

この相互法則の真の意味を理解するには，有理整数の範囲を超えて，より広い範囲の数，すなわち2次体まで拡張したところで整数論を考える必要がある．そういう意味で，この法則は初等整数論のワクを超えたものであるといえよう．

つぎに展開する証明法は有理整数の範囲に止まっているが，そのかわりひどく技巧的であって，本質を明らかにするものとはいい難い．それはやむを得ないことである．

まずはじめにガウスの補題をあげておこう．

補題1　$p_1 = \dfrac{p-1}{2}$ とおくと，すべての整数 x は $\bmod p$ に対して $-p_1$ と $+p_1$ のあいだの数と合同になる．

したがって

$$\left.\begin{aligned} a\cdot 1 &\equiv \varepsilon_1 r_1 \\ a\cdot 2 &\equiv \varepsilon_2 r_2 \\ &\cdots \\ a\cdot p_1 &\equiv \varepsilon_{p_1} r_{p_1} \end{aligned}\right\}(\operatorname{mod} p)$$

ただし $r_1, r_2, \cdots, r_{p_1}$ は1と p_1 とのあいだの数であり，$\varepsilon_1, \varepsilon_2, \cdots, \varepsilon_{p_1}$ は ± 1 のどれかである．

このとき，

$$\left(\frac{a}{p}\right) = \varepsilon_1 \varepsilon_2 \cdots \varepsilon_{p_1}$$

が得られる．

証明　上の p_1 個の合同式を辺々掛け合わせると，

$$a^{p_1} 1\cdot 2\cdots p_1 \equiv \varepsilon_1 \varepsilon_2 \cdots \varepsilon_{p_1} r_1 r_2 \cdots r_{p_1} \ (\operatorname{mod} p)$$

ところで $r_1, r_2, \cdots, r_{p_1}$ のなかには同じ数はない．

もし

$$\left.\begin{aligned} a\cdot i &\equiv r \\ a\cdot k &\equiv -r \end{aligned}\right\}(\operatorname{mod} p)$$

となる組があったとすると，

$$a(i+k) \equiv 0 \ (\operatorname{mod} p)$$

となり，$a \not\equiv 0 \ (\operatorname{mod} p)$ から

$$i+k \equiv 0 \ (\operatorname{mod} p)$$

となり，

$$0 < i+k < p$$

に矛盾する．

だから $r_1, r_2, \cdots, r_{p_1}$ には同じものはない．したがって，$r_1, r_2, \cdots, r_{p_1}$ は集合としては $1, 2, \cdots, p_1$ と同じで，ただ

順序が異なるだけである.

したがって

$$1\cdot 2\cdots p_1 = r_1 r_2 \cdots r_{p_1}$$

だから

$$a^{p_1} \equiv \varepsilon_1 \varepsilon_2 \cdots \varepsilon_{p_1} \pmod p,$$

$$a^{\frac{p-1}{2}} \equiv \varepsilon_1 \varepsilon_2 \cdots \varepsilon_{p_1} \pmod p.$$

一方

$$a^{\frac{p-1}{2}} \equiv \left(\frac{a}{p}\right) \pmod p$$

から

$$\left(\frac{a}{p}\right) = \varepsilon_1 \varepsilon_2 \cdots \varepsilon_{p_1}.$$

(証明終)

補題 2 $p \neq 2$ のとき $\varepsilon_x = (-1)^{\left[\frac{2ax}{p}\right]}$.

証明

$$\langle y \rangle = y - [y]$$

とすると,

$$\left[\frac{2ax}{p}\right] = \left[2\left[\frac{ax}{p}\right] + 2\left\langle\frac{ax}{p}\right\rangle\right]$$

$$= 2\left[\frac{ax}{p}\right] + \left[2\left\langle\frac{ax}{p}\right\rangle\right],$$

$$\left[\frac{2ax}{p}\right] \equiv \left[2\left\langle\frac{ax}{p}\right\rangle\right] \pmod 2.$$

$$\varepsilon_x = -1 \text{ ならば}, ax > \frac{p}{2} \text{ となり}, \left[2\left\langle \frac{ax}{p} \right\rangle \right] = 1.$$

$$\varepsilon_x = +1 \text{ ならば}, ax < \frac{p}{2} \text{ となり}, \left[2\left\langle \frac{ax}{p} \right\rangle \right] = 0.$$

したがって

$$\varepsilon_x = (-1)^{\left[2\left\langle \frac{ax}{p} \right\rangle\right]} = (-1)^{\left[\frac{2ax}{p}\right]}.$$

(証明終)

補題 3

$$\left(\frac{a}{p}\right) = (-1)^{\sum_{x=1}^{p_1}\left[\frac{2ax}{p}\right]}.$$

証明

$$\begin{aligned}\left(\frac{a}{p}\right) &= \varepsilon_1\varepsilon_2\cdots\varepsilon_{p_1} \\ &= (-1)^{\left[\frac{2a\cdot 1}{p}\right]}\cdot(-1)^{\left[\frac{2a\cdot 2}{p}\right]}\cdots(-1)^{\left[\frac{2a\cdot p_1}{p}\right]} \\ &= (-1)^{\sum_{x=1}^{p_1}\left[\frac{2ax}{p}\right]}.\end{aligned}$$

(証明終)

補題 4　a が奇数であるとき,

$$\left(\frac{2}{p}\right)\left(\frac{a}{p}\right) = (-1)^{\sum_{x=1}^{p_1}\left[\frac{ax}{p}\right] + \frac{p^2-1}{8}}.$$

証明

$$\left(\frac{2}{p}\right)\left(\frac{a}{p}\right)=\left(\frac{2a}{p}\right)=\left(\frac{2^2\cdot\dfrac{a+p}{2}}{p}\right)$$

$$=\left(\frac{2^2}{p}\right)\left(\frac{\dfrac{a+p}{2}}{p}\right)$$

$$=\left(\frac{\dfrac{a+p}{2}}{p}\right)=(-1)^{\sum_{x=1}^{p_1}\left[\frac{(a+p)x}{p}\right]}$$

$$=(-1)^{\sum_{x=1}^{p_1}\left[\frac{ax}{p}\right]+\sum_{x=1}^{p_1}x}$$

$$=(-1)^{\sum_{x=1}^{p_1}\left[\frac{ax}{p}\right]+\frac{p_1(p_1+1)}{2}}$$

$$=(-1)^{\sum_{x=1}^{p_1}\left[\frac{ax}{p}\right]+\frac{p-1}{2}\cdot\frac{p+1}{2}\cdot\frac{1}{2}}$$

$$=(-1)^{\sum_{x=1}^{p_1}\left[\frac{ax}{p}\right]+\frac{p^2-1}{8}}.$$

(証明終)

ここで $a=1$ とおくと $\left(\dfrac{1}{p}\right)=1$ で $\left[\dfrac{1\cdot x}{p}\right]=0$ であるから,

$$\left(\frac{2}{p}\right)=(-1)^{\sum_{x=1}^{p_1}0+\frac{p^2-1}{8}}=(-1)^{\frac{p^2-1}{8}}.$$

また

$$\left(\frac{a}{p}\right)=(-1)^{\sum_{x=1}^{p_1}\left[\frac{ax}{p}\right]}.$$

p, q がともに奇数の素数であるとき，$q_1 = \dfrac{q-1}{2}$ ならば

$$\left(\frac{q}{p}\right)\left(\frac{p}{q}\right) = (-1)^{\sum_{x=1}^{p_1}\left[\frac{qx}{p}\right]+\sum_{x=1}^{q_1}\left[\frac{px}{q}\right]}.$$

ここで $\displaystyle\sum_{x=1}^{p_1}\left[\frac{qx}{p}\right]+\sum_{x=1}^{q_1}\left[\frac{px}{q}\right]$ を簡単な形に変形してみよう．

平面のデカルト座標を(x, y)とする．このとき，$y = \dfrac{q}{p}x$ という直線を考える．

ここで $(1, 1)$，$(p_1, 1)$，$(1, q_1)$，(p_1, q_1) を頂点とする長方形を考える．

この長方形内の格子点の数はいうまでもなく，$p_1q_1 = \dfrac{p-1}{2}\cdot\dfrac{q-1}{2}$ である．

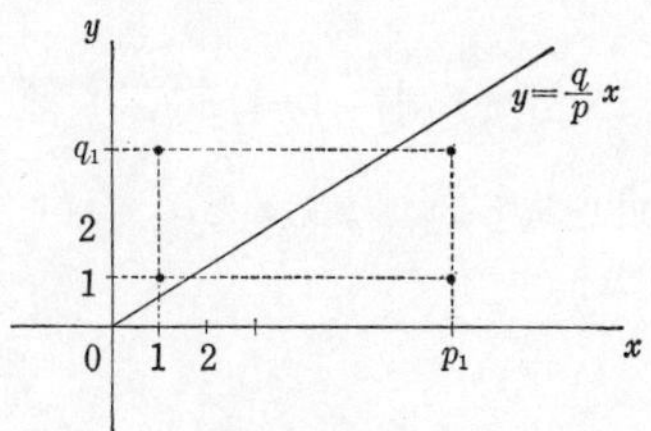

そのなかで直線 $y = \dfrac{q}{p}x$ の下にある格子点の数は

$$\left[\frac{q\cdot 1}{p}\right]+\left[\frac{q\cdot 2}{p}\right]+\cdots+\left[\frac{q\cdot p_1}{p}\right] = \sum_{x=1}^{p_1}\left[\frac{qx}{p}\right].$$

同じく上にあるものの個数は

$$\left[\frac{p\cdot 1}{q}\right]+\left[\frac{p\cdot 2}{q}\right]+\cdots+\left[\frac{p\cdot q_1}{q}\right]=\sum_{x=1}^{q_1}\left[\frac{px}{q}\right].$$

したがって

$$\sum_{x=1}^{p_1}\left[\frac{qx}{p}\right]+\sum_{x=1}^{q_1}\left[\frac{px}{q}\right]=\frac{p-1}{2}\cdot\frac{q-1}{2}.$$

以上を総合すると，つぎの定理が得られる.

定理 5.13(平方剰余の相互法則)

(1)　p, q が奇数の素数なるときは

$$\left(\frac{q}{p}\right)\left(\frac{p}{q}\right)=(-1)^{\frac{p-1}{2}\cdot\frac{q-1}{2}}.$$

(2)

$$\left(\frac{2}{p}\right)=(-1)^{\frac{p^2-1}{8}}.$$

(3)

$$\left(\frac{-1}{p}\right)=(-1)^{\frac{p-1}{2}}.$$

問　p, q が 11 を越えない奇素数のとき，(1) をたしかめよ.

練習問題 5.3

1.

$$n^2+n+1\equiv 0 \pmod{1955}$$

は解けるか.

2.　2 ケタの数があり，その数字の順序を逆にしたものとの積が完全平方となるのは，数字の等しいときに限る.

3.　$15x^2-7y^2=9$ は整数解がないことを証明せよ.

4.　つぎの方程式

$$f(x)=(x^2-13)(x^2-17)(x^2-221)=0$$

は整数解を有しないが，あらゆる素数の累乗 p^m に対する合同式は解を有することを証明せよ．

5. 3 は 2^n+1 という形の素数の原始根となることを証明せよ．

6. q が $4n+1$ という形の素数であり，また $p=2q+1$ が素数であるとき，2 は p の原始根となり，また q が $4n+3$ のときは -2 が素数 $p=2q+1$ の原始根となることを証明せよ．

7. p と $4p+1$ が素数のとき，2 は $4p+1$ の原始根であることを証明せよ．

8. p は素数で $n>1, p>\dfrac{3^{2^{n-1}}}{2^n}$，そして 2^np+1 が素数のとき，3 はその原始根であることを証明せよ．

9. p が奇数の素数であるとき，

$$\left(\frac{1}{p}\right)+\left(\frac{2}{p}\right)+\left(\frac{3}{p}\right)+\cdots+\left(\frac{p-1}{p}\right)=0$$

となることを証明せよ．

10. p が $4n+3$ という形の素数であるとき，

$$1\cdot 2\cdot 3\cdot\cdots\cdot\frac{p-1}{2}\equiv(-1)^m \pmod{p}$$

（ここで m は左辺の因数のなかの平方非剰余の個数である．）

11. $x^2+y^2\equiv 0 \pmod{p}$ が $(x,n)=(y,n)=1$ という解 x,y をもつためには素数 $p\,(p>1)$ はいかなる数か．同じく，$x^2+y^2\equiv 0 \pmod{p^\alpha}$ が解けるための p^α はいかなる数か．

第6章　連分数

互除法

実数は直線上の点で表わされるが，直線上には有理数の点がいたるところ密に分布している．換言すれば直線上にどのように短い区間をとっても，そのなかには有理数が存在している．したがって，有理数でない実数，つまり無理数でも，その近くには有理数が発見できる．

ω を無理数であるとすると，任意の正の ε に対して

$$\left|\omega - \frac{b}{a}\right| < \varepsilon$$

となる分数 $\dfrac{b}{a}$ が必ず発見できる．これは有理数による無理数の近似である．

ω に対して，できるだけ小さな分母をもつ有理数 $\dfrac{b}{a}$ で，できるだけ精密な近似を行なおうとすると，連分数の必要が起こってくる．

ω を1より大きな正の実数であるとする．まずこの ω を整数で近似してみよう．このとき ω をはさむ2つの整数を $n, n+1$ とする．

$$n \leqq \omega < n+1.$$

この n は明らかに

$$n = [\omega]$$

で表わされる．このとき $\omega - [\omega]$ は1に足りない半端の部分である．この $\omega - [\omega]$ は1の何分の1に近いかをみるには $1 \div (\omega - [\omega])$ に近い整数を探せばよい．これが，n_1 とすれば ω は

$$n + \frac{1}{n_1}$$

に近いことがわかる．ここで

$$\frac{1}{\omega - [\omega]} = \omega_1$$

とおけば

$$\omega = [\omega] + \frac{1}{\omega_1}$$

となる．ω から ω_1 を求めるには，もちろん

$$\omega_1 = \frac{1}{\omega - [\omega]}$$

によって得られる．同じ手続きによって，

$$\omega_2, \omega_3, \cdots$$

をつくっていくことにしよう．

$$\omega_2 = \frac{1}{\omega_1 - [\omega_1]},$$

$$\omega_3 = \frac{1}{\omega_2 - [\omega_2]},$$

$$\cdots$$

$$\omega_{n+1} = \frac{1}{\omega_n - [\omega_n]},$$

$$\cdots$$

このようにして得られた

$$\omega, \omega_1, \omega_2, \cdots, \omega_n, \cdots$$

の整数部分をそれぞれ,

$$a_0, a_1, a_2, \cdots, a_n, \cdots$$

とする. すなわち,

$$a_0 = [\omega],$$

$$a_1 = [\omega_1],$$

$$a_2 = [\omega_2],$$

$$\cdots$$

$$a_n = [\omega_n],$$

$$\cdots$$

この $a_0, a_1, a_2, \cdots, a_n, \cdots$ を使うと ω_n と ω_{n+1} を結ぶ式は

$$\omega_{n+1} = \frac{1}{\omega_n - [\omega_n]} = \frac{1}{\omega_n - a_n},$$

$$\omega_n = a_n + \frac{1}{\omega_{n+1}} = \frac{a_n\omega_{n+1} + 1}{\omega_{n+1}}.$$

ω を書き表わすと,

$$\omega = a_0 + \frac{1}{\omega_1} = a_0 + \cfrac{1}{a_1 + \cfrac{1}{\omega_2}}$$

$$= a_0 + \cfrac{1}{a_1 + \cfrac{1}{a_2 + \cfrac{1}{\omega_3}}} = \cdots$$

ω_n はすべて 1 より大きいから，ω は

$$a_0, \quad a_0 + \frac{1}{a_1}, \quad a_0 + \cfrac{1}{a_1 + \cfrac{1}{a_2}}, \quad \cdots$$

という繁分数で近似できることがわかる．

このような分数を**連分数**という．

例　$\omega = \sqrt{2}$ を連分数で表わせ．

解

$$a_0 = \left[\sqrt{2}\right] = [1.41\cdots] = 1,$$

$$a_1 = \left[\frac{1}{\sqrt{2}-1}\right] = \left[\frac{\sqrt{2}+1}{2-1}\right] = \left[\sqrt{2}+1\right] = 2,$$

$$a_2 = \left[\frac{1}{\sqrt{2}+1-a_1}\right] = \left[\frac{1}{\sqrt{2}+1-2}\right] = \left[\frac{1}{\sqrt{2}-1}\right] = 2$$

以下は同じく，

$$a_3 = a_4 = \cdots = 2$$

となる．

$$a_0 = 1, \ a_2 = 2, \ a_3 = 2, \ \cdots, \ a_n = 2, \ \cdots$$

$$\sqrt{2} = 1 + \cfrac{1}{2 + \cfrac{1}{2 + \cdots}}$$

例　$\sqrt{3}$ を連分数で表わせ．

解

$$a_0 = \left[\sqrt{3}\right] = 1,$$

$$a_1 = \left[\frac{1}{\sqrt{3}-1}\right] = \left[\frac{\sqrt{3}+1}{3-1}\right] = \left[\frac{\sqrt{3}+1}{2}\right] = 1,$$

$$a_2 = \left[\frac{1}{\dfrac{\sqrt{3}+1}{2}-1}\right] = \left[\frac{1}{\dfrac{\sqrt{3}-1}{2}}\right] = \left[\frac{2}{\sqrt{3}-1}\right]$$

$$= \left[\frac{2(\sqrt{3}+1)}{3-1}\right] = \left[\sqrt{3}+1\right] = 2,$$

$$a_3 = \left[\frac{1}{\sqrt{3}+1-2}\right] = \left[\frac{1}{\sqrt{3}-1}\right]$$

ここでみると，a_1 と同じになるから

$$= 1$$

したがって，後の計算は同じだから，

$$a_4 = 2, \quad a_5 = 1,$$
$$a_6 = 2, \quad a_7 = 1,$$
$$\cdots$$

$a_0, a_1, a_2, a_3, \cdots$ は

$$1, 1, 2, 1, 2, 1, 2, \cdots$$

となる．

一般の1次変換

連分数の問題を見通しよくとり扱うために，広義の1次変換を考えることにする．

$$y=\frac{\alpha x+\beta}{\gamma x+\delta}\quad(\alpha\delta-\beta\gamma\neq 0)$$

のように１次関数の商として表わされる関数を**広義の１次関数**とよぶ．これは

$$\begin{cases} y_1=\alpha x_1+\beta x_2 \\ y_2=\gamma x_1+\delta x_2 \end{cases}$$

という２変数の１次変換において，

$$\frac{y_1}{y_2}=y,\quad \frac{x_1}{x_2}=x$$

とおいたときに，x の y への変換であると考えてもよい．

行列で書くと

$$\begin{bmatrix} y_1 \\ y_2 \end{bmatrix}=\begin{bmatrix} \alpha & \beta \\ \gamma & \delta \end{bmatrix}\begin{bmatrix} x_1 \\ x_2 \end{bmatrix}$$

において，$\dfrac{x_1}{x_2}\to\dfrac{y_1}{y_2}$ の変換である．

したがって

$$y=\frac{\alpha x+\beta}{\gamma x+\delta}=\begin{bmatrix} \alpha & \beta \\ \gamma & \delta \end{bmatrix}(x)$$

と書くことにしよう．このとき，２つの関数の合成は

$$z=\frac{\alpha' y+\beta'}{\gamma' y+\delta'}=\begin{bmatrix} \alpha' & \beta' \\ \gamma' & \delta' \end{bmatrix}(y)$$

$$=\begin{bmatrix} \alpha' & \beta' \\ \gamma' & \delta' \end{bmatrix}\left(\begin{bmatrix} \alpha & \beta \\ \gamma & \delta \end{bmatrix}(x)\right)$$

$$= \left(\begin{bmatrix} \alpha' & \beta' \\ \gamma' & \delta' \end{bmatrix} \begin{bmatrix} \alpha & \beta \\ \gamma & \delta \end{bmatrix} \right) (x)$$

となり，行列の乗法に相当する．

この記法を用いると，

$$\omega_n = a_n + \frac{1}{\omega_{n+1}} = \frac{a_n\omega_{n+1}+1}{\omega_{n+1}} = \frac{a_n\omega_{n+1}+1}{1\cdot\omega_{n+1}+0}$$
$$= \begin{bmatrix} a_n & 1 \\ 1 & 0 \end{bmatrix} (\omega_{n+1}).$$

ここで $\begin{bmatrix} a & 1 \\ 1 & 0 \end{bmatrix}$ という2行2列の行列を $H(a)$ で表わすことにすると，

$$\omega_n = H(a_n)(\omega_{n+1})$$

と書ける．

はじめから書き下ろすと

$$\omega = H(a_0)(\omega_1) = H(a_0)H(a_1)(\omega_2) = \cdots$$
$$= H(a_0)H(a_1)\cdots H(a_n)(\omega_{n+1}).$$

ここで

$$H(a_0)H(a_1)\cdots H(a_n) = \begin{bmatrix} h_{11}^{(n)} & h_{12}^{(n)} \\ h_{21}^{(n)} & h_{22}^{(n)} \end{bmatrix}$$

とおいてみよう．

$$\begin{bmatrix} h_{11}^{(n+1)} & h_{12}^{(n+1)} \\ h_{21}^{(n+1)} & h_{22}^{(n+1)} \end{bmatrix} = H(a_0)H(a_1)\cdots H(a_n)H(a_{n+1})$$

$$= \begin{bmatrix} h_{11}^{(n)} & h_{12}^{(n)} \\ h_{21}^{(n)} & h_{22}^{(n)} \end{bmatrix} \begin{bmatrix} a_{n+1} & 1 \\ 1 & 0 \end{bmatrix}$$

$$= \begin{bmatrix} h_{11}^{(n)} a_{n+1} + h_{12}^{(n)} & h_{11}^{(n)} \\ h_{21}^{(n)} a_{n+1} + h_{22}^{(n)} & h_{21}^{(n)} \end{bmatrix}$$

この式から

$$h_{12}^{(n+1)} = h_{11}^{(n)},$$
$$h_{22}^{(n+1)} = h_{21}^{(n)}$$

が得られる．ここで

$$h_{11}^{(n)} = q_n,$$
$$h_{21}^{(n)} = p_n$$

とおくと，

$$h_{12}^{(n)} = h_{11}^{(n-1)} = q_{n-1},$$
$$h_{22}^{(n)} = h_{21}^{(n-1)} = p_{n-1}$$

となるから

$$H(a_0)H(a_1)\cdots H(a_n) = \begin{bmatrix} q_n & q_{n-1} \\ p_n & p_{n-1} \end{bmatrix}.$$

$n=0$ のときは，

$$H(a_0)=\begin{bmatrix} q_0 & q_{-1} \\ p_0 & p_{-1} \end{bmatrix}=\begin{bmatrix} a_0 & 1 \\ 1 & 0 \end{bmatrix}.$$

一方，行列式 $|H(a)|$ は，

$$|H(a)|=a\cdot 0-1\cdot 1=-1$$

したがって

$$\begin{aligned}&|H(a_0)H(a_1)\cdots H(a_n)|\\ &\quad =|H(a_0)|\cdot|H(a_1)|\cdots|H(a_n)|=(-1)^{n+1}\end{aligned}$$

だから

定理 6.1

$$\begin{vmatrix} q_n & q_{n-1} \\ p_n & p_{n-1} \end{vmatrix}=q_n p_{n-1}-q_{n-1}p_n=(-1)^{n+1}.$$

近似の精度

$$\begin{aligned}\omega&=H(a_0)H(a_1)\cdots H(a_n)(\omega_{n+1})\\ &=\begin{bmatrix} q_n & q_{n-1} \\ p_n & p_{n-1} \end{bmatrix}(\omega_{n+1})\\ &=\frac{q_n\omega_{n+1}+q_{n-1}}{p_n\omega_{n+1}+p_{n-1}}.\end{aligned}$$

ここで

$$\begin{aligned}\omega-\frac{q_n}{p_n}&=\frac{q_n\omega_{n+1}+q_{n-1}}{p_n\omega_{n+1}+p_{n-1}}-\frac{q_n}{p_n}\\ &=\frac{p_n(q_n\omega_{n+1}+q_{n-1})-q_n(p_n\omega_{n+1}+p_{n-1})}{p_n(p_n\omega_{n+1}+p_{n-1})}\end{aligned}$$

$$= \frac{q_{n-1}p_n - q_n p_{n-1}}{p_n(p_n\omega_{n+1}+p_{n-1})} = \frac{-(q_n p_{n-1} - q_{n-1}p_n)}{p_n(p_n\omega_{n+1}+p_{n-1})}$$

$$= \frac{-(-1)^{n+1}}{p_n(p_n\omega_{n+1}+p_{n-1})} = \frac{(-1)^{n+2}}{p_n(p_n\omega_{n+1}+p_{n-1})}$$

$$= \frac{(-1)^n}{p_n(p_n\omega_{n+1}+p_{n-1})}.$$

こうして，つぎの定理が得られた．

定理 6.2

$$\omega - \frac{q_n}{p_n} = \frac{(-1)^n}{p_n(p_n\omega_{n+1}+p_{n-1})}.$$

このとき $\omega_{n+1} > 1$ であるから，右辺の分母は p_n^2 より大きい．

$$\left|\omega - \frac{q_n}{p_n}\right| < \frac{1}{{p_n}^2}.$$

つまり $\frac{q_n}{p_n}$ は ω に近似する分数であり，しかも ω との差は $\frac{1}{{p_n}^2}$ より小さくなるから，きわめて良い近似であることがわかる．

また分子の $(-1)^n$ は n が偶数のときは正で

$$\omega > \frac{q_n}{p_n},$$

n が奇数のときは

$$\omega < \frac{q_n}{p_n}$$

となる．つまり，図示すると，

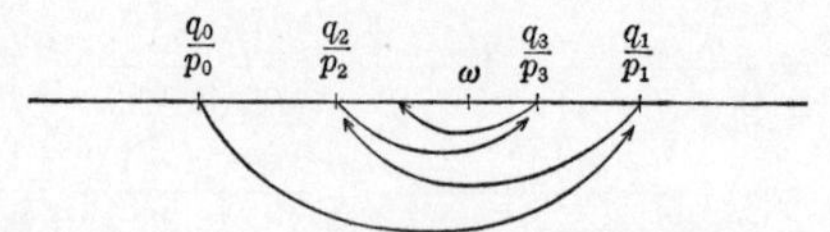

つまり分数 $\dfrac{q_n}{p_n}$ は ω の右と左から振動しつつ近づいていくことがわかる.

行列の算法

話は前後するが, 連分数に行列の計算を使ったので, 行列——といっても2行2列の——の初歩的な規則や使い方をのべておく.

2行2列の行列というのは, つぎのように数を並べたものである.

$$\begin{bmatrix} a_{11} & a_{12} \\ a_{21} & a_{22} \end{bmatrix}$$

両脇のカッコは「このなかを一かたまりとみる」という意味である. そしてこれを1つの文字, たとえば A で表わすことがある. 横の段を「行」, 縦の柱を「列」という. そして $a_{11}, a_{12}, \cdots$ などを要素という.

$$A = \begin{bmatrix} a_{11} & a_{12} \\ a_{21} & a_{22} \end{bmatrix} \begin{matrix} \text{—— 行} \\ \text{—— 行} \end{matrix}$$

$$\begin{matrix} \text{列} & \text{列} \end{matrix}$$

文字の右下にある2つの小さな添字は，左のほうが行の番号，右のほうが列の番号を示している．「行列」という名は行と列からできていることから，無造作につけられたものである．この行列は大名行列や買物の行列のように直線的で1次元的なものではなく平面的で2次元的であることに注意してほしい．ただし一般の行列は m 行 n 列である．

$$\begin{bmatrix} a_{11} & a_{12} & \cdots & a_{1n} \\ a_{21} & a_{22} & \cdots & a_{2n} \\ & & \cdots & \\ a_{m1} & a_{m2} & \cdots & a_{mn} \end{bmatrix}$$

しかしここでは2行2列までしか必要ではない．

行列の加減　2つの行列 A, B は普通の数のように加えたり，引いたりすることができる．つぎの2つの行列

$$A = \begin{bmatrix} a_{11} & a_{12} \\ a_{21} & a_{22} \end{bmatrix}, \quad B = \begin{bmatrix} b_{11} & b_{12} \\ b_{21} & b_{22} \end{bmatrix}$$

の同じ位置にある要素どうしを加えてつくった行列を A と B の和といい，$A+B$ で表わす．

$$A+B = \begin{bmatrix} a_{11}+b_{11} & a_{12}+b_{12} \\ a_{21}+b_{21} & a_{22}+b_{22} \end{bmatrix}.$$

減法も同様に定義する．同じ位置にある要素を引いて得

られた行列を差というのである.

$$A-B=\begin{bmatrix} a_{11}-b_{11} & a_{12}-b_{12} \\ a_{21}-b_{21} & a_{22}-b_{22} \end{bmatrix}.$$

0も数の場合と同様に，同じ行列を引いて得られた行列を**0**で表わす.

$$A-A=\begin{bmatrix} a_{11}-a_{11} & a_{12}-a_{12} \\ a_{21}-a_{21} & a_{22}-a_{22} \end{bmatrix}=\begin{bmatrix} 0 & 0 \\ 0 & 0 \end{bmatrix}=\mathbf{0}.$$

つまりすべての要素が0であるような行列を**0行列**とよぶことにする.

そうすると，0の場合と同じく，任意の行列Aに対して，

$$A+\mathbf{0}=A,$$

$$\mathbf{0}+A=A$$

が成り立つ.

以上のように定義した加法については，数の場合と同じく

$$A+B=B+A, \qquad \text{(交換法則)}$$

$$(A+B)+C=A+(B+C) \qquad \text{(結合法則)}$$

が成り立つ.

また行列Aの各要素の反数（符号をかえた数）でつくった行列を**反行列**といい$-A$で表わす.

$$-A = \begin{bmatrix} -a_{11} & -a_{12} \\ -a_{21} & -a_{22} \end{bmatrix}$$

そうすると減法は反行列を加える加法になる.

$$B-A=B+(-A).$$

それも数の場合と同じである.

$$\begin{aligned} B-A &= \begin{bmatrix} b_{11} & b_{12} \\ b_{21} & b_{22} \end{bmatrix} - \begin{bmatrix} a_{11} & a_{12} \\ a_{21} & a_{22} \end{bmatrix} \\ &= \begin{bmatrix} b_{11}-a_{11} & b_{12}-a_{12} \\ b_{21}-a_{21} & b_{22}-a_{22} \end{bmatrix} \\ &= \begin{bmatrix} b_{11}+(-a_{11}) & b_{12}+(-a_{12}) \\ b_{21}+(-a_{21}) & b_{22}+(-a_{22}) \end{bmatrix} = B+(-A). \end{aligned}$$

以上をまとめると，つぎのようになる.

加法と減法に関する限り，行列の計算は数の計算と同じ規則にしたがって行なわれる.

だから行列を加えたり，引いたりするときは，それらが「あたかも普通の数であるかのように」考えて行なえばよい.

行列の乗除　つぎは乗法にうつろう．乗法はやや趣きを異にしている.

2つの行列 A, B があるとき，

$$A = \begin{bmatrix} a_{11} & a_{12} \\ a_{21} & a_{22} \end{bmatrix}, \quad B = \begin{bmatrix} b_{11} & b_{12} \\ b_{21} & b_{22} \end{bmatrix}$$

その積はつぎのようにつくる.

$$AB = \begin{bmatrix} a_{11}b_{11} + a_{12}b_{21} & a_{11}b_{12} + a_{12}b_{22} \\ a_{21}b_{11} + a_{22}b_{21} & a_{21}b_{12} + a_{22}b_{22} \end{bmatrix}.$$

つまり, 前の行列は行に分け, 後の行列は列に分けて, 各々の内積をつくるのである.

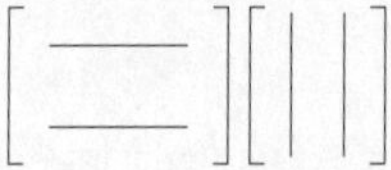

例 $A = \begin{bmatrix} 1 & 2 \\ 3 & 4 \end{bmatrix}, B = \begin{bmatrix} 2 & 3 \\ 4 & 5 \end{bmatrix}$ のとき AB と BA を求めよ.

解

$$AB = \begin{bmatrix} 1 & 2 \\ 3 & 4 \end{bmatrix}\begin{bmatrix} 2 & 3 \\ 4 & 5 \end{bmatrix} = \begin{bmatrix} 1\cdot2+2\cdot4 & 1\cdot3+2\cdot5 \\ 3\cdot2+4\cdot4 & 3\cdot3+4\cdot5 \end{bmatrix}$$

$$= \begin{bmatrix} 2+8 & 3+10 \\ 6+16 & 9+20 \end{bmatrix} = \begin{bmatrix} 10 & 13 \\ 22 & 29 \end{bmatrix},$$

$$BA=\begin{bmatrix} 2 & 3 \\ 4 & 5 \end{bmatrix}\begin{bmatrix} 1 & 2 \\ 3 & 4 \end{bmatrix}=\begin{bmatrix} 2\cdot1+3\cdot3 & 2\cdot2+3\cdot4 \\ 4\cdot1+5\cdot3 & 4\cdot2+5\cdot4 \end{bmatrix}$$

$$=\begin{bmatrix} 2+9 & 4+12 \\ 4+15 & 8+20 \end{bmatrix}=\begin{bmatrix} 11 & 16 \\ 19 & 28 \end{bmatrix}.$$

この例からもわかるように，AB と BA とは必ずしも等しくはない．つまり乗法の交換法則は一般には成立しないのである．

つぎに結合法則はどうであろうか．これは数の場合と同じく成立する．

$$(AB)C = A(BC) \qquad \text{（乗法の結合法則）}$$

（この証明は読者に委ねる．）

つぎに数の 1 に相当する行列は何か，を考えてみよう．

「1 は他の数に掛けてもその数をかえないような数である．」これを式で表わすと，

$$a\cdot 1 = a, \quad 1\cdot a = a.$$

これを行列にもってくると，

$$AX = A, \quad XA = A.$$

このような行列は

$$X = \begin{bmatrix} 1 & 0 \\ 0 & 1 \end{bmatrix}$$

であることが容易にわかる．

このような行列を**単位行列**といい E で表わす．

$$E = \begin{bmatrix} 1 & 0 \\ 0 & 1 \end{bmatrix}$$

つぎに除法にうつろう.

数の場合は

$$b \div a = b \times \frac{1}{a}$$

となる. つまり a で割ることは a の逆数を掛けることであった. 行列の場合も, 行列 A の「逆行列」ともいうべき行列を求めることが先決問題となる.

つまり

$$AX = E, \quad X = \begin{bmatrix} x_{11} & x_{12} \\ x_{21} & x_{22} \end{bmatrix}$$

となるような X を求めることにしよう.

$$\begin{cases} a_{11}x_{11} + a_{12}x_{21} = 1 \\ a_{21}x_{11} + a_{22}x_{21} = 0 \end{cases} \qquad \begin{cases} a_{11}x_{12} + a_{12}x_{22} = 0 \\ a_{21}x_{12} + a_{22}x_{22} = 1 \end{cases}$$

左の連立方程式を解くと,

$$x_{11} = \frac{a_{22}}{a_{11}a_{22} - a_{12}a_{21}}, \quad x_{21} = \frac{-a_{21}}{a_{11}a_{22} - a_{12}a_{21}}.$$

右の連立方程式を解くと,

$$x_{12} = \frac{-a_{12}}{a_{11}a_{22} - a_{12}a_{21}}, \quad x_{22} = \frac{a_{11}}{a_{11}a_{22} - a_{12}a_{21}}.$$

これらの解の共通分母 $a_{11}a_{22} - a_{12}a_{21}$ が A の行列式 $|A|$ である.

$$|A| = \begin{vmatrix} a_{11} & a_{12} \\ a_{21} & a_{22} \end{vmatrix} = a_{11}a_{22} - a_{12}a_{21}.$$

定理 6.3(乗法定理)　行列式に対してはつぎの公式が成り立つ.

$$|AB| = |A|\,|B|.$$

証明

$$A = \begin{bmatrix} a_{11} & a_{12} \\ a_{21} & a_{22} \end{bmatrix}, \quad B = \begin{bmatrix} b_{11} & b_{12} \\ b_{21} & b_{22} \end{bmatrix}$$

として, AB をつくると,

$$AB = \begin{bmatrix} a_{11}b_{11} + a_{12}b_{21}, & a_{11}b_{12} + a_{12}b_{22} \\ a_{21}b_{11} + a_{22}b_{21}, & a_{21}b_{12} + a_{22}b_{22} \end{bmatrix},$$

$$\begin{aligned} |AB| &= (a_{11}b_{11} + a_{12}b_{21})(a_{21}b_{12} + a_{22}b_{22}) \\ &\quad - (a_{11}b_{12} + a_{12}b_{22})(a_{21}b_{11} + a_{22}b_{21}) \\ &= a_{11}b_{11}a_{21}b_{12} + a_{11}b_{11}a_{22}b_{22} \\ &\quad + a_{12}b_{21}a_{21}b_{12} + a_{12}b_{21}a_{22}b_{22} \\ &\quad - a_{11}b_{12}a_{21}b_{11} - a_{11}b_{12}a_{22}b_{21} \\ &\quad - a_{12}b_{22}a_{21}b_{11} - a_{12}b_{22}a_{22}b_{21} \\ &= a_{11}a_{22}(b_{11}b_{22} - b_{12}b_{21}) - a_{12}a_{21}(b_{11}b_{22} - b_{12}b_{21}) \\ &= (a_{11}a_{22} - a_{12}a_{21})(b_{11}b_{22} - b_{12}b_{21}) \\ &= |A| \cdot |B|. \end{aligned}$$

(証明終)

上のような X は $|A|$ が 0 でない限り存在する．これを A^{-1} で表わし，これが逆行列である．

$$AA^{-1} = E.$$

また

$$A^{-1}A = E$$

も同じく成り立つ．

問　つぎの行列の逆行列を求めよ．

$$\begin{bmatrix} 1 & 2 \\ 3 & 4 \end{bmatrix}, \quad \begin{bmatrix} 2 & -1 \\ 3 & 1 \end{bmatrix}, \quad \begin{bmatrix} -1 & 2 \\ 0 & 1 \end{bmatrix}.$$

行列の転置　連分数では行列の行と列を入れかえる必要がしばしば起こる．

$$A = \begin{bmatrix} a_{11} & a_{12} \\ a_{21} & a_{22} \end{bmatrix}$$

に対して

$$\begin{bmatrix} a_{11} & a_{21} \\ a_{12} & a_{22} \end{bmatrix} \text{を } A^T$$

で表わし，これを A の**転置行列**と名づける．

たとえば

$$A = \begin{bmatrix} 1 & 2 \\ 3 & 4 \end{bmatrix} \quad \text{の転置行列は} \quad A^T = \begin{bmatrix} 1 & 3 \\ 2 & 4 \end{bmatrix}.$$

つぎの規則がある.

$$(A^T)^T = A,$$
$$(A+B)^T = A^T + B^T,$$
$$(A-B)^T = A^T - B^T.$$

しかし乗法に関しては

$$(AB)^T = B^T A^T$$

となる. つまり順序が逆転するのである. このことはとくに注意を要する.

$$AB = \begin{bmatrix} a_{11} & a_{12} \\ a_{21} & a_{22} \end{bmatrix} \begin{bmatrix} b_{11} & b_{12} \\ b_{21} & b_{22} \end{bmatrix}$$
$$= \begin{bmatrix} a_{11}b_{11} + a_{12}b_{21} & a_{11}b_{12} + a_{12}b_{22} \\ a_{21}b_{11} + a_{22}b_{21} & a_{21}b_{12} + a_{22}b_{22} \end{bmatrix},$$
$$B^T A^T = \begin{bmatrix} b_{11} & b_{21} \\ b_{12} & b_{22} \end{bmatrix} \begin{bmatrix} a_{11} & a_{21} \\ a_{12} & a_{22} \end{bmatrix}$$
$$= \begin{bmatrix} b_{11}a_{11} + b_{21}a_{12} & b_{11}a_{21} + b_{21}a_{22} \\ b_{12}a_{11} + b_{22}a_{12} & b_{12}a_{21} + b_{22}a_{22} \end{bmatrix}.$$

両方の行列を比較すると, $(AB)^T$ が $B^T A^T$ に等しくなっている.

$$(AB)^T = B^T A^T.$$

転置してもかわらない行列を対称行列という. すなわち,

$$A^T = A$$

となる行列である．具体的には

$$\begin{bmatrix} a_{11} & a_{21} \\ a_{12} & a_{22} \end{bmatrix} = \begin{bmatrix} a_{11} & a_{12} \\ a_{21} & a_{22} \end{bmatrix}$$

となる行列，つまり，

$$a_{12} = a_{21}$$

となる行列のことである．

前節にでてきた行列

$$H(a) = \begin{bmatrix} a & 1 \\ 1 & 0 \end{bmatrix}$$

は明らかに対称行列である．

練習問題 6.1

1. $A = \begin{bmatrix} 2 & 1 \\ -1 & 3 \end{bmatrix}$, $B = \begin{bmatrix} -1 & 2 \\ 3 & 1 \end{bmatrix}$ のとき，$A+B$, $A-B$, AB, BA を求めよ．
2. つぎの行列の逆行列を求めよ．

$$\begin{bmatrix} 3 & 2 \\ 4 & 4 \end{bmatrix}, \begin{bmatrix} 3 & -2 \\ -7 & 5 \end{bmatrix}, \begin{bmatrix} 6 & 5 \\ -7 & -6 \end{bmatrix},$$
$$\begin{bmatrix} 4 & -5 \\ 3 & -4 \end{bmatrix}, \begin{bmatrix} -1 & 2 \\ -4 & 5 \end{bmatrix}.$$

3. つぎの行列の 2 乗と 3 乗とを求めよ．

$$\begin{bmatrix} -1 & 2 \\ 2 & 1 \end{bmatrix}, \quad \begin{bmatrix} 0 & 1 \\ 1 & 2 \end{bmatrix}, \quad \begin{bmatrix} 1 & 0 \\ 0 & -1 \end{bmatrix}, \quad \begin{bmatrix} 2 & -1 \\ 0 & 3 \end{bmatrix}.$$

有理数の場合

無理数 ω を連分数に展開すると，それは無限につづく．しかし $\omega = \dfrac{b}{a}$ が有理数（$a>0, b>0, (a, b)=1$）であるときは有限回で終わる．

ω_n が整数になると

$$\omega_n - [\omega_n] = 0$$

となるから，ω の連分数展開は $\dfrac{q_n}{p_n}$ となる．このとき

$$\omega = \frac{b}{a} = \frac{q_n}{p_n}$$

となり

$$(a, b) = 1$$

であり，また

$$\begin{vmatrix} q_n & q_{n-1} \\ p_n & p_{n-1} \end{vmatrix} = (-1)^{n+1}$$

であるから

$$(p_n, q_n) = 1$$

となり，a, b, p_n, q_n が正であるから

$$a = p_n, \quad b = q_n$$

となる．

$$\begin{vmatrix} q_n & q_{n-1} \\ p_n & p_{n-1} \end{vmatrix} = q_n p_{n-1} - p_n q_{n-1} = (-1)^{n+1}.$$

ここで，$q_n = b, p_n = a$ とおくと

$$bp_{n-1} - aq_{n-1} = (-1)^{n+1}$$

したがって

$$bx - ay = \pm 1$$

という方程式を解くには $\dfrac{b}{a}$ を連分数に展開したとき

$$\frac{a_0}{1},\quad \cdots,\quad \frac{q_{n-1}}{p_{n-1}},\quad \frac{q_n}{p_n} = \frac{b}{a}$$

が得られたとする．このとき最後のものより1つ手前の分数が $\dfrac{q_{n-1}}{p_{n-1}}$ であるならば

$$\begin{cases} x = p_{n-1}, \\ y = q_{n-1} \end{cases}$$

とおけば

$$bx - ay = (-1)^{n+1}$$

の解が得られる．

もちろん，この方程式は

$$bx \equiv (-1)^{n+1} \pmod{a}$$

という合同式と考えると第4章の方法でも解ける．

例

$$162x - 47y = \pm 1$$

を解け．ただし x, y は正の整数とする．

解

$$\frac{162}{47} = 3 + \frac{21}{47}, \qquad \frac{47}{21} = 2 + \frac{5}{21},$$

$$\frac{21}{5} = 4 + \frac{1}{5},$$

$$
\begin{aligned}
&H(3)H(2)H(4)H(5)\\
&\quad=\begin{bmatrix}3&1\\1&0\end{bmatrix}\begin{bmatrix}2&1\\1&0\end{bmatrix}\begin{bmatrix}4&1\\1&0\end{bmatrix}\begin{bmatrix}5&1\\1&0\end{bmatrix}\\
&\quad=\begin{bmatrix}162&31\\47&9\end{bmatrix}.
\end{aligned}
$$

したがって，$x=9, y=31$ とおくと

$$162\cdot 9-47\cdot 31=(-1)^4=+1.$$

ここで

$$162x-47y=-1$$

を解くには

$$0<x<47,$$

$$0<y<162$$

であるから

$$
\begin{aligned}
162(47-x)-47(162-y)&=162\cdot 47-47\cdot 162\\
&\quad-(162x-47y)\\
&=-(162x-47y)\\
&=-(+1)=-1.
\end{aligned}
$$

ここで

$$47-x=47-9=38,$$

$$162-y=162-31=131.$$

$$\begin{cases} 162\cdot 9-47\cdot 31=1 \\ 162\cdot 38-47\cdot 131=-1 \end{cases}$$

練習問題 6.2

1. つぎの方程式の正整数の解を求めよ.

(1) $65x-29y=\pm 1$ (2) $9x-2y=\pm 1$

(3) $21x-13y=\pm 1$ (4) $67x-29y=\pm 1$

(5) $19x-4y=\pm 1$

2. ある3ケタの数の左側に3ケタの数を書き加えると, その数の2乗となる. その数を求めよ.

循環連分数

ある正の実数 ω に互除法を適用していって,

$$\omega = a_0 + \frac{1}{\omega_1},$$

$$\omega_1 = a_1 + \frac{1}{\omega_2},$$

$$\cdots$$

$$\omega_n = a_n + \frac{1}{\omega_{n+1}}.$$

$\omega_1, \omega_2, \cdots, \omega_n, \cdots$ という実数の列が得られたとき, この列のなかに同じ数が現われたとしよう. たとえば

$$\omega_i = \omega_k \qquad (i<k)$$

このとき, つぎの数をつくる手続きは同じであるから,

$$\omega_{i+1} = \omega_{k+1}$$

$$\omega_{i+2} = \omega_{k+2}$$

$$\cdots$$

となり，i から $k-1$ までの $\omega_i, \omega_{i+1}, \cdots, \omega_{k-1}$ が無限にくり返すことになる．したがって

$$a_{i+1}, a_{i+2}, \cdots, a_{k-1}$$

という整数が無限にくり返すはずである．このような連分数を循環連分数という．

定理 6.4　循環連分数は 2 次の無理数を表わす．

証明

$$a_i = a_k \qquad (i < k)$$

とすると，

$$\omega_i = H(a_i)H(a_{i+1})\cdots H(a_{k-1})(\omega_k).$$

ここで

$$H(a_i)H(a_{i+1})\cdots H(a_{k-1}) = \begin{bmatrix} c_{11} & c_{12} \\ c_{21} & c_{22} \end{bmatrix}$$

とおくと

$$\omega_i = \frac{c_{11}\omega_i + c_{12}}{c_{21}\omega_i + c_{22}}$$

となる．分母をはらって，ω_i を求めると，

$$c_{21}{\omega_i}^2 + c_{22}\omega_i = c_{11}\omega_i + c_{12},$$

$$c_{21}{\omega_i}^2 + (c_{22} - c_{11})\omega_i - c_{12} = 0,$$

$$\omega_i = \frac{(c_{11} - c_{22}) \pm \sqrt{(c_{11} - c_{22})^2 + 4c_{12}c_{21}}}{2}.$$

$c_{11}, c_{12}, c_{21}, c_{22}$ はすべて整数だから，ω_i は整係数の 2 次方程式の根，つまり 2 次無理数である．これは

$$\text{有理数} + \text{有理数} \times \sqrt{\text{整数}}$$

という形の数である．一方

$$\omega = H(a_0)\cdots H(a_{i-1})(\omega_i)$$

であり，$H(a_0)\cdots H(a_{i-1})$ も整数の要素をもつ行列であるから，ω もまた2次無理数である．

（証明終）

この定理の逆もまた成立する．

定理 6.5（ラグランジュ） 正の2次の無理数は循環連分数で表わされる．

証明 ω を任意の正の2次の無理数としよう．つまり ω はつぎのような整係数の2次方程式の根である．

$$ax^2 + bx + c = 0,$$

$$x = \omega.$$

この ω を連分数に展開すると，

$$\omega = H(a_0)H(a_1)\cdots H(a_{n-1})(\omega_n)$$

ここで

$$H(a_0)H(a_1)\cdots H(a_{n-1}) = \begin{bmatrix} q_{n-1} & q_{n-2} \\ p_{n-1} & p_{n-2} \end{bmatrix}$$

とおく．

$$\omega = \frac{q_{n-1}\omega_n + q_{n-2}}{p_{n-1}\omega_n + p_{n-2}}$$

を $a\omega^2 + b\omega + c = 0$ に代入し，両辺に $(p_{n-1}\omega_n + p_{n-2})^2$ を掛けると，

$$a(q_{n-1}\omega_n+q_{n-2})^2+b(p_{n-1}\omega_n+p_{n-2})(q_{n-1}\omega_n+q_{n-2})$$
$$+c(p_{n-1}\omega_n+p_{n-2})^2$$
$$=0.$$

ω_n についてくくると

$$(aq_{n-1}{}^2+bp_{n-1}q_{n-1}+cp_{n-1}{}^2)\omega_n^2$$
$$+(2aq_{n-1}q_{n-2}+bp_{n-2}q_{n-1}+bp_{n-1}q_{n-2}$$
$$+2cp_{n-1}p_{n-2})\omega_n$$
$$+(aq_{n-2}{}^2+bp_{n-2}q_{n-2}+cp_{n-2}{}^2)=0.$$

新しい係数を a_n, b_n, c_n とおくと,

$$a_n=aq_{n-1}{}^2+bp_{n-1}q_{n-1}+cp_{n-1}{}^2,$$
$$b_n=2aq_{n-1}q_{n-2}+bp_{n-2}q_{n-1}+bp_{n-1}q_{n-2}$$
$$+2cp_{n-1}p_{n-2},$$
$$c_n=aq_{n-2}{}^2+bp_{n-2}q_{n-2}+cp_{n-2}{}^2$$

が得られる.

ここで $\dfrac{q_{n-1}}{p_{n-1}}, \dfrac{q_{n-2}}{p_{n-2}}$ は ω に近いことに着目すると, 定理 6.2 から

$$\left|\omega-\frac{q_{n-1}}{p_{n-1}}\right|<\frac{1}{p_{n-1}{}^2}, \quad \left|\omega-\frac{q_{n-2}}{p_{n-2}}\right|<\frac{1}{p_{n-2}{}^2}$$

が知られているから, $\dfrac{q_{n-1}}{p_{n-1}}=\omega+\dfrac{\theta}{p_{n-1}{}^2}$, $\dfrac{q_{n-2}}{p_{n-2}}=\omega+\dfrac{\theta'}{p_{n-2}{}^2}$ $(|\theta|<1, |\theta'|<1)$ とおくことができる. こ

れを a_n, b_n, c_n に代入すると，

$$a_n = {p_{n-1}}^2\left\{a\left(\frac{q_{n-1}}{p_{n-1}}\right)^2 + b\left(\frac{q_{n-1}}{p_{n-1}}\right) + c\right\}$$

$$= {p_{n-1}}^2\left\{a\left(\omega + \frac{\theta}{{p_{n-1}}^2}\right)^2 + b\left(\omega + \frac{\theta}{{p_{n-1}}^2}\right) + c\right\}$$

$$= {p_{n-1}}^2(a\omega^2 + b\omega + c) + \frac{a\theta^2}{{p_{n-1}}^2} + (b+2a\omega)\theta$$

しかるに $a\omega^2 + b\omega + c = 0$ だから

$$= \frac{a\theta^2}{{p_{n-1}}^2} + (b+2a\omega)\theta.$$

これは $|\theta| < 1$ から，ある一定数を越えない．

同じく，

$$b_n = p_{n-1}p_{n-2}\left\{2a\frac{q_{n-1}}{p_{n-1}}\cdot\frac{q_{n-2}}{p_{n-2}} + b\left(\frac{q_{n-1}}{p_{n-1}} + \frac{q_{n-2}}{p_{n-2}}\right) + 2c\right\}$$

$$= 2p_{n-1}p_{n-2}(a\omega^2 + b\omega + c)$$

$$+ \frac{2a\theta\theta'}{p_{n-1}p_{n-2}} + (b+2a\omega)\left(\frac{\theta p_{n-2}}{p_{n-1}} + \frac{\theta' p_{n-1}}{p_{n-2}}\right)$$

定理 6.1 によって，

$$\begin{vmatrix} q_{n-1} & q_{n-2} \\ p_{n-1} & p_{n-2} \end{vmatrix} = (-1)^n$$

$q_{n-1} = \omega p_{n-1} + \dfrac{\theta}{p_{n-1}}$，$q_{n-2} = \omega p_{n-2} + \dfrac{\theta'}{p_{n-2}}$ をこれに代入すると，

$$\left(\omega p_{n-1}+\frac{\theta}{p_{n-1}}\right)p_{n-2}-\left(\omega p_{n-2}+\frac{\theta'}{p_{n-2}}\right)p_{n-1}$$
$$=\frac{\theta p_{n-2}}{p_{n-1}}-\frac{\theta' p_{n-1}}{p_{n-2}}=(-1)^n$$

定理 6.2 によって，θ と θ' は異符号だから

$$\left|\frac{\theta p_{n-2}}{p_{n-1}}+\frac{\theta' p_{n-1}}{p_{n-2}}\right|<\left|\frac{\theta p_{n-2}}{p_{n-1}}-\frac{\theta' p_{n-1}}{p_{n-2}}\right|=1$$

したがって，b_n もある大きさを越さない．

$$c_n={p_{n-2}}^2\left\{a\left(\frac{q_{n-2}}{p_{n-2}}\right)^2+b\left(\frac{q_{n-2}}{p_{n-2}}\right)+c\right\}$$
$$={p_{n-2}}^2(a\omega^2+b\omega+c)+\frac{a\theta'^2}{{p_{n-2}}^2}+(b+2a\omega)\theta'$$
$$=\frac{a\theta'^2}{{p_{n-2}}^2}+(b+2a\omega)\theta'.$$

c_n もまたある大きさを越さない．

このように ω から $\omega_1, \omega_2, \cdots, \omega_n, \cdots$ をつくったとき，各々はそれぞれ，つぎのような整係数の 2 次方程式を満足する．

$$a\omega^2+b\omega+c=0,$$
$$a_1{\omega_1}^2+b_1\omega_1+c_1=0,$$
$$a_2{\omega_2}^2+b_2\omega_2+c_2=0,$$
$$\cdots$$
$$a_n{\omega_n}^2+b_n\omega_n+c_n=0.$$

ところが，それらの係数はつねに一定数を越さない．だからこれらの方程式の種類は有限個しかない．したがってそ

の根も有限個しかない．だから$\omega, \omega_1, \cdots, \omega_n, \cdots$のなかには必ず等しいものがなければならない．これを

$$\omega_i = \omega_k \qquad (i < k)$$

とすると，$\omega_i, \omega_{i+1}, \cdots, \omega_{k-1}$は無限にくり返すことになり，

$$a_i, a_{i+1}, \cdots, a_{k-1}$$

がくり返すはずである．

（証明終）

問 つぎの2次無理数を連分数に展開せよ．

$$\omega = \sqrt{7}, \quad \sqrt{6}, \quad \frac{1+\sqrt{3}}{2}.$$

上の証明で

$$\omega_i = \omega_k \quad (i < k)$$

のときω_iはどのような性質をもっているだろうか．

$$\omega_i = H(a_i)H(a_{i+1})\cdots H(a_{k-1})(\omega_i)$$

のとき，$\omega_i > a_i$だから$\omega_i > 1$．また

$$H(a_i)\cdots H(a_{k-1}) = \begin{bmatrix} \alpha_{11} & \alpha_{12} \\ \alpha_{21} & \alpha_{22} \end{bmatrix}$$

とすると，

$$\omega_i = \frac{\alpha_{11}\omega_i + \alpha_{12}}{\alpha_{21}\omega_i + \alpha_{22}},$$

$$\alpha_{21}\omega_i^2 + (\alpha_{22} - \alpha_{11})\omega_i - \alpha_{12} = 0.$$

ω_iとは別の根を$\bar{\omega}_i$とすると，

$$\omega_i\bar{\omega}_i = -\frac{\alpha_{12}}{\alpha_{21}}$$

したがって，$\bar{\omega}_i < 0$.

$$\omega_i + \bar{\omega}_i = -\frac{\alpha_{22}-\alpha_{11}}{\alpha_{21}},$$

$$\bar{\omega}_i = -\left(\omega_i - \frac{\alpha_{11}}{\alpha_{21}} + \frac{\alpha_{22}}{\alpha_{21}}\right).$$

$\alpha_{22} < \alpha_{21}$，$\left|\omega_i - \frac{\alpha_{11}}{\alpha_{21}}\right| < \frac{1}{\alpha_{21}^2}$ であるから

$$|\bar{\omega}_i| < \frac{1}{\alpha_{21}^2} + \frac{\alpha_{22}}{\alpha_{21}} < 1.$$

すなわち

$$\begin{cases} \omega_i > 1 \\ -1 < \bar{\omega}_i < 0 \end{cases}$$

という条件を満たす．数直線上に図示すると，つぎのようになっている．

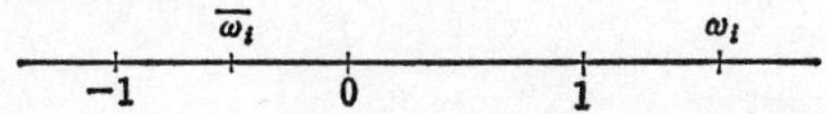

最初から循環する連分数によって表わされるものを**純循環連分数**と名づけると，このような数 ω は

$$\begin{cases} \omega > 1 \\ 0 > \bar{\omega} > -1 \end{cases}$$

という条件を満足していることがわかる．

このような 2 次無理数を**既約**であるという．

ガロアの定理

ガロア(1811-1832)は群論を駆使して代数方程式論の解法の理論を創造して不朽の名をとどめたが，連分数論でも美しい定理を得た

定理 6.6 ω が既約なら，$-\dfrac{1}{\bar{\omega}}$ もまた既約である．

証明

$$\bar{\omega} < 0 \quad \text{だから} \quad \frac{1}{\bar{\omega}} < 0,$$

したがって

$$-\frac{1}{\bar{\omega}} > 0.$$

$|\bar{\omega}| < 1$ だから

$$\left|-\frac{1}{\bar{\omega}}\right| > 1.$$

ゆえに

$$-\frac{1}{\bar{\omega}} > 1.$$

また $\overline{\left(-\dfrac{1}{\bar{\omega}}\right)} = -\dfrac{1}{\omega}$ は

$$\omega > 1$$

だから

$$-1 < \overline{\left(-\frac{1}{\bar{\omega}}\right)} < 0.$$

(証明終)

$-\dfrac{1}{\bar{\omega}}$ を ω' で表わす．明らかに $\omega'' = \omega$ となる．

定理 6.7 ω の展開が $\omega=a+\dfrac{1}{\omega_1}$ ならば $\omega_1'=a+\dfrac{1}{\omega'}$ となる.

証明

$$\bar{\omega}=a+\frac{1}{\bar{\omega}_1},$$

移項すると,

$$-\frac{1}{\bar{\omega}_1}=a-\bar{\omega}=a+\frac{1}{-\dfrac{1}{\bar{\omega}}}.$$

書きかえると,

$$\omega_1{}'=a+\frac{1}{\omega'}.$$

(証明終)

定理 6.8(ガロア) 既約 2 次無理数の連分数は純循環である.

証明 ω を既約 2 次無理数とすると,

$$\omega, \omega_1, \omega_2, \cdots, \omega_n, \cdots, \omega_i=\omega_k \quad (i<k)$$

に対して

$$\omega', \omega_1{}', \omega_2{}', \cdots, \omega_n{}', \cdots$$

をつくる.

$$\omega_{k-1}=a_{k-1}+\frac{1}{\omega_k}$$

ならば定理 6.7 によって

$$\omega_k{}'=a_{k-1}+\frac{1}{\omega_{k-1}{}'}, \quad a_i{}'=a_{k-1}+\frac{1}{a_{k-1}{}'}.$$

一方において,

$$a_i{}' = a_{k-1} + \frac{1}{a_{i-1}{}'}$$

でもあるから

$$a_{i-1}{}' = a_{k-1}{}'$$

したがって

$$a_{i-1} = a_{k-1}.$$

順々にこれを行なっていくと,

$$a_0 = a_{k-i}.$$

すなわち, 純循環である.

(証明終)

定理 6.9 2次の無理数 ω が純循環連分数で表わされるなら $-\dfrac{1}{\bar{\omega}}$ もまた純循環連分数で表わされ, その周期は逆の順序となる.

証明

$$\omega = a_0 + \frac{1}{\omega_1}, \quad \omega_1 = a_1 + \frac{1}{\omega_2},$$

$$\cdots, \quad \omega_{n-1} = a_{n-1} + \frac{1}{\omega_n}.$$

ここで $\omega_n = \omega$ となって循環するなら,

$$\omega = a_0 + \frac{1}{a_1} + \frac{1}{a_2} + \cdots + \frac{1}{a_{n-1}} + \frac{1}{a_0} + \cdots$$

$$\omega_{n-1} = a_{n-1} + \frac{1}{\omega}$$

となる. 両辺の共役数をとると

$$\overline{\omega_{n-1}} = a_{n-1} + \frac{1}{\bar{\omega}}.$$

移項すると

$$-\frac{1}{\bar{\omega}}=a_{n-1}-\overline{\omega_{n-1}}=a_{n-1}+\cfrac{1}{-\cfrac{1}{\overline{\omega_{n-1}}}}.$$

ω が既約であるから ω_{n-1} も既約である．したがって $-\dfrac{1}{\overline{\omega_{n-1}}}$ も1より大きい．したがって

$$\left[-\frac{1}{\bar{\omega}}\right]=a_{n-1}.$$

同様に

$$\omega_{n-2}=a_{n-2}+\frac{1}{\omega_{n-1}}$$

から

$$-\frac{1}{\overline{\omega_{n-1}}}=a_{n-2}+\cfrac{1}{-\cfrac{1}{\overline{\omega_{n-2}}}}$$

が得られる．

同様につぎつぎと

$$-\frac{1}{\overline{\omega_{n-2}}}=a_{n-3}+\cfrac{1}{-\cfrac{1}{\overline{\omega_{n-3}}}},$$

$$\cdots$$

$$-\frac{1}{\overline{\omega_1}}=a_0+\cfrac{1}{-\cfrac{1}{\bar{\omega}}}.$$

つまり

$$-\frac{1}{\bar{\omega}}=a_{n-1}+\frac{1}{a_{n-2}}+\frac{1}{a_{n-3}}+\cdots+\frac{1}{a_0}+\frac{1}{a_{n-1}}+\cdots$$

つまり ω の展開とは逆の順序となる．

（証明終）

定理 6.10（ルジャンドル） $\sqrt{\dfrac{s}{r}}\,(s>r)$ の連分数展開は

$$a_0,\underbrace{a_1,a_2,\cdots,a_{n-1},2a_0},\underbrace{a_1,a_2,\cdots,a_{n-1},2a_0},\cdots$$

$$a_1=a_{n-1},\quad a_2=a_{n-2},\cdots$$

の形で循環する．

証明

$$\omega=\sqrt{\frac{s}{r}}=a_0+\frac{1}{\omega_1}$$

とすると

$$\omega_1=\frac{1}{\sqrt{\dfrac{s}{r}}-a_0},\quad \bar{\omega}_1=\frac{1}{-\sqrt{\dfrac{s}{r}}-a_0}$$

であるから

$$-1<\bar{\omega}_1<0$$

となる．したがって，ω_1 は既約である．だから定理 6.8 によって純循環である．

$$\omega_1=a_1+\frac{1}{\omega_2},$$

$$\omega_2=a_2+\frac{1}{\omega_3},$$

$$\cdots$$

$$\omega_n=a_n+\frac{1}{\omega_{n+1}},$$

ここで

$$\omega_{n+1} = \omega_1$$

とする.

$$\omega_n = a_n + \frac{1}{\omega_1}$$

である. 一方

$$-\frac{1}{\overline{\omega}_1} = \sqrt{\frac{s}{r}} + a_0 = 2a_0 + \left(\sqrt{\frac{s}{r}} - a_0\right)$$
$$= 2a_0 + \frac{1}{\dfrac{1}{\sqrt{\dfrac{s}{r}} - a_0}} = 2a_0 + \frac{1}{\omega_1}.$$

したがって

$$2a_0 = a_n.$$

一方, 定理 6.9 によって

$$-\frac{1}{\overline{\omega}_1} = a_n + \underbrace{\frac{1}{a_{n-1}} + \frac{1}{a_{n-2}} + \cdots + \frac{1}{a_1}}$$

となるから, 展開の仕方は 1 通りだということから

$$a_1 = a_{n-1}, \quad a_2 = a_{n-2}, \cdots$$

となる.

(証明終)

例 $\sqrt{19}$ を連分数に展開せよ.

解

$$\sqrt{19} = 4 + (\sqrt{19} - 4) = 4 + \frac{1}{\dfrac{1}{\sqrt{19} - 4}} = 4 + \frac{1}{\dfrac{\sqrt{19} + 4}{3}},$$

$$\frac{\sqrt{19}+4}{3}=2+\frac{\sqrt{19}-2}{3}=2+\cfrac{1}{\cfrac{3}{\sqrt{19}-2}}$$

$$=2+\cfrac{1}{\cfrac{3(\sqrt{19}+2)}{15}}=2+\cfrac{1}{\cfrac{\sqrt{19}+2}{5}},$$

$$\frac{\sqrt{19}+2}{5}=1+\frac{\sqrt{19}-3}{5}=1+\cfrac{1}{\cfrac{5}{\sqrt{19}-3}}=1+\cfrac{1}{\cfrac{\sqrt{19}+3}{2}},$$

$$\frac{\sqrt{19}+3}{2}=3+\frac{\sqrt{19}-3}{2}=3+\cfrac{1}{\cfrac{2}{\sqrt{19}-3}}=3+\cfrac{1}{\cfrac{\sqrt{19}+3}{5}},$$

$$\frac{\sqrt{19}+3}{5}=1+\frac{\sqrt{19}-2}{5}=1+\cfrac{1}{\cfrac{5}{\sqrt{19}-2}}=1+\cfrac{1}{\cfrac{\sqrt{19}+2}{3}},$$

$$\frac{\sqrt{19}+2}{3}=2+\frac{\sqrt{19}-4}{3}=2+\cfrac{1}{\cfrac{3}{\sqrt{19}-4}}=2+\frac{1}{\sqrt{19}+4},$$

$$\sqrt{19}+4=8+\sqrt{19}-4.$$

ここで $\dfrac{1}{\sqrt{19}-4}$ は最初の ω_1 であるから，ここで循環する．したがって，$\sqrt{19}$ の連分数は

$$[4, \underbrace{2, 1, 3, 1, 2, 8}]$$

の形で循環する．

問　D が 2 から 18 までの完全平方でない正の整数であるとき，D の連分数展開を求めよ．そして，定理 6.10 をたしか

めよ.

黄金比

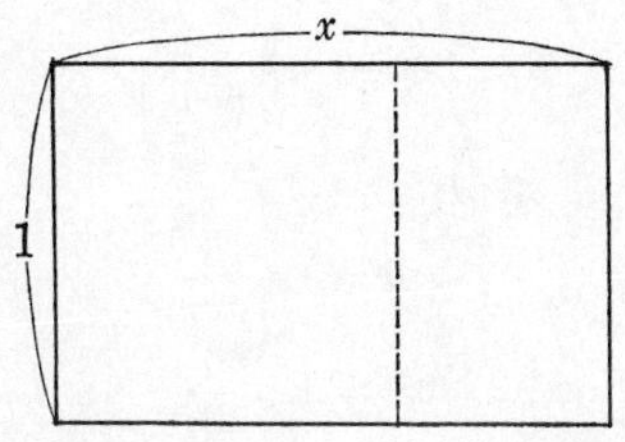

上のような長方形から図のように正方形を切りとった残りの長方形がもとの長方形と相似なる場合を考えてみよう．縦を 1，横を x とすると，正方形を切りとった残りの長方形は $(x-1)\times 1$ となる.

相似の条件は

$$\frac{x}{1}=\frac{1}{x-1}, \quad x^2-x=1.$$

この 2 次方程式を解くと

$$x=\frac{1\pm\sqrt{5}}{2}.$$

このうちで正のほうを θ とすると,

$$\theta=\frac{\sqrt{5}+1}{2}$$

となる．明らかに

$$\theta>1$$

となる.

$$\theta = 1 + \frac{1}{\theta}$$

となるから，θ の連分数展開は

$$\theta = 1 + \frac{1}{1+}\frac{1}{1+}\frac{1}{1+}\cdots$$

が得られる．

$$\theta = 1 + \frac{1}{\omega_1},$$
$$\omega_1 = 1 + \frac{1}{\omega_2},$$
$$\cdots$$
$$\omega_{n-1} = 1 + \frac{1}{\omega_n},$$
$$\cdots$$

となるから，前節の記法によると

$$\theta = \begin{bmatrix} 1 & 1 \\ 1 & 0 \end{bmatrix}(\omega_1),$$
$$\omega_1 = \begin{bmatrix} 1 & 1 \\ 1 & 0 \end{bmatrix}(\omega_2),$$
$$\cdots$$
$$\omega_{n-1} = \begin{bmatrix} 1 & 1 \\ 1 & 0 \end{bmatrix}(\omega_n).$$

したがって

$$\theta = \begin{bmatrix} 1 & 1 \\ 1 & 0 \end{bmatrix}^n (\omega_n)$$

ここで

$$\begin{bmatrix} 1 & 1 \\ 1 & 0 \end{bmatrix} = H(1)$$

とおくと,

$$\theta = H(1)^n(\omega_n)$$

と書ける．ここで

$$H(1)^n = \begin{bmatrix} a_n & b_n \\ c_n & d_n \end{bmatrix}$$

とおくと,

$$\begin{aligned} H(1)^{n-1}H(1) &= \begin{bmatrix} a_{n-1} & b_{n-1} \\ c_{n-1} & d_{n-1} \end{bmatrix} \begin{bmatrix} 1 & 1 \\ 1 & 0 \end{bmatrix} \\ &= \begin{bmatrix} a_n & b_n \\ c_n & d_n \end{bmatrix} \end{aligned}$$

だから

$$b_n = a_{n-1}, \quad d_n = c_{n-1}.$$

また,

$$H(1)^T = H(1)$$

から

$$(H(1)^n)^T = (H(1)^T)^n = H(1)^n.$$

したがって,

$$b_n = c_n, \quad d_n = c_{n-1} = b_{n-1} = a_{n-2},$$

したがって

$$\begin{bmatrix} a_n & b_n \\ c_n & d_n \end{bmatrix} = \begin{bmatrix} a_n & a_{n-1} \\ a_{n-1} & a_{n-2} \end{bmatrix}.$$

ここで $a_n = u_{n+1}$ とおくと

$$H(1)^n = \begin{bmatrix} 1 & 1 \\ 1 & 0 \end{bmatrix}^n = \begin{bmatrix} u_{n+1} & u_n \\ u_n & u_{n-1} \end{bmatrix}.$$

そして

$$\begin{bmatrix} 1 & 1 \\ 1 & 0 \end{bmatrix}^n = \begin{bmatrix} 1 & 1 \\ 1 & 0 \end{bmatrix}^{n-1} \begin{bmatrix} 1 & 1 \\ 1 & 0 \end{bmatrix}$$

から

$$\begin{bmatrix} u_{n+1} & u_n \\ u_n & u_{n-1} \end{bmatrix} = \begin{bmatrix} u_n & u_{n-1} \\ u_{n-1} & u_{n-2} \end{bmatrix} \begin{bmatrix} 1 & 1 \\ 1 & 0 \end{bmatrix}.$$

したがって

$$u_{n+1} = u_n + u_{n-1},$$

$$u_n = u_{n-1} + u_{n-2}$$

が得られる.

フィボナッチの数列

ここで $n=1$ に対しては

$$\begin{bmatrix} 1 & 1 \\ 1 & 0 \end{bmatrix}^1 = \begin{bmatrix} u_2 & u_1 \\ u_1 & u_0 \end{bmatrix}$$

だから，

$$u_0 = 0, \quad u_1 = 1$$

となり，つぎの漸化式を満足する．

$$u_{n+1} = u_n + u_{n-1} \qquad (n = 1, 2, \cdots)$$

このような数列をフィボナッチ数列という．

この数列はフィボナッチ(Fibonacci)の通称でよばれていたピサのレオナルド(1175?-1250)の数学書にのっているものである．

これはつぎのような問題にでてきた．

1つがいのウサギは1カ月に1つがいのウサギを生むとしたら，はじめに1つがいだったら n カ月目には何つがいになるか

というのである．

それは明らかに

$$u_1 = 1, \quad u_2 = 1,$$

$$u_{n+1} = u_n + u_{n-1} \qquad (n = 2, 3, 4, \cdots)$$

を満足する．

この数列は限りなくつづくが，最初のいくつかをあげるとつぎのようになっている（u_1 からはじめる）．

1, 1, 2, 3, 5, 8, 13, 21, 34, 55, 89, 144, 233, 377, 610, …

この数列は多方面の応用をもっている．

この数列はいろいろのおもしろい性質をもっている．まず

$$\begin{bmatrix} 1 & 1 \\ 1 & 0 \end{bmatrix} = H(1) = H$$

とおいてみよう．

$$H + E = \begin{bmatrix} 1 & 1 \\ 1 & 0 \end{bmatrix} + \begin{bmatrix} 1 & 0 \\ 0 & 1 \end{bmatrix} = \begin{bmatrix} 2 & 1 \\ 1 & 1 \end{bmatrix} = H^2$$

が得られる．両辺に H^{n-1} を掛けると

$$H^n + H^{n-1} = H^{n+1}$$

となる．

定理 6.11　$m \,)\, n$ のときは $u_m \,)\, u_n$ となる．

証明

$$n = ma$$

とおく（a は正整数）．

$$H^n = \begin{bmatrix} u_{n+1} & u_n \\ u_n & u_{n-1} \end{bmatrix} = H^{ma} = (H^m)^a$$

$$= \begin{bmatrix} u_{m+1} & u_m \\ u_m & u_{m-1} \end{bmatrix}^a$$

$\bmod u_m$ については

$$\begin{bmatrix} u_{n+1} & u_n \\ u_n & u_{n-1} \end{bmatrix} \equiv \begin{bmatrix} u_{m+1} & 0 \\ 0 & u_{m-1} \end{bmatrix}^a$$

$$= \begin{bmatrix} {u_{m+1}}^a & 0 \\ 0 & {u_{m-1}}^a \end{bmatrix} \pmod{u_m}.$$

したがって

$$u_n \equiv 0 \pmod{u_m}.$$

(証明終)

問　$u_1=1, u_2=1, u_3=2, \cdots, u_{15}=610$ までの値について上の定理をたしかめよ.

定理 6.12　$(u_m, u_n)=u_{(m,n)}$.

証明

$$(m, n) = d$$

とおく.

$$d\,)\,m, \quad d\,)\,n$$

だから定理 6.11 によって

$$u_d\,)\,u_m, \quad u_d\,)\,u_n.$$

したがって

$$u_d\,)\,(u_m, u_n).$$

逆に

$$d = am - bn$$

と書けるから,

$$H^d = H^{am-bn} = (H^m)^a (H^n)^{-b}.$$

ここで

$$H^d = \begin{bmatrix} u_{d+1} & u_d \\ u_d & u_{d-1} \end{bmatrix}, \quad H^m = \begin{bmatrix} u_{m+1} & u_m \\ u_m & u_{m-1} \end{bmatrix},$$

$$H^n = \begin{bmatrix} u_{n+1} & u_n \\ u_n & u_{n-1} \end{bmatrix},$$

$$(u_m, u_n) = e$$

とおくと,

$$e\,)\,u_m, \quad e\,)\,u_n$$

だから

$$H^m \equiv \begin{bmatrix} u_{m+1} & 0 \\ 0 & u_{m-1} \end{bmatrix} \pmod{e},$$

$$H^n \equiv \begin{bmatrix} u_{n+1} & 0 \\ 0 & u_{n-1} \end{bmatrix} \pmod{e}.$$

したがって

$$\begin{bmatrix} u_{d+1} & u_d \\ u_d & u_{d-1} \end{bmatrix}$$

$$\equiv \begin{bmatrix} u_{m+1} & 0 \\ 0 & u_{m-1} \end{bmatrix}^a \begin{bmatrix} u_{n+1} & 0 \\ 0 & u_{n-1} \end{bmatrix}^{-b} \pmod{e}.$$

右辺は対角形の積であるから，やはり対角形である．したがって

$$u_d \equiv 0 \pmod{e}$$

が得られる．

以上を総合すると，

$$u_d \,)\, (u_m, u_n) = e,$$
$$e \,)\, u_d.$$

したがって

$$u_d = e.$$

つまり，

$$u_{(m,n)} = (u_m, u_n).$$

（証明終）

この結果を使えば定理 6.11 の逆が証明できる．

定理 6.13 $u_m \,)\, u_n$ ならば，$m \,)\, n$.

証明 定理 6.12 によって

$$u_{(m,n)} = (u_m, u_n).$$

$u_m \,)\, u_n$ だから

$$u_{(m,n)} = u_m.$$

ところで u_m は m が増加するにつれて増加する．（ただし，m が 1, 2 のときは等しい．）

$$u_1 = u_2 < u_3 < u_4 < \cdots,$$

したがって，$u_m = u_{(m,n)}$ となるのは，

$$2 \leqq m = (m, n),$$

もしくは

$$m = 1, \quad (m, n) = 2$$

の場合に限る．

$2 \leqq m = (m, n)$ ならば

$$m \,)\, n.$$

しかし，$m = 1, (m, n) = 2$ は起こりえない．

（証明終）

ビネーの公式

$H=\begin{bmatrix} 1 & 1 \\ 1 & 0 \end{bmatrix}$ を $C\begin{bmatrix} \lambda_1 & 0 \\ 0 & \lambda_2 \end{bmatrix}C^{-1}$ という形にかえることができたら，

$$H^n=\left\{C\begin{bmatrix} \lambda_1 & 0 \\ 0 & \lambda_2 \end{bmatrix}C^{-1}\right\}^n$$
$$=\left\{C\begin{bmatrix} \lambda_1 & 0 \\ 0 & \lambda_2 \end{bmatrix}C^{-1}\right\}\left\{C\begin{bmatrix} \lambda_1 & 0 \\ 0 & \lambda_2 \end{bmatrix}C^{-1}\right\}\cdots$$
$$\cdots\left\{C\begin{bmatrix} \lambda_1 & 0 \\ 0 & \lambda_2 \end{bmatrix}C^{-1}\right\}$$
$$=C\begin{bmatrix} {\lambda_1}^n & 0 \\ 0 & {\lambda_2}^n \end{bmatrix}C^{-1}$$

となって表現が単純化する．

そこで，まず

$$H=C\begin{bmatrix} \lambda_1 & 0 \\ 0 & \lambda_2 \end{bmatrix}C^{-1}$$

という形に直すことを考えてみよう．

両辺の右に $C=\begin{bmatrix} c_{11} & c_{12} \\ c_{21} & c_{22} \end{bmatrix}$ を掛けると，

$$HC = C\begin{bmatrix} \lambda_1 & 0 \\ 0 & \lambda_2 \end{bmatrix},$$

$$\begin{bmatrix} 1 & 1 \\ 1 & 0 \end{bmatrix}\begin{bmatrix} c_{11} & c_{12} \\ c_{21} & c_{22} \end{bmatrix} = \begin{bmatrix} c_{11} & c_{12} \\ c_{21} & c_{22} \end{bmatrix}\begin{bmatrix} \lambda_1 & 0 \\ 0 & \lambda_2 \end{bmatrix}.$$

分解してみると,

$$\begin{cases} c_{11} + c_{21} = \lambda_1 c_{11} \\ c_{11} \qquad\quad = \lambda_1 c_{21}. \end{cases}$$

この式から

$$(\lambda_1{}^2 - \lambda_1 - 1)c_{11} = 0,$$
$$(\lambda_1{}^2 - \lambda_1 - 1)c_{21} = 0$$

が得られるから c_{11}, c_{21} のうち少なくとも 1 つは 0 でないから

$$\lambda_1{}^2 - \lambda_1 - 1 = 0,$$
$$\lambda_1 = \frac{1 \pm \sqrt{1+4}}{2} = \frac{1 \pm \sqrt{5}}{2}.$$

同様に

$$\lambda_2 = \frac{1 \pm \sqrt{5}}{2}$$

$\lambda_1 \neq \lambda_2$ でなければならないから

$$\lambda_1 = \frac{1+\sqrt{5}}{2}, \quad \lambda_2 = \frac{1-\sqrt{5}}{2}$$

と定める．このことから

$$c_{11} = \lambda_1, \quad c_{21} = 1, \quad c_{12} = \lambda_2, \quad c_{22} = 1$$

が得られる．

$$C=\begin{bmatrix}\lambda_1 & \lambda_2\\ 1 & 1\end{bmatrix}.$$

結局

$$H^n=\begin{bmatrix}\lambda_1 & \lambda_2\\ 1 & 1\end{bmatrix}\begin{bmatrix}{\lambda_1}^n & 0\\ 0 & {\lambda_2}^n\end{bmatrix}\frac{\begin{bmatrix}1 & -\lambda_2\\ -1 & \lambda_1\end{bmatrix}}{\lambda_1-\lambda_2}$$

この行列を掛け合わせると，

$$=\frac{1}{\lambda_1-\lambda_2}\begin{bmatrix}{\lambda_1}^{n+1}-{\lambda_2}^{n+1} & -{\lambda_1}^{n+1}\lambda_2+{\lambda_2}^{n+1}\lambda_1\\ {\lambda_1}^n-{\lambda_2}^n & -{\lambda_1}^n\lambda_2+{\lambda_2}^n\lambda_1\end{bmatrix}$$

$$=\begin{bmatrix}\dfrac{{\lambda_1}^{n+1}-{\lambda_2}^{n+1}}{\lambda_1-\lambda_2} & \dfrac{\lambda_1\lambda_2({\lambda_2}^n-{\lambda_1}^n)}{\lambda_1-\lambda_2}\\ \dfrac{{\lambda_1}^n-{\lambda_2}^n}{\lambda_1-\lambda_2} & \dfrac{\lambda_1\lambda_2({\lambda_2}^{n-1}-{\lambda_1}^{n-1})}{\lambda_1-\lambda_2}\end{bmatrix}.$$

ここで

$$\lambda_1-\lambda_2=\frac{1+\sqrt{5}}{2}-\frac{1-\sqrt{5}}{2}=\sqrt{5},\quad \lambda_1\lambda_2=-1$$

を代入すると，

$$H^n=\begin{bmatrix}\dfrac{{\lambda_1}^{n+1}-{\lambda_2}^{n+1}}{\sqrt{5}} & \dfrac{{\lambda_1}^n-{\lambda_2}^n}{\sqrt{5}}\\ \dfrac{{\lambda_1}^n-{\lambda_2}^n}{\sqrt{5}} & \dfrac{{\lambda_1}^{n-1}-{\lambda_2}^{n-1}}{\sqrt{5}}\end{bmatrix}.$$

一方

$$H^n = \begin{bmatrix} u_{n+1} & u_n \\ u_n & u_{n-1} \end{bmatrix}$$

であるから，これと比較すると，

$$u_n = \frac{\lambda_1{}^n - \lambda_2{}^n}{\sqrt{5}} = \frac{\left(\dfrac{1+\sqrt{5}}{2}\right)^n - \left(\dfrac{1-\sqrt{5}}{2}\right)^n}{\sqrt{5}}.$$

この公式をビネーの公式という．

例

$$a_n = \frac{\left(\dfrac{1+\sqrt{5}}{2}\right)^n - \left(\dfrac{1-\sqrt{5}}{2}\right)^n}{\sqrt{5}} \qquad (n = 1, 2, \cdots)$$

によって定義される数列は，つぎの条件を満足することをたしかめよ．

$$a_1 = 1, \quad a_2 = 1,$$
$$a_{n+1} = a_n + a_{n-1} \quad (n = 2, 3, \cdots)$$

解

$$a_1 = \frac{\left(\dfrac{1+\sqrt{5}}{2}\right)^1 - \left(\dfrac{1-\sqrt{5}}{2}\right)^1}{\sqrt{5}} = \frac{\sqrt{5}}{\sqrt{5}} = 1,$$

$$a_2 = \frac{\left(\dfrac{1+\sqrt{5}}{2}\right)^2 - \left(\dfrac{1-\sqrt{5}}{2}\right)^2}{\sqrt{5}}$$

$$= \frac{\dfrac{1+2\sqrt{5}+5}{4} - \dfrac{1-2\sqrt{5}+5}{4}}{\sqrt{5}}$$

$$= \frac{4\sqrt{5}}{4\sqrt{5}} = 1,$$

$a_n + a_{n-1}$

$$= \frac{\left(\dfrac{1+\sqrt{5}}{2}\right)^n - \left(\dfrac{1-\sqrt{5}}{2}\right)^n + \left(\dfrac{1+\sqrt{5}}{2}\right)^{n-1} - \left(\dfrac{1-\sqrt{5}}{2}\right)^{n-1}}{\sqrt{5}}$$

$$= \frac{\left(\dfrac{1+\sqrt{5}}{2}\right)^{n-1} \left\{\dfrac{1+\sqrt{5}}{2} + 1\right\} - \left(\dfrac{1-\sqrt{5}}{2}\right)^{n-1} \left\{\dfrac{1-\sqrt{5}}{2} + 1\right\}}{\sqrt{5}}$$

$$= \frac{\left(\dfrac{1+\sqrt{5}}{2}\right)^{n-1} \cdot \dfrac{3+\sqrt{5}}{2} - \left(\dfrac{1-\sqrt{5}}{2}\right)^{n-1} \cdot \dfrac{3-\sqrt{5}}{2}}{\sqrt{5}}$$

ところで

$$\frac{3+\sqrt{5}}{2} = \left(\frac{1+\sqrt{5}}{2}\right)^2, \quad \frac{3-\sqrt{5}}{2} = \left(\frac{1-\sqrt{5}}{2}\right)^2$$

となるから,

$a_n + a_{n-1}$

$$= \frac{\left(\dfrac{1+\sqrt{5}}{2}\right)^{n-1} \left(\dfrac{1+\sqrt{5}}{2}\right)^2 - \left(\dfrac{1-\sqrt{5}}{2}\right)^{n-1} \left(\dfrac{1-\sqrt{5}}{2}\right)^2}{\sqrt{5}}$$

$$= \frac{\left(\dfrac{1+\sqrt{5}}{2}\right)^{n+1} - \left(\dfrac{1-\sqrt{5}}{2}\right)^{n+1}}{\sqrt{5}} = a_{n+1}.$$

練習問題 6.3

1. つぎの等式を証明せよ.

$$u_1+u_2+\cdots+u_n=u_{n+2}-1.$$

2. つぎの等式を証明せよ.

$$u_1+u_3+u_5+\cdots+u_{2n-1}=u_{2n},$$
$$u_2+u_4+u_6+\cdots+u_{2n}=u_{2n+1}-1.$$

3. つぎの等式を証明せよ.

$$u_1-u_2+u_3-u_4+\cdots+(-1)^{n+1}u_n=(-1)^{n+1}u_{n-1}+1.$$

4. つぎの等式を証明せよ.

$${u_1}^2+{u_2}^2+\cdots+{u_n}^2=u_nu_{n+1}.$$

5. つぎの等式を証明せよ.

$$u_1u_2+u_2u_3+\cdots+u_{2n-1}u_{2n}={u_{2n}}^2$$
$$u_1u_2+u_2u_3+\cdots+u_{2n}u_{2n+1}={u_{2n+1}}^2-1.$$

$$nu_1+(n-1)u_2+(n-2)u_3+\cdots+2u_{n-1}+u_n$$
$$=u_{n+4}-(n+3).$$

6. 任意の自然数は異なるフィボナッチ数の和として表わされることを証明せよ.

$$1, 2, 3, 5, 8, 13, \cdots$$

7. フィボナッチ数を u_n とするとき, u_{5k} $(k=1, 2, 3, \cdots)$ はつねに 5 で割り切れる.

付　録

指数表

素数 p の原始根 h を知って（後述の表Aで知ることができる.）

$$h^I \equiv N \pmod{p}$$

となる I と N とを見出す表で，つぎのような形になっている.

素数 p

N	N の一位の数字
N の十位の数字	I の値

I	I の一位の数字
I の十位の数字	N の値

素数 3

N	0	1	2	3	4	5	6	7	8	9
0		0	1							

I	0	1	2	3	4	5	6	7	8	9
0	1	2								

素数 5

N	0	1	2	3	4	5	6	7	8	9
0		0	1	3	2					

I	0	1	2	3	4	5	6	7	8	9
0	1	2	4	3						

素数 7

N	0	1	2	3	4	5	6	7	8	9
0		0	2	1	4	5	3			

I	0	1	2	3	4	5	6	7	8	9
0	1	3	2	6	4	5				

素数 11

N	0	1	2	3	4	5	6	7	8	9
0		0	1	8	2	4	9	7	3	6
1	5									

I	0	1	2	3	4	5	6	7	8	9
0	1	2	4	8	5	10	9	7	3	6
1										

素数 13

N	0	1	2	3	4	5	6	7	8	9
0		0	1	4	2	9	5	11	3	8
1	10	7	6							

I	0	1	2	3	4	5	6	7	8	9
0	1	2	4	8	3	6	12	11	9	5
1	10	7								

素数 17

N	0	1	2	3	4	5	6	7	8	9
0		0	14	1	12	5	15	11	10	2
1	3	7	13	4	9	6	8			

I	0	1	2	3	4	5	6	7	8	9
0	1	3	9	10	13	5	15	11	16	14
1	8	7	4	12	2	6				

素数 19

N	0	1	2	3	4	5	6	7	8	9
0		0	1	13	2	16	14	6	3	8
1	17	12	15	5	7	11	4	10	9	

I	0	1	2	3	4	5	6	7	8	9
0	1	2	4	8	16	13	7	14	9	18
1	17	15	11	3	6	12	5	10		

素数 23

N	0	1	2	3	4	5	6	7	8	9
0		0	2	16	4	1	18	19	6	10
1	3	9	20	14	21	17	8	7	12	15
2	5	13	11							

I	0	1	2	3	4	5	6	7	8	9
0	1	5	2	10	4	20	8	17	16	11
1	9	22	18	21	13	19	3	15	6	7
2	12	14								

素数 29

N	0	1	2	3	4	5	6	7	8	9
0		0	1	5	2	22	6	12	3	10
1	23	25	7	18	13	27	4	21	11	9
2	24	17	26	20	8	16	19	15	14	

I	0	1	2	3	4	5	6	7	8	9
0	1	2	4	8	16	3	6	12	24	19
1	9	18	7	14	28	27	25	21	13	26
2	23	17	5	10	20	11	22	15		

素数 31

N	0	1	2	3	4	5	6	7	8	9
0		0	24	1	18	20	25	28	12	2
1	14	23	19	11	22	21	6	7	26	4
2	8	29	17	27	13	10	5	3	16	9
3	15									

I	0	1	2	3	4	5	6	7	8	9
0	1	3	9	27	19	26	16	17	20	29
1	25	13	8	24	10	30	28	22	4	12
2	5	15	14	11	2	6	18	23	7	21

素数 37

N	0	1	2	3	4	5	6	7	8	9
0		0	1	26	2	23	27	32	3	16
1	24	30	28	11	33	13	4	7	17	35
2	25	22	31	15	29	10	12	6	34	21
3	14	9	5	20	8	19	18			

I	0	1	2	3	4	5	6	7	8	9
0	1	2	4	8	16	32	27	17	34	31
1	25	13	26	15	30	23	9	18	36	35
2	33	29	21	5	10	20	3	6	12	24
3	11	22	7	14	28	19				

素数 41

N	0	1	2	3	4	5	6	7	8	9
0		0	26	15	12	22	1	39	38	30
1	8	3	27	31	25	37	24	33	16	9
2	34	14	29	36	13	4	17	5	11	7
3	23	28	10	18	19	21	2	32	35	6
4	20									

I	0	1	2	3	4	5	6	7	8	9
0	1	6	36	11	25	27	39	29	10	19
1	32	28	4	24	21	3	18	26	33	34
2	40	35	5	30	16	14	2	12	31	22
3	9	13	37	17	20	38	23	15	8	7

素数 43

N	0	1	2	3	4	5	6	7	8	9
0		0	27	1	12	25	28	35	39	2
1	10	30	13	32	20	26	24	38	29	19
2	37	36	15	16	40	8	17	3	5	41
3	11	34	9	31	23	18	14	7	4	33
4	22	6	21							

I	0	1	2	3	4	5	6	7	8	9
0	1	3	9	27	38	28	41	37	25	32
1	10	30	4	12	36	22	23	26	35	19
2	14	42	40	34	16	5	15	2	6	18
3	11	33	13	39	31	7	21	20	17	8
4	24	29								

素数 47

N	0	1	2	3	4	5	6	7	8	9
0		0	18	20	36	1	38	32	8	40
1	19	7	10	11	4	21	26	16	12	45
2	37	6	25	5	28	2	29	14	22	35
3	39	3	44	27	34	33	30	42	17	31
4	9	15	24	13	43	41	23			

I	0	1	2	3	4	5	6	7	8	9
0	1	5	25	31	14	23	21	11	8	40
1	12	13	18	43	27	41	17	38	2	10
2	3	15	28	46	42	22	16	33	24	26
3	36	39	7	35	34	29	4	20	6	30
4	9	45	37	44	32	19				

素数 53

N	0	1	2	3	4	5	6	7	8	9
0		0	1	17	2	47	18	14	3	34
1	48	6	19	24	15	12	4	10	35	37
2	49	31	7	39	20	42	25	51	16	46
3	13	33	5	23	11	9	36	30	38	41
4	50	45	32	22	8	29	40	44	21	28
5	43	27	26							

I	0	1	2	3	4	5	6	7	8	9
0	1	2	4	8	16	32	11	22	44	35
1	17	34	15	30	7	14	28	3	6	12
2	24	48	43	33	13	26	52	51	49	45
3	37	21	42	31	9	18	36	19	38	23
4	46	39	25	50	47	41	29	5	10	20
5	40	27								

素数 59

N	0	1	2	3	4	5	6	7	8	9
0		0	1	50	2	6	51	18	3	42
1	7	25	52	45	19	56	4	40	43	38
2	8	10	26	15	53	12	46	34	20	28
3	57	49	5	17	41	24	44	55	39	37
4	9	14	11	33	27	48	16	23	54	36
5	13	32	47	22	35	31	21	30	29	

I	0	1	2	3	4	5	6	7	8	9
0	1	2	4	8	16	32	5	10	20	40
1	21	42	25	50	41	23	46	33	7	14
2	28	56	53	47	35	11	22	44	29	58
3	57	55	51	43	27	54	49	39	19	38
4	17	34	9	18	36	13	26	52	45	31
5	3	6	12	24	48	37	15	30		

素数 61

N	0	1	2	3	4	5	6	7	8	9
0		0	1	6	2	22	7	49	3	12
1	23	15	8	40	50	28	4	47	13	26
2	24	55	16	57	9	44	41	18	51	35
3	29	59	5	21	48	11	14	39	27	46
4	25	54	56	43	17	34	58	20	10	38
5	45	53	42	33	19	37	52	32	36	31
6	30									

I	0	1	2	3	4	5	6	7	8	9
0	1	2	4	8	16	32	3	6	12	24
1	48	35	9	18	36	11	22	44	27	54
2	47	33	5	10	20	40	19	38	15	30
3	60	59	57	53	45	29	58	55	49	37
4	13	26	52	43	25	50	39	17	34	7
5	14	28	56	51	41	21	42	23	46	31

素数 67

N	0	1	2	3	4	5	6	7	8	9
0		0	1	39	2	15	40	23	3	12
1	16	59	41	19	24	54	4	64	13	10
2	17	62	60	28	42	30	20	51	25	44
3	55	47	5	32	65	38	14	22	11	58
4	18	53	63	9	61	27	29	50	43	46
5	31	37	21	57	52	8	26	49	45	36
6	56	7	48	35	6	34	33			

I	0	1	2	3	4	5	6	7	8	9
0	1	2	4	8	16	32	64	61	55	43
1	19	38	9	18	36	5	10	20	40	13
2	26	52	37	7	14	28	56	45	23	46
3	25	50	33	66	65	63	59	51	35	3
4	6	12	24	48	29	58	49	31	62	57
5	47	27	54	41	15	30	60	53	39	11
6	22	44	21	42	17	34				

素数 71

N	0	1	2	3	4	5	6	7	8	9
0		0	6	26	12	28	32	1	18	52
1	34	31	38	39	7	54	24	49	58	16
2	40	27	37	15	44	56	45	8	13	68
3	60	11	30	57	55	29	64	20	22	65
4	46	25	33	48	43	10	21	9	50	2
5	62	5	51	23	14	59	19	42	4	3
6	66	69	17	53	36	67	63	47	61	41
7	35									

I	0	1	2	3	4	5	6	7	8	9
0	1	7	49	59	58	51	2	14	27	47
1	45	31	4	28	54	23	19	62	8	56
2	37	46	38	53	16	41	3	21	5	35
3	32	11	6	42	10	70	64	22	12	13
4	20	69	57	44	24	26	40	67	43	17
5	48	52	9	63	15	34	25	33	18	55
6	30	68	50	66	36	39	60	65	29	61

素数 73

N	0	1	2	3	4	5	6	7	8	9
0		0	8	6	16	1	14	33	24	12
1	9	55	22	59	41	7	32	21	20	62
2	17	39	63	46	30	2	67	18	49	35
3	15	11	40	61	29	34	28	64	70	65
4	25	4	47	51	71	13	54	31	38	66
5	10	27	3	53	26	56	57	68	43	5
6	23	58	19	45	48	60	69	50	37	52
7	42	44	36							

I	0	1	2	3	4	5	6	7	8	9
0	1	5	25	52	41	59	3	15	2	10
1	50	31	9	45	6	30	4	20	27	62
2	18	17	12	60	8	40	54	51	36	34
3	24	47	16	7	35	29	72	68	48	21
4	32	14	70	58	71	63	23	42	64	28
5	67	43	69	53	46	11	55	56	61	13
6	65	33	19	22	37	39	49	26	57	66
7	38	44								

素数 79

N	0	1	2	3	4	5	6	7	8	9
0		0	4	1	8	62	5	53	12	2
1	66	68	9	34	57	63	16	21	6	32
2	70	54	72	26	13	46	38	3	61	11
3	67	56	20	69	25	37	10	19	36	35
4	74	75	58	49	76	64	30	59	17	28
5	50	22	42	77	7	52	65	33	15	31
6	71	45	60	55	24	18	73	48	29	27
7	41	51	14	44	23	47	40	43	39	

I	0	1	2	3	4	5	6	7	8	9
0	1	3	9	27	2	6	18	54	4	12
1	36	29	8	24	72	58	16	48	65	37
2	32	17	51	74	64	34	23	69	49	68
3	46	59	19	57	13	39	38	35	26	78
4	76	70	52	77	73	61	25	75	67	43
5	50	71	55	7	21	63	31	14	42	47
6	62	28	5	15	45	56	10	30	11	33
7	20	60	22	66	40	41	44	53		

素数 83

N	0	1	2	3	4	5	6	7	8	9
0		0	1	72	2	27	73	8	3	62
1	28	24	74	77	9	17	4	56	63	47
2	29	80	25	60	75	54	78	52	10	12
3	18	38	5	14	57	35	64	20	48	67
4	30	40	81	71	26	7	61	23	76	16
5	55	46	79	59	53	51	11	37	13	34
6	19	66	39	70	6	22	15	45	58	50
7	36	33	65	69	21	44	49	32	68	43
8	31	42	41							

I	0	1	2	3	4	5	6	7	8	9
0	1	2	4	8	16	32	64	45	7	14
1	28	56	29	58	33	66	49	15	30	60
2	37	74	65	47	11	22	44	5	10	20
3	40	80	77	71	59	35	70	57	31	62
4	41	82	81	79	75	67	51	19	38	76
5	69	55	27	54	25	50	17	34	68	53
6	23	46	9	18	36	72	61	39	78	73
7	63	43	3	6	12	24	48	13	26	52
8	21	42								

素数 89

N	0	1	2	3	4	5	6	7	8	9
0		0	16	1	32	70	17	81	48	2
1	86	84	33	23	9	71	64	6	18	35
2	14	82	12	57	49	52	39	3	25	59
3	87	31	80	85	22	63	34	11	51	24
4	30	21	10	29	28	72	73	54	65	74
5	68	7	55	78	19	66	41	36	75	43
6	15	69	47	83	8	5	13	56	38	58
7	79	62	50	20	27	53	67	77	40	42
8	46	4	37	61	26	76	45	60	44	

N	0	1	2	3	4	5	6	7	8	9
0	1	3	9	27	81	65	17	51	64	14
1	42	37	22	66	20	60	2	6	18	54
2	73	41	34	13	39	28	84	74	44	43
3	40	31	4	12	36	19	57	82	68	26
4	78	56	79	59	88	86	80	62	8	24
5	72	38	25	75	47	52	67	23	69	29
6	87	83	71	35	16	48	55	76	50	61
7	5	15	45	46	49	58	85	77	53	70
8	32	7	21	63	11	33	10	30		

素数 97

N	0	1	2	3	4	5	6	7	8	9
0		0	34	70	68	1	8	31	6	44
1	35	86	42	25	65	71	40	89	78	81
2	69	5	24	77	76	2	59	18	3	13
3	9	46	74	60	27	32	16	91	19	95
4	7	85	39	4	58	45	15	84	14	62
5	36	63	93	10	52	87	37	55	47	67
6	43	64	80	75	12	26	94	57	61	51
7	66	11	50	28	29	72	53	21	33	30
8	41	88	23	17	73	90	38	83	92	54
9	79	56	49	20	22	82	48			

I	0	1	2	3	4	5	6	7	8	9
0	1	5	25	28	43	21	8	40	6	30
1	53	71	64	29	48	46	36	83	27	38
2	93	77	94	82	22	13	65	34	73	74
3	79	7	35	78	2	10	50	56	86	42
4	16	80	12	60	9	45	31	58	96	92
5	72	69	54	76	89	57	91	67	44	26
6	33	68	49	51	61	14	70	59	4	20
7	3	15	75	84	32	63	24	23	18	90
8	62	19	95	87	47	41	11	55	81	17
9	85	37	88	52	66	39				

表 A　4000 以下の素数とその最小の原始根

p	h	p	h	p	h	p	h	p	h	p	h	p	h
2	1	179	2	419	2	661	2	947	2	1229	2	1523	2
3	2	181	2	421	2	673	5	953	3	1231	3	1531	2
5	2	191	19	431	7	677	2	967	5	1237	2	1543	5
7	3	193	5	433	5	683	5	971	6	1249	7	1549	2
11	2	197	2	439	15	691	3	977	3	1259	2	1553	3
13	2	199	3	443	2	701	2	983	5	1277	2	1559	19
17	3	211	2	449	3	709	2	991	6	1279	3	1567	3
19	2	223	3	457	13	719	11	997	7	1283	2	1571	2
23	5	227	2	461	2	727	5	1009	11	1289	6	1579	3
29	2	229	6	463	3	733	6	1013	3	1291	2	1583	5
31	3	233	3	467	2	739	3	1019	2	1297	10	1597	11
37	2	239	7	479	13	743	5	1021	10	1301	2	1601	3
41	6	241	7	487	3	751	3	1031	14	1303	6	1607	5
43	3	251	6	491	2	757	2	1033	5	1307	2	1609	7
47	5	257	3	499	7	761	6	1039	3	1319	13	1613	3
53	2	263	5	503	5	769	11	1049	3	1321	13	1619	2
59	2	269	2	509	2	773	2	1051	7	1327	3	1621	2
61	2	271	6	521	3	787	2	1061	2	1361	3	1627	3
67	2	277	5	523	2	797	2	1063	3	1367	5	1637	2
71	7	281	3	541	2	809	3	1069	6	1373	2	1657	11
73	5	283	3	547	2	811	3	1087	3	1381	2	1663	3
79	3	293	2	557	2	821	2	1091	2	1399	13	1667	2
83	2	307	5	563	2	823	3	1093	5	1409	3	1669	2
89	3	311	17	569	3	827	2	1097	3	1423	3	1693	2
97	5	313	10	571	3	829	2	1103	5	1427	2	1697	3
101	2	317	2	577	5	839	11	1109	2	1429	6	1699	3
103	5	331	3	587	2	853	2	1117	2	1433	3	1709	3
107	2	337	10	593	3	857	3	1123	2	1439	7	1721	3
109	6	347	2	599	7	859	2	1129	11	1447	3	1723	3
113	3	349	2	601	7	863	5	1151	17	1451	2	1733	2
127	3	353	3	607	3	877	2	1153	5	1453	2	1741	2
131	2	359	7	613	2	881	3	1163	5	1459	5	1747	2
137	3	367	6	617	3	883	2	1171	2	1471	6	1753	7
139	2	373	2	619	2	887	5	1181	7	1481	3	1759	6

149	2	379	2	631	3	907	2	1187	2	1483	2	1777	5
151	6	383	5	641	3	911	17	1193	3	1487	5	1783	10
157	5	389	2	643	11	919	7	1201	11	1489	14	1787	2
163	2	397	5	647	5	929	3	1213	2	1493	2	1789	6
167	5	401	3	653	2	937	5	1217	3	1499	2	1801	11
173	2	409	21	659	2	941	2	1223	5	1511	11	1811	6
1823	5	2129	3	2417	3	2729	3	3049	11	3373	5	3691	2
1831	3	2131	2	2423	5	2731	3	3061	6	3389	3	3697	5
1847	5	2137	10	2437	2	2741	2	3067	2	3391	3	3701	2
1861	2	2141	2	2441	6	2749	6	3079	6	3407	5	3709	2
1867	2	2143	3	2447	5	2753	3	3083	2	3413	2	3719	7
1871	14	2153	3	2459	2	2767	3	3089	3	3433	5	3727	3
1873	10	2161	23	2467	2	2777	3	3109	6	3449	3	3733	2
1877	2	2179	7	2473	5	2789	2	3119	7	3457	7	3739	7
1879	6	2203	5	2477	2	2791	6	3121	7	3461	2	3761	3
1889	3	2207	5	2503	3	2797	2	3137	3	3463	3	3767	5
1901	2	2213	2	2521	17	2801	3	3163	3	3467	2	3769	7
1907	2	2221	2	2531	2	2803	2	3167	5	3469	2	3779	2
1913	3	2237	2	2539	2	2819	2	3169	7	3491	2	3793	5
1931	2	2239	3	2543	5	2833	5	3181	7	3499	2	3797	2
1933	5	2243	2	2549	2	2837	2	3187	2	3511	7	3803	2
1949	2	2251	7	2551	6	2843	2	3191	11	3517	2	3821	3
1951	3	2267	2	2557	2	2851	2	3203	2	3527	5	3823	3
1973	2	2269	2	2579	2	2857	11	3209	3	3529	17	3833	3
1979	2	2273	3	2591	7	2861	2	3217	5	3533	2	3847	5
1987	2	2281	7	2593	7	2879	7	3221	10	3539	2	3851	2
1993	5	2287	19	2609	3	2887	5	3229	6	3541	7	3853	2
1997	2	2293	2	2617	5	2897	3	3251	6	3547	2	3863	5
1999	3	2297	5	2621	2	2903	5	3253	2	3557	2	3877	2
2003	5	2309	2	2633	3	2909	2	3257	3	3559	3	3881	13
2011	3	2311	3	2647	3	2917	5	3259	3	3571	2	3889	11
2017	5	2333	2	2657	3	2927	5	3271	3	3581	2	3907	2
2027	2	2339	2	2659	2	2939	2	3299	2	3583	3	3911	13
2029	2	2341	7	2663	5	2953	13	3301	6	3593	3	3917	2
2039	7	2347	3	2671	7	2957	2	3307	2	3607	5	3919	3
2053	2	2351	13	2677	2	2963	2	3313	10	3613	2	3923	2

2063	5	2357	2	2683	2	2969	3	3319	6	3617	3	3929	3
2069	2	2371	2	2687	5	2971	10	3323	2	3623	5	3931	2
2081	3	2377	5	2689	19	2999	17	3329	3	3631	21	3943	3
2083	2	2381	3	2693	2	3001	14	3331	3	3637	2	3947	2
2087	5	2383	5	2699	2	3011	2	3343	5	3643	2	3967	6
2089	7	2389	2	2707	2	3019	2	3347	2	3659	2	3989	2
2099	2	2393	3	2711	7	3023	5	3359	11	3671	13		
2111	7	2399	11	2713	5	3037	2	3361	22	3673	5		
2113	5	2411	6	2719	3	3041	3	3371	2	3677	2		

表B $\sqrt{D}$ $(D < 100)$ の連分数展開

（右欄の数字は第1番目を除いた第2番目以下が循環する）

D	
2	1, 2
3	1, 1, 2
5	2, 4
6	2, 2, 4
7	2, 1, 1, 1, 4
8	2, 1, 4
10	3, 6
11	3, 3, 6
12	3, 2, 6
13	3, 1, 1, 1, 1, 6
14	3, 1, 2, 1, 6
15	3, 1, 6
17	4, 8
18	4, 4, 8
19	4, 2, 1, 3, 1, 2, 8
20	4, 2, 8
21	4, 1, 1, 2, 1, 1, 8
22	4, 1, 2, 4, 2, 1, 8
23	4, 1, 3, 1, 8
24	4, 1, 8
26	5, 10
27	5, 5, 10
28	5, 3, 2, 3, 10
29	5, 2, 1, 1, 2, 10
30	5, 2, 10
31	5, 1, 1, 3, 5, 3, 1, 1, 10
32	5, 1, 1, 1, 10
33	5, 1, 2, 1, 10
34	5, 1, 4, 1, 10
35	5, 1, 10
37	6, 12
38	6, 6, 12
39	6, 4, 12
40	6, 3, 12

D	
41	6, 2, 2, 12
42	6, 2, 12
43	6, 1, 1, 3, 1, 5, 1, 3, 1, 1, 12
44	6, 1, 1, 1, 2, 1, 1, 1, 12
45	6, 1, 2, 2, 2, 1, 12
46	6, 1, 3, 1, 1, 2, 6, 2, 1, 1, 3, 1, 12
47	6, 1, 5, 1, 12
48	6, 1, 12
50	7, 14
51	7, 7, 14
52	7, 4, 1, 2, 1, 4, 14
53	7, 3, 1, 1, 3, 14
54	7, 2, 1, 6, 1, 2, 14
55	7, 2, 2, 2, 14
56	7, 2, 14
57	7, 1, 1, 4, 1, 1, 14
58	7, 1, 1, 1, 1, 1, 1, 14
59	7, 1, 2, 7, 2, 1, 14
60	7, 1, 2, 1, 14
61	7, 1, 4, 3, 1, 2, 2, 1, 3, 4, 1, 14
62	7, 1, 6, 1, 14
63	7, 1, 14
65	8, 16
66	8, 8, 16
67	8, 5, 2, 1, 7, 1, 2, 5, 16
68	8, 4, 16
69	8, 3, 3, 1, 4, 1, 3, 3, 16
70	8, 2, 1, 2, 1, 2, 16
71	8, 2, 2, 1, 7, 1, 2, 2, 16
72	8, 2, 16
73	8, 1, 1, 5, 5, 1, 1, 16

D	
74	8, 1, 1, 1, 1, 16
75	8, 1, 1, 1, 16
76	8, 1, 2, 1, 1, 5, 4, 5, 1, 1, 2, 1, 16
77	8, 1, 3, 2, 3, 1, 16
78	8, 1, 4, 1, 16
79	8, 1, 7, 1, 16
80	8, 1, 16
82	9, 18
83	9, 9, 18
84	9, 6, 18
85	9, 4, 1, 1, 4, 18
86	9, 3, 1, 1, 1, 8, 1, 1, 1, 3, 18
87	9, 3, 18
88	9, 2, 1, 1, 1, 2, 18
89	9, 2, 3, 3, 2, 18
90	9, 2, 18
91	9, 1, 1, 5, 1, 5, 1, 1, 18
92	9, 1, 1, 2, 4, 2, 1, 1, 18
93	9, 1, 1, 1, 4, 6, 4, 1, 1, 1, 18
94	9, 1, 2, 3, 1, 1, 5, 1, 8, 1, 5, 1, 1, 3, 2, 1, 18
95	9, 1, 2, 1, 18
96	9, 1, 3, 1, 18
97	9, 1, 5, 1, 1, 1, 1, 1, 1, 5, 1, 18
98	9, 1, 8, 1, 18
99	9, 1, 18

練習問題の解答

1.1

1. $-[-x]$, $\left[x+\dfrac{1}{2}\right]$

2. 左辺 $=f(x)$, 右辺 $=g(x)$ とおく. $x=0$ とおくと, $f(0)=0, g(0)=0, f(0)=g(0)$. $f(x)$ は $x=\dfrac{m}{n}$ (m は整数) のとき, 1だけ飛躍する. 同じく, $g(x)$ も $x=\dfrac{m}{n}$ で1だけ飛躍する. だからつねに $f(x)=g(x)$. すなわち, $[x]+\left[x+\dfrac{1}{n}\right]+\left[x+\dfrac{2}{n}\right]+\cdots+\left[x+\dfrac{n-1}{n}\right]=[nx]$.

3.

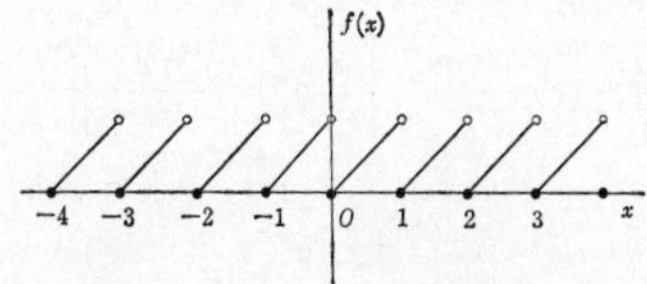

4. $x=[x]+\langle x\rangle, y=[y]+\langle y\rangle$ だから, $[x+y]=[[x]+\langle x\rangle+[y]+\langle y\rangle]=[[x]+[y]+\langle x\rangle+\langle y\rangle]=[x]+[y]+[\langle x\rangle+\langle y\rangle]\geqq[x]+[y]$.

   また $[x+y]\leqq[x]+[y]+1$ となることも明らかである.

5. $x=[x]+\langle x\rangle$, $y=[y]+\langle y\rangle$ だから, $[2x]+[2y]-[x]-[x+y]-[y]=[2[x]+2\langle x\rangle]+[2[y]+2\langle y\rangle]-$

$[x]-[[x]+\langle x\rangle+[y]+\langle y\rangle]-[y]=2[x]+[2\langle x\rangle]+2[y]+[2\langle y\rangle]-[x]-[x]-[y]-[\langle x\rangle+\langle y\rangle]-[y]=[2\langle x\rangle]+[2\langle y\rangle]-[\langle x\rangle+\langle y\rangle]$.

これは $0\leqq\langle x\rangle<\frac{1}{2}, 0\leqq\langle y\rangle<\frac{1}{2}$ のときは $=0$.

$0\leqq\langle x\rangle<\frac{1}{2}, \frac{1}{2}\leqq\langle y\rangle<1$ のときは $=0+1-1=0$. または $=0+1-0=1$.

$\frac{1}{2}\leqq\langle x\rangle<1, 0\leqq\langle y\rangle<\frac{1}{2}$ のときも同様.

$\frac{1}{2}\leqq\langle x\rangle<1, \frac{1}{2}\leqq\langle y\rangle<1$ のときは $=1+1-1=1$.

いずれの場合も $\geqq 0$.

$\therefore\quad [2x]+[2y]\geqq[x]+[x+y]+[y]$.

6. $nx=[nx]+\langle nx\rangle$. $[nx]=qn+r\ (0\leqq r\leqq n-1)$ とすると $nx=qn+r+\langle nx\rangle$, $q=\left[\frac{[nx]}{n}\right]$.

$x=\frac{qn+r+\langle nx\rangle}{n}=q+\frac{r+\langle nx\rangle}{n}$, $r+\langle nx\rangle<n$ だから $[x]=q+\left[\frac{r+\langle nx\rangle}{n}\right]=q=\left[\frac{[nx]}{n}\right]$.

7. $[x_1+x_2+\cdots+x_n]=[[x_1]+\langle x_1\rangle+[x_2]+\langle x_2\rangle+\cdots+[x_n]+\langle x_n\rangle]=[x_1]+[x_2]+\cdots+[x_n]+[\langle x_1\rangle+\langle x_2\rangle+\cdots+\langle x_n\rangle]\geqq[x_1]+[x_2]+\cdots+[x_n]$.

8. この等式が成立するには $0\leqq\frac{x}{a-1}-\frac{x}{a}<1$ でなければならない. $0\leqq\frac{x}{a(a-1)}<1$, $0\leqq x<a(a-1)$.

逆に $x<a(a-1)$ とすると $x=q(a-1)+r=qa+(r-q)$ $\left(q=\left[\frac{x}{a-1}\right],\ 0\leqq r<a-1,\ 0\leqq q<a-1\right)$.

$r \geqq q$ ならば $\left[\dfrac{x}{a}\right] = q$. $r < q$ ならば $\left[\dfrac{x}{a}\right] = q-1 = \left[\dfrac{x}{a-1}\right] - 1$. したがって x は $x = q(a-1)+r\ (0 \geqq q \leqq r < a-1)$ なる整数の全体である.

9. $-1 < x-1-\dfrac{x+2}{2} < 1$ なる x を求めると $-2 < 2x-2-x-2 < 2$, $-2 < x-4 < 2$, $2 < x < 6$. この区間で値のかわるのは $[x-1]$ は整数の点 3, 4, 5, $\left[\dfrac{x+2}{2}\right]$ は偶数の点 4 である. $x=3$ のときは $[x-1]=2$, $\left[\dfrac{x+2}{2}\right]=2$. $x=4$ のときは $[x-1]=3$, $\left[\dfrac{x+2}{2}\right]=3$. $x=5$ のときは $[x-1]=4$, $\left[\dfrac{x+2}{2}\right]=3$. 等式の成立するのは $3 \leqq x < 5$ である.

10. $x=[x]+x'$, $y=[y]+y'$ とおく. すなわち $x'=\langle x\rangle$, $y'=\langle y\rangle$. $f(x,y)=[4x]+[4y]-[x]-[y]-[2x+y]-[x+2y] = [4x']+[4y']-[x']-[y']-[2x'+y']-[x'+2y'] = [4x']+[4y']-[2x'+y']-[x'+2y']$, $f(x,0)=[4x']-[2x']-[x']=[2x'+x'+x']-[2x']-[x'] \geqq 0$. ここで簡単のために x', y' のかわりに x, y と書きかえる. $0 \leqq x < 1, 0 \leqq y < 1$. $2x+y < 3, x+2y < 3$ だから $[2x+y] \leqq 2, [x+2y] \leqq 2$. x, y について対称だから $x \leqq y$ と仮定しても一般性は失われない.

(1) $[2x+y]=0, [x+2y]=0$ のときは $[4x]+[4y] \geqq 0$. したがって $f(x,y) \geqq 0$.

(2) $[2x+y]=0, [x+2y]=1$ ならば $x+2y \geqq 1, 2x+4y \geqq 2, 4x+4y \geqq 2$. $[4x]+[4y] \leqq [4x+4y] \leqq [4x]+[4y]+1$, $[4x]+[4y] \geqq [4x+4y]-1 \geqq 2-1=1$. したがって $f(x,y) \geqq 1-0-1=0$.

(3) $[2x+y]=1, [x+2y]=1$ ならば $2 > 2x+y \geqq$

1, $2>x+2y\geqq 1$, $4>3x+3y\geqq 2$, $4x+4y\geqq 2$. ここで $[4x+4y]=2$ ならば $4x+4y<3, 4x+2y\geqq 2$. だから $2y<1, y<\dfrac{1}{2}, 4x>1, x>\dfrac{1}{4}, y\geqq x>\dfrac{1}{4}, 4y>1, 4x>1$. だから $[4x]+[4y]\geqq 1+1\geqq 2$. このときは $f(x,y)\geqq 0$. $[4x+4y]\geqq 3$ ならば $[4x]+[4y]\geqq [4x+4y]-1\geqq 2$. したがって $f(x,y)\geqq 0$.

(4) $[2x+y]=1, [x+2y]=2$ ならば $2x+y\geqq 1, x+2y\geqq 2$. 等号が同時に成立するときは $x=0, y=1$ で, これは起こらないから $3x+3y>3, x+y>1, 4x+4y>4, [4x+4y]\geqq 4, [4x]+[4y]\geqq 3$. したがって $f(x,y)\geqq 0$.

(5) $[2x+y]=2, [x+2y]=2$ ならば $2x+y\geqq 2, x+2y\geqq 2, 3x+3y\geqq 4, x+y\geqq\dfrac{4}{3}, 4x+4y\geqq\dfrac{16}{3}>5$, $[4x+4y]\geqq 5, [4x]+[4y]\geqq 4$, したがって $f(x,y)\geqq 4-2-2=0$.

11. $[a], [2a], \cdots, [Na]$ が異なる整数であるためには $Na\geqq N-1$ となるべきである. $a\geqq\dfrac{N-1}{N}$. a のかわりに $\dfrac{1}{a}$ を考えて $\dfrac{1}{a}\geqq\dfrac{N-1}{N}, a\leqq\dfrac{N}{N-1}$.

$$\therefore\quad \frac{N-1}{N}\leqq a\leqq\frac{N}{N-1}.$$

1.2

1. $a=17\cdot 13+r=221+r\ (0\leqq r<13)$, $221\leqq a\leqq 233$.

2. $371=14b+r\ (0\leqq r<b), 14b\leqq 371$, $b\leqq\dfrac{371}{14}=26+\dfrac{7}{14}=26+\dfrac{1}{2}$, $b\leqq 26$. また $371<14b+b=15b$, $b>\dfrac{371}{15}=24+\dfrac{11}{15}$, $b\geqq 25$. b は 25 または 26. $b=25$ ならば $371=14\cdot 25+21$. $b=26$ ならば $371=14\cdot 26+7$.

3. $a=qb+r\,(0\leqq r<b), na=qnb+nr\,(0\leqq nr<nb)$. つまり商は q で余りは nr である.

4. $a=qb+r, a'=q'b+r', a+a'=(q+q')b+(r+r')$. $0\leqq r+r'<2b$ であるが, $r+r'<b$ なら商は $q+q'$, 余りは $r+r'$ である. $b\leqq r+r'<2b$ ならば, $a+a'=(q+q'+1)b+(r+r'-b)$ となり, 商は $q+q'+1$, 余りは $r+r'-b$ である. また $a-a'=(q-q')b+(r-r')$. $r\geqq r'$ なら商は $q-q'$ で余りは $r-r'$ である. $r<r'$ ならば $a-a'=(q-q'-1)b+(b+r-r')$. 商は $q-q'-1$, 余りは $b+r-r'$ である.

1.3

1. 1089
2. 2178
3. その数を $10^2a+10b+c$ とする. ただし $a\neq c$. 数字を逆にすると $10^2c+10b+a$. 差をつくると $(10^2a+10b+c)-(10^2c+10b+a)=99(a-c)$. $|a-c|=x_1$ とする. $a_1=99x_1=100(x_1-1)+10\cdot 9+10-x_1$ つまりこの数は 100 の位は x_1-1, 10 の位は 9, 1 の位は $10-x_1$. ここで数字を入れかえると, $100(10-x_1)+10\cdot 9+(x_1-1)$ となり, 差をつくると, $a_2=99\,|2x_1-11|$. ここで $|2x_1-11|=x_2$ とおく. $a_2=99x_2$. 同様に $|2x_2-11|=x_3$, $|2x_3-11|=x_4, \cdots\cdots$ となる. $|2x-11|$ はつねに奇数であるから, かりに $x_1=1$ とすると, $x_2=|2x_1-11|=9, x_3=|2x_2-11|=|18-11|=7, x_4=|2x_3-11|=|14-11|=3, x_5=|2x_4-11|=|6-11|=5, x_6=|2x_5-11|=|10-11|=1=x_1$. すべての奇数を通ってまたもとの x_1 にもどる. したがってどの奇数から出発しても 5 回目にはもとにもどる.
4. $100x+10y+z=11(x+y+z), 89x=y+10z$.

$x=1, y=9, z=8$. 答 198.

2.1

1. $(a\pm b, ab)>1$ ならば，その1つの素因数を p とする．$p)ab$. だから $p)a$ または $p)b$ とする．もし $p)a$ とすると $p)a\pm b$ であるから $p)b$ となる．これは $(a, b)=1$ に矛盾する．$p)b$ の場合も同様である．したがって $(a+b, ab)=1, (a-b, ab)=1$ が得られる．
2. $3)a+b$ ならば $a^2-ab+b^2=(a+b)^2-3ab$ だから $3)a^2-ab+b^2$ となる．しかし1. によって $a+b$ と ab は互いに素だから，他の素因数を有しない．$3)a+b$ でないならば1. によって $(a+b, 3ab)=1$.
3. $(a, b)=d$ とすると $a=da', b=db'$ となり $(a', b')=1$. $[a, b]=[da', db']=d[a', b']$. $(a+b, [a, b])=(d(a'+b'), d[a', b'])=d(a'+b', [a', b'])$. ここで $[a', b']=a'\times b'$ だから $=d(a'+b', a'b')$. 1. によって $=d\cdot 1=d$.
4. $10=2\cdot 5, 100=2^2\cdot 5^2$ であるから $2^2\cdot 5^2=100$ と $2\cdot 5=10$, $2^2\cdot 5=20$ と $2\cdot 5^2=50$.
5. $(a, b))a$ であるが $(a, b)=[a, b]$ だから $[a, b])a$. 一方 $a)[a, b]$ だから $a=(a, b)=[a, b]$. b についても同様 $b=(a, b)=[a, b]$. だから $a=b$.
6. $x=g, y=l$ とおけばよい．$(g, l)=g, [g, l]=l$ となる．
7. $(a_1, a_2, \cdots, a_m)\cdot(b_1, b_2, \cdots, b_m)=(a_1(b_1, b_2, \cdots, b_m), a_2(b_1, b_2, \cdots, b_m), \cdots, a_m(b_1, b_2, \cdots, b_m))=((a_1b_1, a_1b_2, \cdots, a_1b_m), (a_2b_1, a_2b_2, \cdots, a_2b_m), \cdots, (a_mb_1, \cdots, a_mb_m))=(a_1b_1, a_1b_2, \cdots, \cdots, a_ib_k, \cdots, a_mb_m)$.
8. $(3n+5, 5n+8)=(3n+5, 2n+3)=(n+2, 2n+3)=(n+2, n+1)=(1, n+1)=1$. ゆえに n は任意である．ただし $n\geqq 9$.
9. $2n+1)n^4+n^2=n^2(n^2+1)$. $(2n+1, n)=1$ であるか

ら $2n+1)n^2+1$. これは $2n+1)4n^2+4$. $2n+1=k$ とおく. $2n=k-1$. $4n^2+4=(k-1)^2+4=k^2-2k+5$, $k)5$, $k=\pm 1$, $k=\pm 5$. $n>0$ だから $k \geqq 3$. $k=5$, $n=2$.

10. $(5l+6, 8l+7)=(5l+6, 3l+1)=(2l+5, 3l+1)=(2l+5, l-4)=(13, l-4)$. 13 は素数だから $l=13n+4$. ただし n は整数.

2.2

1. $\dfrac{a}{b}+\dfrac{d}{c}=\dfrac{ac+bd}{bc}$ が整数なら $b)ac+bd$, $b)ac$. $(a, b)=1$ だから $b)c$. 同じく $c)ac+bd$, $c)bd$. $(c, d)=1$ だから $c)b$. だから $b=c$.

2. a と b の素因数分解において奇数の指数が現われたら, ab の素因数分解にも奇数の指数が現われるはずである. なぜなら, $(a, b)=1$ で a, b に共通の素数はないからである. そうすると ab は完全平方ではなくなる. だから a と b の素因数分解には偶数の指数しか現われない. つまり, a, b は完全平方である.

 k 乗のときも同様で, a, b がともに整数の k 乗となる.

 一般に $a, b, c, \cdots, h$ が 2 つずつ互いに素で, $abc\cdots h$ が整数の k 乗ならば $a, b, c, \cdots, h$ のおのおのは整数の k 乗である. したがって $a, b, c, \cdots, h$ が 2 つずつ互いに素で, $abc\cdots h$ が完全平方ならば $a, b, c, \cdots, h$ のおのおのは完全平方である. 証明は 2 つの場合と同様である.

3. $p(p+10)(p+20)=p(p^2+30p+200)=p(p^2+30p-1+201)=p(p^2-1)+3p(10p+67)=(p-1)p(p+1)+3p(10p+67)$. ここで $p-1, p, p+1$ は連続した 3 つの数だからどれか 1 つは 3 で割り切れる. したがって $p(p+10)(p+20)$ は 3 で割り切れる. だから $p, p+10, p+20$ のどれかは 3 で割り切れる. $p+10$ か $p+20$ かが 3 で割

り切れるときは，$p+10$ か $p+20$ は素数ではない．だから p が 3 で割れねばならない．$p>3$ なら p は素数でないから $p=3$ でなければならない．そのとき $p, p+10, p+20$ は 3, 13, 23 となり，すべて素数である．

4. $2^m \leqq n < 2^{m+1}$ となる m を定める．このとき，$\frac{1}{2}+\frac{1}{3}+\cdots+\frac{1}{n}$ を通分したとき $1, 2, 3, \cdots, n$ の最小公倍数が分母となり，そのときの 2 の累乗は 2^m である．このとき，$\frac{1}{2^m}$ を通分したときの分子は奇数であり，他の分子は偶数である．だから，分子は奇数である．だから 2^m と約分することはできない．だから整数にはなれない．

5. 3 の累乗に着目して前題と同じことをする．$3^m \leqq 2n+1 < 3^{m+1}$ とすると，分母の最小公倍数は $3^m \cdot 5^{\alpha_1} \cdots$ という分解をする．このとき $\frac{1}{3^m}$ の分子は 3 では割り切れない．ところが他の分子はすべて 3 の倍数である．だから 3^m で約分はできない．だからこの分数は整数にはなれない．

6. a, b の素因数分解を $a=p_1^{\alpha_1}p_2^{\alpha_2}\cdots p_k^{\alpha_k}$，$b=p_1^{\beta_1}p_2^{\beta_2}\cdots p_k^{\beta_k}$ とする．$\alpha_1>0$ とすると $\alpha_1 \leqq 2\beta_1$，$2\beta_1 \leqq 3\alpha_1$，$3\alpha_1 \leqq 4\beta_1, \cdots\cdots$．一般に $\frac{2n+1}{2n+2} \leqq \frac{\beta_1}{\alpha_1} \leqq \frac{2n+3}{2n+2} (n=0, 1, 2, \cdots)$．したがって $1 \leqq \frac{\beta_1}{\alpha_1} \leqq 1$．だから $\alpha_1=\beta_1$．同じく $\alpha_2=\beta_2, \alpha_3=\beta_3, \cdots$ だから $a=b$．

7. $x=abc=10^2a+10b+c$, $x)10^4\cdot 7+7+10x=7(10^4+1)+10x$. $x)7(10^4+1)=7\times 73\cdot 137$. 3 ケタの約数は $7\times 73=511, 137, 137\times 7=959$.

8. $\left\{\begin{array}{l|l} 2 & 3\cdot 2^5 \\ 2\cdot 2 & 3\cdot 2^4 \\ 2\cdot 2\cdot 2 & 3\cdot 2^3 \\ 2\cdot 2\cdot 2\cdot 2 & 3\cdot 2^2 \\ 2^5 & 3\cdot 2 \end{array}\right.$ $(x+y)(x-y)=192=2^6\cdot 3$ より $x+y$ と $x-y$ の組合わせは左のようになる．これから下のような解を得る．

$$\left\{\begin{array}{l} x=49, y=-47 \\ x=26, y=-22 \\ x=16, y=-8 \\ x=14, y=2 \\ x=19, y=13 \end{array}\right.$$

9. $(a,b)=1$ とする．$x_{n+m}=a^m x_n+(a^{m-1}+a^{m-2}+\cdots+a+1)b$ となる．x_n が素数 p であるとする．$a=1$ ならば $x_{n+m}=p+mb$．$m=p$ とすると $p)x_{n+m}$．だから x_{n+m} は素数ではない．$a>1$ のとき，$(p,a)=1$ であるから $a(a^{p-2}+a^{p-3}+\cdots+1)=a^{p-1}+a^{p-2}+\cdots+a=a^{p-2}+\cdots+1$ $\therefore$ $p)a^{p-1}+\cdots+1$．したがって $p)x_{n+p-1}$．

10. $1954=n^2-m^2=(m+n)(m-n), 1954=2\cdot 977.\ 977$ は素数だから

$$\left\{\begin{array}{l} m+n=1954 \\ m-n=1 \end{array}\right., \left\{\begin{array}{l} m+n=977 \\ m-n=2 \end{array}\right.$$

整数解は存在しない．

11. $111\cdots 1=10^{n-1}+\cdots+1=\dfrac{10^n-1}{10-1}=\dfrac{10^n-1}{9}$．

$n=kl$ ならば $=\dfrac{(10^k)^l-1}{9}$

$$=\frac{(10^k-1)(10^{k(l-1)}+10^{k(l-2)}\cdots+1)}{9}$$

$$= \underbrace{11\cdots1}_{k} \times (\overbrace{\overbrace{10\cdots0}^{k}\overbrace{10\cdots0}^{k}\cdots\overbrace{10\cdots0}^{k}}^{l-1}1$$ と分解される.

注意（逆は真ならず.）例. $111=3\cdot37$, $11111=41\cdot271$. またこの形の数のなかに無限の素数があるかどうかは不明.

12. 十位と一位の数字を x, y とする. $10x+y=2xy$, $(2x-1)(y-5)=5$.

$$(\mathrm{i})\begin{cases} 2x-1=5 \\ y-5=1 \end{cases} \rightarrow \begin{cases} x=3 \\ y=6 \end{cases}$$

$$(\mathrm{ii})\begin{cases} 2x-1=-5 \\ y-5=-1 \end{cases} \rightarrow \begin{cases} x=-2 \\ y=4 \end{cases}$$

$$(\mathrm{iii})\begin{cases} 2x-1=1 \\ y-5=5 \end{cases} \rightarrow \begin{cases} x=1 \\ y=10 \end{cases}$$

$$(\mathrm{iv})\begin{cases} 2x-1=-1 \\ y-5=-5 \end{cases} \rightarrow \begin{cases} x=0 \\ y=0 \end{cases}$$

(ii)〜(iv) は不可能だから答　36.

13. n をこえない2の累乗のうち最大のものを 2^k とする. すなわち $2^k \leqq n < 2^{k+1}$. もし $\dfrac{a_2}{2}+\dfrac{a_3}{3}+\cdots+\dfrac{a_n}{n}$ が整数であったら, このなかの $\dfrac{a_{2^k}}{2^k}$ は $(2^k, a_{2^k})=1$ だから既約分数となり, これが $-\dfrac{a_{2^k}}{2^k}=\dfrac{a_2}{2}+\cdots+\dfrac{a_{2^k-1}}{2^k-1}+\dfrac{a_{2^k+1}}{2^k+1}+\cdots+\dfrac{a_n}{n}-b$ と表わされることになる. ここで

b は整数である．右辺を通分すると，2の累乗は高々 2^{k-1} までしか現われないから，素因数分解の一意性によって矛盾が生ずる．したがって，上の数は整数ではない．

3.1

1. $\dfrac{(2m)!(2n)!}{m!(m+n)!n!}$ の素因数分解における p の指数は

$$\sum_{k=1}\left(\left[\frac{2m}{p^k}\right]+\left[\frac{2n}{p^k}\right]-\left[\frac{m}{p^k}\right]-\left[\frac{m+n}{p^k}\right]-\left[\frac{n}{p^k}\right]\right).$$

この各項は $[2x]+[2y]\geqq[x]+[x+y]+[y]$ によって負ではない．だから指数は負でない．ゆえに，整数である．

2. p の指数は $\displaystyle\sum_{k=1}\left(\left[\frac{4m}{p^k}\right]+\left[\frac{4n}{p^k}\right]-\left[\frac{m}{p^k}\right]-\left[\frac{n}{p^k}\right]-\left[\frac{2m+n}{p^k}\right]-\left[\frac{m+2n}{p^k}\right]\right)$．ところが $[4x]+[4y]\geqq[x]+[y]+[2x+y]+[x+2y]$ によって各項は負でない．だから p の指数は負でない．ゆえに整数である．

3. p の指数は $\displaystyle\sum_{s=1}\left(\left[\frac{p^k}{p^s}\right]-\left[\frac{p^l m}{p^s}\right]-\left[\frac{p^k-p^l m}{p^s}\right]\right)$.

$s=1,2,\cdots,l$ までは $\dfrac{p^k}{p^s},\ \dfrac{p^l m}{p^s},\ \dfrac{p^k-p^l m}{p^s}$ は整数であるから $\left[\dfrac{p^k}{p^s}\right]-\left[\dfrac{p^l m}{p^s}\right]-\left[\dfrac{p^k-p^l m}{p^s}\right]=0$．$s=l+1,\cdots,k$ に対しては $\dfrac{p^k}{p^s}$ は整数で $\dfrac{p^l m}{p^s},\dfrac{p^k-p^l m}{p^s}$ は整数ではない．だから $\left[\dfrac{p^k}{p^s}\right]-\left[\dfrac{p^l m}{p^s}\right]-\left[\dfrac{p^k-p^l m}{p^s}\right]=1$．だから $\displaystyle\sum_{s=1}\left(\left[\frac{p^k}{p^s}\right]-\left[\frac{p^l m}{p^s}\right]-\left[\frac{p^k-p^l m}{p^s}\right]\right)=\overbrace{0+0+\cdots+0}^{l}$

$\overbrace{+1+\cdots+1}^{k-l}=k-l$. だから $\binom{p^k}{p^l m}=p^{k-l}\cdots$

4. n を 2 進法で表わしてみよう. $n=c_0+c_1\cdot 2+c_2\cdot 2^2+c_3\cdot 2^3+\cdots+c_{k-1}2^{k-1}$ $(c_{k-1}=1)$. このとき, 途中の c_i に 0 が現われるものとし, $c_{i+1}=1$ としよう. このとき, $m=1\times 2^i$ とおくと, $n-m=c_0+c_1\cdot 2+c_2\cdot 2^2+\cdots+1\cdot 2^i+0\cdot 2^{i+1}+c_{i+2}\cdot 2^{i+2}+\cdots+c_{k-1}\cdot 2^{k-1}$. $n!$ の 2 の指数は定理 3.6 によって,

$$\frac{n-(c_0+c_1+\cdots+c_{i-1}+0+1+c_{i+2}+\cdots+c_{k-1})}{2-1}.$$

$m!$ のそれは $\dfrac{m-1}{2-1}$. $(n-m)!$ のそれは

$$\frac{(n-m)-(c_0+\cdots+c_{i-1}+1+0+c_{i+2}+\cdots+c_{k-1})}{2-1}.$$

$\binom{n}{m}$ の 2 の指数は $\dfrac{1}{2-1}(n-(c_0+c_1+\cdots+c_{i-1}+0+1+c_{i+2}+\cdots+c_{k-1})-(m-1)-(n-m-(c_0+\cdots+c_{i-1}+1+0+c_{i+2}+\cdots+c_{k-1})))=1$. したがって 2 で割り切れるから偶数である. つまり n の 2 進法展開で 0 が現われると $\binom{n}{m}$ のなかに偶数が現われる. つまり奇数であるためには $n=1+2+2^2+\cdots+2^{k-1}=2^k-1$ の形でなければならない.

逆に, $n=1+2+2^2+\cdots+2^{k-1}$ の形のときは $n=11\cdots 11$ で $m+(n-m)$ は繰上りがない. だから, $m, n-m$ の展開の係数は 0 と 1 のどちらかがでてくる. このときは 2 の指数は 0 であり, $\binom{n}{m}$ はすべて奇数である.

5. $\dfrac{(2n)!}{n!n!(n+1)}=\dfrac{(2n)!}{n!(n+1)!}$ の素因数分解における p の指数は $\left[\dfrac{2n}{p}\right]+\left[\dfrac{2n}{p^2}\right]+\cdots-\left[\dfrac{n}{p}\right]-\left[\dfrac{n}{p^2}\right]-\cdots-$

$\left[\dfrac{n+1}{p}\right]-\left[\dfrac{n+1}{p^2}\right]-\cdots$となる．ここで$\left[\dfrac{2n}{p^m}\right]-\left[\dfrac{n}{p^m}\right]-\left[\dfrac{n+1}{p^m}\right]\geqq 0$を証明すればよい．$n=qp^m+r\,(0\leqq r<p^m)$．

(1) $r=p^m-1$のときは$2n=2qp^m+2r=2qp^m+2(p^m-1)=2qp^m+p^m+(p^m-2)=(2q+1)p^m+(p^m-2)$, $\left[\dfrac{2n}{p^m}\right]=2\left[\dfrac{n}{p^m}\right]+1=\left[\dfrac{n}{p^m}\right]+\left[\dfrac{n}{p^m}\right]+1\geqq\left[\dfrac{n}{p^m}\right]+\left[\dfrac{n+1}{p^m}\right]$．

(2) $r<p^m-1$のとき$n=qp^m+r, n+1=qp^m+(r+1)$, $\left[\dfrac{n}{p^m}\right]+\left[\dfrac{n+1}{p^m}\right]=2q=2\left[\dfrac{n}{p^m}\right]\leqq\left[\dfrac{2n}{p^m}\right]$．

3.2

1. (1) $n={p_1}^{\alpha_1}{p_2}^{\alpha_2}\cdots{p_r}^{\alpha_r}$としよう．このとき$\varphi(n)=n\left(1-\dfrac{1}{p_1}\right)\left(1-\dfrac{1}{p_2}\right)\cdots\left(1-\dfrac{1}{p_r}\right)=\dfrac{2}{3}n$とすると$\left(1-\dfrac{1}{p_1}\right)\left(1-\dfrac{1}{p_2}\right)\cdots\left(1-\dfrac{1}{p_r}\right)=\dfrac{2}{3}$，左辺の素数には必ず3が現われねばならない．これを$p_1=3$としよう．そうすると$\left(1-\dfrac{1}{p_2}\right)\left(1-\dfrac{1}{p_3}\right)\cdots\left(1-\dfrac{1}{p_r}\right)=1$だから他の素数は現われない．したがって$n=3^\alpha$．

(2) 同じく$\left(1-\dfrac{1}{p_1}\right)\left(1-\dfrac{1}{p_2}\right)\cdots\left(1-\dfrac{1}{p_r}\right)=\dfrac{1}{3}$．左辺の素数には3が現われねばならない．それを$p_1=3$としよう．すると$\left(1-\dfrac{1}{3}\right)\left(1-\dfrac{1}{p_2}\right)\left(1-\dfrac{1}{p_3}\right)\cdots\left(1-\dfrac{1}{p_r}\right)=\dfrac{1}{3}$．$\left(1-\dfrac{1}{p_2}\right)\left(1-\dfrac{1}{p_3}\right)\cdots\left(1-\dfrac{1}{p_r}\right)=$

$\frac{1}{2}$. また左辺の素数には2が現われねばならぬ. これを $p_2=2$ としよう. すると $\left(1-\frac{1}{p_3}\right)\cdots\left(1-\frac{1}{p_r}\right)=1.$ したがって他の素数は出現しない. だから $n=2^\alpha 3^\beta$.

(3)　同じく $\left(1-\frac{1}{p_1}\right)\left(1-\frac{1}{p_2}\right)\cdots\left(1-\frac{1}{p_r}\right)=\frac{1}{4}.$ 左辺を通分すると, 分母には素数の2乗は現われない. だから $\frac{1}{4}=\frac{1}{2^2}$ にはなりえない. だからこのような n は存在しない.

2.　$\varphi(p_1p_2p_3)=(p_1-1)(p_2-1)(p_3-1)$
$=p_1p_2p_3-(p_2p_3+p_3p_1+p_1p_2)+(p_1+p_2+p_3)-1,$
$\varphi(p_1p_2p_3)+d(p_1p_2p_3)=2(p_1p_2p_3+p_1+p_2+p_3)$
$=10560+7560=18120,\ p_1p_2p_3+p_1+p_2+p_3=9060.$

$d(p_1p_2p_3)-\varphi(p_1p_2p_3)=2(p_2p_3+p_3p_1+p_1p_2+1)=$ $10560-7560=3000,\ 2(p_2p_3+p_3p_1+p_1p_2)=2998.$

$(p_1+p_2+p_3)^2=p_1^2+p_2^2+p_3^2+2(p_2p_3+p_3p_1+p_1p_2)=$ $2331+2998=5329,\ p_1+p_2+p_3=73,\ p_1p_2p_3+73=$ $9060,\ p_1p_2p_3=9060-73=8987=11\cdot 817=11\cdot 19\cdot 43.$ $p_1<p_2<p_3$ ならば

$$\begin{cases} p_1=11 \\ p_2=19 \\ p_3=43 \end{cases}$$

3.　円周を n 等分した点に $0, 1, 2, 3, \cdots, n-1$ と番号をつけてみよう. 0から出発して d 番目ごとにとっていって, $d, 2d, 3d, \cdots, (n-1)d$ がみな $(\mathrm{mod}\, n)$ について異なるためには $(d, n)=1$ とならねばならない. 逆に $(d, n)=1$ ならば $d, 2d, \cdots, (n-1)d$ はみな異なる. そのような d の数は $\varphi(n)$ である.

また d のかわりに $n-d$ を選んでも図形は同じになるから，図形の種類は $\dfrac{\varphi(n)}{2}$ である.

たとえば $n=7$ なら $\dfrac{\varphi(7)}{2}=\dfrac{6}{2}=3$ である.

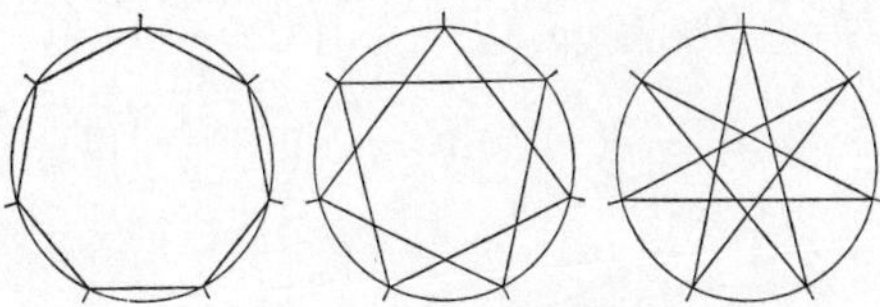

3.3

1.　$a_1^2+a_2^2+\cdots+a_{\varphi(n)}{}^2=f(n)$ とおく．$(x,n)=d$，$0\leqq x<n$ なる x について $\displaystyle\sum_{(x,\,n)=d} x^2=\sum_{\left(x',\,\frac{n}{d}\right)=1}(dx')^2=d^2f\left(\frac{n}{d}\right)$．これらを $d)n$ なるすべての d について加えると，$\displaystyle\sum_{d)n} d^2f\left(\frac{n}{d}\right)=0^2+1^2+\cdots+(n-1)^2=\frac{n(n-1)(2n-1)}{6}=\frac{n^3}{3}-\frac{n^2}{2}+\frac{n}{6}$．$d$ のかわりに $\dfrac{n}{d}$ と書きかえると $\displaystyle\sum_{d)n}\left(\frac{n}{d}\right)^2 f(d)=\frac{n^3}{3}-\frac{n^2}{2}+\frac{n}{6}$．$n^2$ で両辺を割ると $\displaystyle\sum_{d)n}\frac{f(d)}{d^2}=\frac{n}{3}-\frac{1}{2}+\frac{1}{6n}$．ここで反転公式を使うと $\displaystyle\frac{f(n)}{n^2}=\sum_{d)n}\left(\frac{1}{3}\left(\frac{n}{d}\right)-\frac{1}{2}+\frac{d}{6n}\right)\mu(d)=\frac{1}{3}\sum_{d)n}\frac{n}{d}\cdot\mu(d)-\frac{1}{2}\sum_{d)n}\mu(d)+\frac{1}{6n}\sum_{d)n}d\mu(d)$．メビウスの関数 $\mu(n)$ の公式より $\displaystyle\sum_{d)n}\frac{n}{d}\cdot\mu(d)=\varphi(n)$．定理 3.10 によって，$\displaystyle\sum_{d)n}\mu(d)=0$．$n$ の素因数を $p_1,p_2,\cdots,p_k$ とすると，$\displaystyle\sum_{d)n}d\mu(d)=1-p_1-p_2-\cdots+(-1)^kp_1p_2\cdots p_k=$

$(1-p_1)(1-p_2)\cdots(1-p_k)=(-1)^k p_1p_2\cdots p_k\left(1-\dfrac{1}{p_1}\right)$

$\cdot\left(1-\dfrac{1}{p_2}\right)\cdots\left(1-\dfrac{1}{p_k}\right)$となるから$\dfrac{f(n)}{n^2}=\dfrac{1}{3}\varphi(n)$

$+\dfrac{1}{6n}(-1)^k p_1p_2\cdots p_k\left(1-\dfrac{1}{p_1}\right)\left(1-\dfrac{1}{p_2}\right)\cdots\left(1-\dfrac{1}{p_k}\right)$

$=\dfrac{1}{3}\varphi(n)+\dfrac{1}{6n^2}(-1)^k p_1p_2\cdots p_k n\left(1-\dfrac{1}{p_1}\right)\left(1-\dfrac{1}{p_2}\right)\cdots$

$\left(1-\dfrac{1}{p_k}\right)=\dfrac{1}{3}\varphi(n)+\dfrac{(-1)^k p_1p_2\cdots p_k\varphi(n)}{6n^2}=\dfrac{\varphi(n)}{3}$

$\cdot\left(1+\dfrac{(-1)^k p_1p_2\cdots p_k}{2n^2}\right).$

結局 $f(n)=\left(\dfrac{n^2}{3}+\dfrac{(-1)^k p_1\cdots p_k}{6}\right)\cdot\varphi(n).$

2.　$a_1a_2\cdots a_{\varphi(n)}=f(n)$とおく．$(x,n)=d,\ 0<x\leqq n$なる$x$の積は$d^{\varphi\left(\frac{n}{d}\right)}f\left(\dfrac{n}{d}\right)$である．$\prod\limits_{d)n} d^{\varphi\left(\frac{n}{d}\right)}f\left(\dfrac{n}{d}\right)=n!$, $\dfrac{n}{d}$の代りにdをおきかえると$n!=\prod\limits_{d)n}\left(\dfrac{n}{d}\right)^{\varphi(d)}f(d)$, $\prod\limits_{d)n} n^{\varphi(d)}=n^{\sum_{d)n}\varphi(d)}=n^n$であるから$n!=n^n\prod\limits_{d)n}\dfrac{f(d)}{d^{\varphi(d)}}$. ゆえに$\prod\limits_{d)n}\dfrac{f(d)}{d^{\varphi(d)}}=\dfrac{n!}{n^n}$．ここで反転公式を適用すると

$\dfrac{f(n)}{n^{\varphi(n)}}=\prod\limits_{d)n}\left(\dfrac{d!}{d^d}\right)^{\mu\left(\frac{n}{d}\right)}$, $f(n)=n^{\varphi(n)}\prod\limits_{d)n}\left(\dfrac{d!}{d^d}\right)^{\mu\left(\frac{n}{d}\right)}$.

3.　${a_1}^3+{a_2}^3+\cdots+{a_{\varphi(n)}}^3=f(n)$とおく．$(x,n)=d\,(0<x\leqq n)$なる$x$について$\sum x^3$をつくると$\sum x^3=d^3f\left(\dfrac{n}{d}\right)$．ここで$\sum\limits_{d)n} d^3f\left(\dfrac{n}{d}\right)=0^3+1^3+\cdots+(n-1)^3$

$=\left\{\dfrac{n(n-1)}{2}\right\}^2=\dfrac{n^4-2n^3+n^2}{4}$．$\dfrac{n}{d}$の代りに$d$とおき

かえると $\sum_{d)n}\left(\frac{n}{d}\right)^3 f(d)=\frac{n^4-2n^3+n^2}{4}$, $n^3\sum_{d)n}\frac{f(d)}{d^3}=\frac{n^4-2n^3+n^2}{4}$, $\sum_{d)n}\frac{f(d)}{d^3}=\frac{n}{4}-\frac{1}{2}+\frac{1}{4n}$. ここで反転公式を使うと $\frac{f(n)}{n^3}=\frac{1}{4}\sum\frac{n}{d}\cdot\mu(d)-\frac{1}{2}\sum\mu(d)+\frac{1}{4}\sum\frac{d\mu(d)}{n}=\frac{\varphi(n)}{4}+\frac{1}{4}\frac{(1-p_1)(1-p_2)\cdots(1-p_k)}{n}=\frac{\varphi(n)}{4}+\frac{(-1)^k p_1p_2\cdots p_k\varphi(n)}{4n^2}$. したがって $f(n)=\frac{n^3\varphi(n)}{4}\left(1+\frac{(-1)^k p_1p_2\cdots p_k}{n^2}\right)$.

4. $\binom{p^km}{p^lm'}=\frac{(p^km)!}{(p^lm')!(p^km-p^lm')!}$ である. 各々の p の指数を求めると $\left[\frac{p^km}{p}\right]+\left[\frac{p^km}{p^2}\right]+\cdots+\left[\frac{p^km}{p^k}\right]+\cdots$, $\left[\frac{p^lm'}{p}\right]+\left[\frac{p^lm'}{p^2}\right]+\cdots+\left[\frac{p^lm'}{p^k}\right]+\cdots$, $\left[\frac{p^km-p^lm'}{p}\right]+\left[\frac{p^km-p^lm'}{p^2}\right]+\cdots$.

ここで $\left[\frac{p^km}{p^r}\right]-\left[\frac{p^lm'}{p^r}\right]-\left[\frac{p^km-p^lm'}{p^r}\right]$ は中の数が整数のときは0である. 残りは $\binom{p^{k-l}m}{m'}$ に対するものと同じになる.

4.1

1. $n\equiv 7 \pmod 8$ のときは $1^2\equiv 1, 2^2\equiv 4, 3^2\equiv 1, 4^2\equiv 0$. だから任意の自然数 x, y, z について $x^2+y^2+z^2\not\equiv 7 \pmod 8$.

2. $1+2+\cdots+n=\frac{n(n+1)}{2}$. したがって $2(1^k+2^k+\cdots+n^k)$ が $n(n+1)$ で整除されることを証明すればよい.

$\bmod n$ では $2(1^k+2^k+\cdots+n^k)\equiv 2(1^k+2^k+\cdots+(n-1)^k)\equiv(1^k+(n-1)^k)+(2^k+(n-2)^k)+\cdots+((n-1)^k+1^k)\equiv(1^k+(-1)^k)+(2^k+(-2)^k)+\cdots+((-1)^k+1^k)$. k が奇数だから $\equiv(1^k-1^k)+(2^k-2^k)+\cdots+(-1^k+1^k)\equiv 0$. $\bmod(n+1)$ では $2(1^k+2^k+\cdots+n^k)\equiv(1^k+n^k)+(2^k+(n-1)^k)+\cdots+(n^k+1^k)k$ は奇数だから $\equiv(1^k-1^k)+(2^k-2^k)+\cdots+(-1^k+1^k)\equiv 0$. $(n,n+1)=1$ だから，$2(1^k+2^k+\cdots+n^k)$ は $n(n+1)$ で整除される．

したがって $1^k+2^k+\cdots+n^k$ は $\dfrac{n(n+1)}{2}$ で整除される．

3. $\bmod 4$ で分類してみる．

(1) $n\equiv 0(\bmod 4)$ のときは $n=4m=4\cdot(m-1)+4$. $n>11$ だから $m-1\geqq 2$. したがって $4\cdot(m-1)$ も 4 も合成数である．

(2) $n\equiv 1(\bmod 4)$ のときは，$n=4m+1=4(m-2)+(2\cdot 4+1)=4(m-2)+9$. $n\geqq 13$ だから $4(m-2)$ も 9 も合成数である．

(3) $n\equiv 2(\bmod 4)$ のときは，$n=4m+2=4(m-1)+(4+2)=4(m-1)+6$, $n\geqq 14$ だから $4(m-1)$ も 6 も合成数である．

(4) $n\equiv 3(\bmod 4)$ のときは，$n\geqq 15$. $n=15$ では $15=6+9$. ここで 6 も 9 も合成数である．$n>15$ のときは，$n=4m+3=4(m-3)+(4\cdot 3+3)=4(m-3)+15$. $n\geqq 19$ だから $4(m-3)$ も 15 も合成数である．

4. $1^{30}+2^{30}+\cdots+10^{30}\equiv 1+(2^{10})^3+\cdots+(10^{10})^3\equiv 1+1+\cdots+1=10\equiv -1$.

5. $27-k=n$ とおく．$k=27-n$, $a-k^3\equiv 0(\bmod n)$, $a\equiv(27-n)^3(\bmod n)$. $a\equiv 27^3(\bmod n)$. あらゆる n に対してこの合同式が成立するためには $a=27^3$ とならねば

ならない.

6. $p>3$ であるから $12=2^2\cdot 3$ とは互いに素である. したがって $p\equiv 1,5,7,11 \pmod{12}$ となる. $p^2\equiv 1^2\equiv 1$, $p^2\equiv 5^2=25\equiv 1$, $p^2\equiv 7^2=49\equiv 1$, $p^2\equiv 11^2=121\equiv 1 \pmod{12}$ すなわち, あらゆる場合に $p^2\equiv 1 \pmod{12}$ となる.

7. $2)b$ は明らかである. $(-1)^n\equiv a+b \pmod 3$.

$$a\equiv\left\{\begin{array}{c}1\\0\\-1\end{array}\right.,\quad b\equiv\left\{\begin{array}{c}1\\0\\-1\end{array}\right..$$

ここで a,b のうち少なくとも 1 つは $\equiv 0 \pmod 3$ でなければならぬ. したがって $3)ab$. $\therefore\quad 2\cdot 3)ab$, $6)ab$.

8. $x=a_6 10^5+a_5 10^4+a_4 10^3+a_3 10^2+a_2 10+a_1$ とおく. $10\equiv 3, 10^2\equiv 2, 10^3\equiv 6\equiv -1, 10^4\equiv 4\equiv -3, 10^5\equiv -2, 10^6\equiv -6\equiv 1 \pmod 7$ であるから $x\equiv a_6(-10^2)+a_5(-10)+a_4(-1)+a_3 10^2+a_2 10+a_1\equiv (a_3 10^2+a_2 10+a_1)-(a_6 10^2+a_5 10+a_4) \pmod 7$.

9. $8640=2^6\cdot 3^3\cdot 5$. $f(x)=(x-2)(x-1)^2x^3(x+1)^2(x+2)$.

(1) $x\equiv 0 \pmod 4$ のときは $4^3)x^3, 2^6)x^3, 2^6)f(x)$.
$x\equiv 1 \pmod 4$ のとき $4^2)(x-1)^2, 2^2)(x+1)^2, 2^6)f(x)$.
$x\equiv -1 \pmod 4$ のとき $4^2)(x+1)^2, 2^2)(x-1)^2, 2^6)f(x)$.
$x\equiv 2\equiv -2 \pmod 4$ のとき $4)x-2, 4)x+2, 2^3)x^3$, $2^7)f(x), 2^6)f(x)$.

(2) $x\equiv 0 \pmod 3$ のとき $3^3)x^3, 3^3)f(x)$.
$x\equiv 1 \pmod 3$ のとき $3^2)(x-1)^2, 3)x+2, 3^3)f(x)$.
$x\equiv -1 \pmod 3$ のとき $3^2)(x+1)^2, 3)(x-2), 3^3)f(x)$.

(3) $5)f(x)$. (1)(2)(3) より $2^6\cdot 3^3\cdot 5)f(x)$.

10. $111\cdots 1=2^{n-1}+2^{n-2}+\cdots+1=2^n-1 (n\geqq 2)$. ここ

で $2^n - 1 = x^k(k > 1)$ とおいてみよう．すなわち $2^n = x^k + 1$．x は奇数である．$x = 2m+1$．かりに k を偶数とすると $k = 2s$, $x^k + 1 = x^{2s} + 1 = (2m+1)^{2s} + 1 = (4m^2 + 4m + 1)^s + 1 \equiv 1^s + 1 = 2 \pmod 4$．$n \geqq 2$ だから $2^n \equiv 0 \pmod 4$．だから $x^k + 1 \not\equiv 2^n \pmod 4$．つぎに k は奇数とすると $x^k + 1 = (x+1)(x^{k-1} - x^{k-2} + \cdots + 1) = 2^n$．したがって $x+1 = 2^r$ という形になる $(1 < r < n)$．$x = 2^r - 1$, $x^k + 1 = (2^r - 1)^k + 1 = (2^r)^k - k(2^r)^{k-1} + \cdots - \binom{k}{2}2^{2r} + \binom{k}{1}2^r - 1 + 1 = 2^r(2^{r(k-1)} + \cdots - \binom{k}{2}2^r + k) = 2^n$．$k$ は奇数だからカッコの中は奇数．したがって，$n > r$ で $2^{n-r} =$ 奇数，となり矛盾である．だからいずれの場合も成立しない．

11. $100x + 10y + z = 200z + 20y + 2x$, $98x = 10y + 199z$, $98x \equiv 199z \pmod{10}$, $8x \equiv 9z \pmod{10}$．これを満たす x, z の組について $98x = 10y + 199z$ を満たすかどうか調べる．

$x = 1, z = 2 \to \times$ 右辺大
$x = 2, z = 4 \to \times$ 〃
$x = 3, z = 6 \to \times$ 〃
$x = 4, z = 8 \to \times$ 〃
$x = 5, z = 0 \to \times\ y = 49$ 不可能
$x = 6, z = 2 \to \times\ y = 19$ 〃
$x = 7, z = 4 \to \times\ 686 = 10y + 796$ 不可能
$x = 8, z = 6 \to \times\ 784 = 10y + 1194$ 〃
$x = 9, z = 8 \to \times\ 882 = 10y + 1592$ 〃

いずれにしても答なし．

12. 連続した5つの整数を $n, n+1, n+2, n+3, n+4$ とする．このとき，$n, n+1, n+2, n+3$ のうち2つは奇数，2

つは偶数である．奇数の 2 乗は $(2m+1)^2=4m^2+4m+1\equiv 1 \pmod 4$，偶数の 2 乗は $(2m)^2\equiv 4m^2\equiv 0 \pmod 4$．したがって $n^2+(n+1)^2+(n+2)^2+(n+3)^2\equiv 2 \pmod 4$．$n+4$ が奇数なら $(n+4)^2\equiv 1 \pmod 4$, $n+4$ が偶数なら $(n+4)^2\equiv 0 \pmod 4$．いずれにせよ，$\equiv 2$ にはならない．したがって $n^2+(n+1)^2+(n+2)^2+(n+3)^2=(n+4)^2$ は成立しない．

13. $(x,y,z)=1$ とする．$x^3\equiv 0 \pmod 2$, $x=2x'$．$8x'^3-2y^3-4z^3\equiv 0 \pmod 2$, $y^3\equiv 0 \pmod 2$, $y\equiv 2y'$, $z=2z'$．矛盾．よって解はない．

14. $a\equiv 1 \pmod 3$ ならば $a=3r+1$ だから $a^3=27r^3+27r^2+9r+1\equiv 1 \pmod 9$．$a\equiv -1 \pmod 3$ ならば $a^3\equiv -1 \pmod 9$．だから $a\equiv\pm 1, b\equiv\pm 1, c\equiv\pm 1$ ならば

$$a^3+b^3+c^3\equiv\begin{cases}1\\-1\\3\\-3\end{cases}\pmod 9$$

で $a^3+b^3+c^3\equiv 0 \pmod 9$ とならない．だから a,b,c のうち，少なくとも 1 つは $\equiv 0 \pmod 3$ とならねばならない．したがって $abc\equiv 0 \pmod 3$．

15. 同じく a_1,a_2,a_3,a_4,a_5 がすべて $\equiv\pm 1 \pmod 3$ ならば $a_1^3,a_2^3,a_3^3,a_4^3,a_5^3$ はすべて $\equiv\pm 1 \pmod 9$ であり，5 個すなわち奇数個を加えても $\equiv 0 \pmod 9$ とはならない．だからそのうちの少なくとも 1 つは $\equiv 0 \pmod 3$ でなければならない．だから $a_1a_2a_3a_4a_5\equiv 0 \pmod 3$．

16. $x+1$ の代りに x とおく．$(x-1)^{2y}+x^{2y}=(x+1)^{2y}$, $\left(1-\frac{1}{x}\right)^{2y}+1=\left(1+\frac{1}{x}\right)^{2y}$, $2\geqq 1+\frac{2y}{x}$, $x\geqq 2y$．一方 $x^{2y}=(x+1)^{2y}-(x-1)^{2y}=4yx^{2y-1}+2\binom{2y}{3}x^{2y-3}+$

$\cdots + 2\binom{2y}{2y-3}x^3 + 4yx,\ x^{2y-1} = 4yx^{2y-2} + \cdots + 2\binom{2y}{2y-3}x^2 + 4y$. 整数解があれば $x)4y$. $2y \leqq x$ であるから $\left.\begin{matrix} x=2y \\ x=4y \end{matrix}\right\}$. $x=2y, 4y\equiv 0 (\mathrm{mod}\, 4y^2), y>2$. これは不可能.

17. $x=2$ のとき $z^2-y^2=2^2, (z+y)(z-y)=4$. $z+y=4, z-y=1$. $z=\dfrac{5}{2}$. x, y が奇数のとき $x^2\equiv 1, y^2\equiv 1 (\mathrm{mod}\, 4)$. $x^2+y^2\equiv 2\equiv z^2 (\mathrm{mod}\, 4), 2)z$. 矛盾.

4. 2

1. $S(a)\equiv S(2a)\equiv S(2)S(a)=2\cdot S(a) (\mathrm{mod}\, 9)$, $S(a)\equiv 0 (\mathrm{mod}\, 9)$, $a\equiv S(a)\equiv 0 (\mathrm{mod}\, 9)$ である. つまり a は9の倍数である.

2. $a_1+a_2+\cdots+a_{\varphi(n)}=\dfrac{1}{2}n\cdot\varphi(n)=n\cdot\dfrac{\varphi(n)}{2}$. $n>2$ のとき, $\varphi(n)$ は偶数だから $\dfrac{\varphi(n)}{2}$ は整数である. したがって $\equiv 0 (\mathrm{mod}\, n)$.

3. $\mathrm{mod}\, 8$ で $0^2\equiv 1, 1^2\equiv 1, 2^2\equiv 4, 3^2\equiv 1, 4^2\equiv 0, 5^2\equiv 1, 6^2\equiv 4, 7^2\equiv 1$. つまり $0, 1, 4$ となる. これを3個加えても決して7にはなれないからである.

4. $(2^m-1, 2^n+1)=a$ と仮定しよう. $2^m\equiv 1 (\mathrm{mod}\, a)$. 両辺を n 乗すると $2^{mn}\equiv 1^n\equiv 1 (\mathrm{mod}\, a)\cdots(1)$. また一方 $2^n\equiv -1 (\mathrm{mod}\, a)$, 両辺を m 乗すると $(2^n)^m\equiv(-1)^m$. m は奇数だから $2^{mn}\equiv -1 (\mathrm{mod}\, a)\cdots(2)$. (1) と (2) から $1\equiv -1 (\mathrm{mod}\, a), 2\equiv 0 (\mathrm{mod}\, a)$. $a=1$ または2である. しかし 2^m-1 は奇数だから $a=2$ で整除できない. だから $a=1$. すなわち $(2^m-1, 2^n+1)=1$.

5. $6n+5$ という形の素数が有限個であると仮定する．そのとき，それらの素数を $p_1, p_2, \cdots, p_k$ とする．$a = (p_1p_2\cdots p_k)^2 - 2$ をつくると，$a \equiv (-1)^{2k} - 2 \equiv 1 - 2 \equiv -1 (\operatorname{mod} 6)$．一方 $\varphi(6) = 2$ だから 2, 3 以外のすべての素数は $6n+1$ の形か $6n+5$ の形でそれぞれ $\equiv 1$ か $\equiv -1 (\operatorname{mod} 6)$ となる．もし a の素因数がすべて $\equiv 1$ の形であったなら $a \equiv 1 (\operatorname{mod} 6)$ となって仮定に反する．だから a は $\equiv -1 (\operatorname{mod} 6)$ という形の素因数をもつ．これを p_i とすると，これは $p_1, p_2, \cdots, p_k$ のなかの1つである．$a \equiv (p_1, p_2, \cdots p_k)^2 - 2 \equiv 0 - 2 \equiv -2 (\operatorname{mod} p_i)$ だから $p_i = 2$．これは p_i が $6n+5$ の形の素数であるから成立できない．だから $6n+5$ の形の素数は無限個ある．
6. $a \cdot 10^3 + b \cdot 10^2 + c \cdot 10 + d$ という形の数を6倍すると $d \cdot 10^3 + c \cdot 10^2 + b \cdot 10 + a$ になったものとすると，a は1でなければならない．2以上だと6倍すると5ケタの数になるから $a=1$ でなければならぬ．ところが，6倍すると最後のケタは偶数となるから矛盾である．
7. そのうちの1つは $x \equiv -1 (\operatorname{mod} 4)$ となる．これは2つの平方の和にはなれない．
8. $p^{q-1} + q^{p-1} \equiv p^{q-1} \equiv 1 (\operatorname{mod} q)$，$p^{q-1} + q^{p-1} \equiv q^{p-1} \equiv 1 (\operatorname{mod} p)$．$(p, q) = 1$ であるから $p^{q-1} + q^{p-1} \equiv 1 \ (\operatorname{mod} pq)$．
9. $(n, m) = 1$，$m > 1$ なる m をとる．このとき，$nx \equiv -1 \ (\operatorname{mod} m)$ なる x を求める．$-nn^{\varphi(m)-1} \equiv -1 (\operatorname{mod} m)$ だから $-n^{\varphi(m)-1} \equiv x$．ここで x を十分大きくとれば $nx + 1 > m$．したがって $nx+1$ は合成数である．

   注意　$nx + l, (n, l) = 1$ としてもできる．

4. 3

1. $(p-1)! = 1 \cdot 2 \cdots \dfrac{p-1}{2} \cdot \dfrac{p+1}{2} \cdots (p-1)$

$$=1\cdot 2\cdots\frac{p-1}{2}\left(p-\frac{p-1}{2}\right)\left(p-\frac{p-3}{2}\right)\cdots(p-1)$$
$$\equiv 1\cdot 2\cdots\frac{p-1}{2}\left(-\frac{p-1}{2}\right)\left(-\frac{p-3}{2}\right)\cdots(-1)$$
$$=(-1)^{\frac{p-1}{2}}1^2\cdot 2^2\cdots\left(\frac{p-1}{2}\right)^2=(-1)^{\frac{p-1}{2}}\left[\left(\frac{p-1}{2}\right)!\right]^2$$

ウイルソンの定理によって $\equiv -1 \pmod p$ となるから

$$\left[\left(\frac{p-1}{2}\right)!\right]^2\equiv(-1)\cdot(-1)^{\frac{p-1}{2}}\equiv(-1)^{\frac{p+1}{2}}\pmod p.$$

2. $(p-1)!\equiv 1\cdot 2\cdot 3\cdots(p-2)\cdot(p-1)$

$$\begin{array}{lll}\equiv 1\cdot(p-1) & \to -1^2, & -(p-1)^2\\ \times 2\cdot(p-2) & \to -(p-2)^2, & 2^2\\ \times 3\cdot(p-3) & \to -3^2, & -(p-3)^2\\ \vdots\quad\vdots & & \\ \times\frac{p-1}{2}\cdot\frac{p+1}{2}. & \to -\left(\frac{p-1}{2}\right)^2, & -\left(p-\frac{p-1}{2}\right)^2\end{array}$$

ここで奇数だけに着眼すると $(p-1)!\equiv(-1)^{\frac{p-1}{2}}\cdot 1^2\cdot 3^2\cdots(p-2)^2\equiv -1 \pmod p$. $(1\cdot 3\cdot 5\cdots(p-2))^2\equiv(-1)^{\frac{p+1}{2}}\pmod p$. 同じく偶数だけに着眼すると $(p-1)!\equiv(-1)^{\frac{p-1}{2}}2^2\cdot 4^2\cdots(p-1)^2\equiv -1\pmod p$. $(2\cdot 4\cdots(p-1))^2\equiv(-1)^{\frac{p+1}{2}}\pmod p$.

3. p と $p+2$ がともに素数ならば $4[(p-1)!+1]+p\equiv 4\cdot 0+0\equiv 0\pmod p$. つぎに $p+2=q$ とおく.

$4[(p-1)!+1]+p=4[(q-3)!+1]+q-2$,
$(q-2)(q-1)=q^2-3q+2\equiv 2\pmod q$ であるから

$=2[2(q-3)!+2]+q-2\equiv 2[(q-1)(q-2)(q-3)!+2]+q-2\equiv 2[(q-1)!+2]-2=2[(q-1)!+1]$ ウイルソンの定理によって $\equiv 2\cdot 0\equiv 0\pmod q$. したがって $4[(p-1)!$

$+1]+p\equiv 0(\bmod p(p+2))$.

逆に $4[(p-1)!+1]+p\equiv 0(\bmod p)$ から p：奇数ならば $(p-1)!+1\equiv 0$. $\therefore p$ は素数. また $p+2=q$ とおく. $(q-2)(q-1)\equiv 2(\bmod q)$ だから $4[(q-3)!+1]+q-2\equiv 0, 2[2(q-3)!+2]+q-2\equiv 0, 2[(q-1)!+1+1]+q-2\equiv 0, 2[(q-1)!+1]+q\equiv 0, (q-1)!+1\equiv 0(\bmod q)$. $\therefore q$ は素数.

4. 定理 4.8 によって $a^p\equiv a(\bmod p)$. $b^p\equiv b(\bmod p)$. したがって $a^p\equiv b^p(\bmod p)$ ならば $a\equiv b(\bmod p)$. だから $a=b+pm$ とおける. $a^p-b^p=(b+pm)^p-b^p$. 2 項定理によって, $=b^p+\binom{p}{1}b^{p-1}pm+\binom{p}{2}b^{p-2}p^2m^2+\cdots+p^pm^p-b^p=p^2\left(b^{p-1}m+\binom{p}{2}b^{p-2}m^2+\cdots+p^{p-2}m^p\right)\equiv 0(\bmod p^2)$, $\therefore a^p\equiv b^p(\bmod p^2)$.

5. $1+2+\cdots+(p-1)=\dfrac{p(p-1)}{2}$. $p=2$ のときは $(p-1)!-p+1=(2-1)!-2+1=0$ だから自明である. $p>2$ のときは $(p-1)!-p+1=(p-1)!+1-p\equiv 0(\bmod p)$. $(p-1)!-2\cdot\dfrac{p-1}{2}\equiv 0-2\cdot 0\equiv 0\left(\bmod \dfrac{p-1}{2}\right)$. $\left(p, \dfrac{p-1}{2}\right)=1$ だから $(p-1)!-p+1\equiv 0\left(\bmod \dfrac{p(p-1)}{2}\right)$.

4.4

1. その数を x とする. 問題を合同式に書くと, $x^n\equiv x\ (\bmod 1000)$. $1000=2^3\cdot 5^3=8\times 125$. したがって $\begin{cases} x^n\equiv x(\bmod 8) \\ x^n\equiv x(\bmod 125)\end{cases}$. x が偶数なら, $x^3\equiv 0(\bmod 8)$. したがって $x\equiv 0(\bmod 8)$, x が奇数なら $(x,8)=1$. $x^n\equiv x(\bmod 8)$ から $x^{n-1}\equiv 1(\bmod 8)$. $n=2$ とすると, $x\equiv 1(\bmod 8)$. mod 125 にも同じことがいえるから

$\begin{cases} x \equiv 0 \pmod{125} \\ x \equiv 1 \pmod{125} \end{cases}$. ここで組合せをつくると，

$$(1)\begin{cases} x \equiv 0 \pmod{8} \\ x \equiv 0 \pmod{125} \end{cases} \quad (2)\begin{cases} x \equiv 0 \pmod{8} \\ x \equiv 1 \pmod{125} \end{cases}$$

$$(3)\begin{cases} x \equiv 1 \pmod{8} \\ x \equiv 0 \pmod{125} \end{cases} \quad (4)\begin{cases} x \equiv 1 \pmod{8} \\ x \equiv 1 \pmod{125} \end{cases}.$$

(1) から $x \equiv 0 \pmod{1000}$. (2) から $x \equiv 376 \pmod{1000}$. (3) から $x \equiv 625 \pmod{1000}$. (4) から $x \equiv 1 \pmod{1000}$. (1) と (4) は 3 ケタの数ではないので除く. 答 376, 625.

2. m_1 の既約剰余系を $R'(m_1) = \{a_1, a_2, \cdots, \cdots, a_{\varphi(m_1)}\}$, m_2 のそれを $R'(m_2) = \{b_1, b_2, \cdots, b_{\varphi(m_2)}\}$ とし, $m_1 m_2$ のそれを $R'(m_1 m_2) = \{c_1, c_2, \cdots, c_{\varphi(m_1 m_2)}\}$ とする. $R'(m_1 m_2)$ の任意の要素 c を $c \equiv a \pmod{m_1}$, $c \equiv b \pmod{m_2}$ とすると, $(c, m_1 m_2) = 1$ だから $(a, m_1) = 1$, $(b, m_2) = 1$ となり, a, b はそれぞれ $R'(m_1)$, $R'(m_2)$ に属する. この対応は $c \rightarrow \begin{cases} a \in R'(m_1) \\ b \in R'(m_2) \end{cases}$ となる. そしてこの対応は 1 通りである. だから $R'(m_1 m_2)$ の個数 $\varphi(m_1 m_2)$ は $\varphi(m_1)\varphi(m_2)$ を越えない. $\varphi(m_1 m_2) \leqq \varphi(m_1)\varphi(m_2) \cdots (1)$

逆に $R'(m_1)$ と $R'(m_2)$ とから任意の要素 a, b を選んで連立合同式 $\begin{cases} c \equiv a \pmod{m_1} \\ c \equiv b \pmod{m_2} \end{cases}$ の解を求めると $\left.\begin{matrix} a \\ b \end{matrix}\right\} \rightarrow c$ という対応が得られる. $\varphi(m_1)\varphi(m_2) \leqq \varphi(m_1 m_2) \cdots (2)$. だから (1) と (2) から $\varphi(m_1 m_2) = \varphi(m_1)\varphi(m_2)$ が得られる.

3. $x = a_1 + m_1 y = a_2 + m_2 z$ を満足させる整数 y, z を求めることである. $m_1 y - m_2 z = a_2 - a_1$, このような y, z

が存在すれば $(m_1, m_2))a_2 - a_1$ つまり $a_1 \equiv a_2(\mathrm{mod}(m_1, m_2))$. 逆にこの条件が成り立っているとしよう. そのとき, $(m_1, m_2) = d$ とおくと $m_1 = dm_1'$, $m_2 = dm_2'$. $(m_1', m_2') = 1$. 両辺を d で割ると $m_1'y - m_2'z = \dfrac{a_2 - a_1}{d}$. この整数解は定理 4.5 によって存在する.

4. 十干十二支を順番にならべると,

	1	2	3	4	5	6	7	8	9	10	11	12
十　干	甲	乙	丙	丁	戊	巳	庚	辛	壬	癸		
十二支	子	丑	寅	卯	辰	巳	午	未	申	酉	戌	亥

年数を x とすると, 甲子という年はあるから $x \equiv a(\mathrm{mod}\,10), x \equiv b(\mathrm{mod}\,12)$ を解けばよい. a は十干のなかでの順番, b は十二支での順番とする. 前問の条件で $(10, 12) = 2$ だから $a \equiv b(\mathrm{mod}\,2)$ が条件である. つまり a, b がともに奇数か, ともに偶数の場合に解をもつ. それとちがって一方が奇数, 他方が偶数のときは解はない. たとえば $a = 1, b = 2$ つまり「甲丑」などという年は存在しない.

5. まず a と b が $(\mathrm{mod}\,p^n)$ に対して合同であるとき, すなわち $a \equiv b(\mathrm{mod}\,p^n)$ ならば, a, b を p 進法で展開したとき, どうなるだろうか. $a = \alpha_0 + \alpha_1 p + \alpha_2 p^2 + \cdots + \alpha_{n-1}p^{n-1} + \alpha_n p^n + \cdots$, $b = \beta_0 + \beta_1 p + \beta_2 p^2 + \cdots + \beta_{n-1}p^{n-1} + \beta_n p^n + \cdots (0 \leqq \alpha_i < p;\ i = 0, 1, 2, \cdots)$, $(0 \leqq \beta_i < p;\ i = 0, 1, 2, \cdots)$. ここで, $\alpha_0 \neq \beta_0$ のときは $a \not\equiv b(\mathrm{mod}\,p)$ だからもちろん $a \not\equiv b(\mathrm{mod}\,p^n)$ である. だから $\alpha_0 = \beta_0$. 同じく $a \equiv b(\mathrm{mod}\,p^2)$ ならさらに $\alpha_1 = \beta_1$ とならねばならない. この論法をつづけていくと, $a \equiv b(\mathrm{mod}\,p^n)$ となるためには $a_0 = \beta_0, \alpha_1 = \beta_1, \cdots\cdots, \alpha_{n-1} = \beta_{n-1}$ とならねばならない. すなわち, a, b の p 進法展開

において，p^{n-1} までの係数が一致しなければならない．

この事実を念頭において考えてみよう．連立合同式の $\mathrm{mod}\, m_1, m_2, \cdots, m_k$ のなかに入っている p の累乗を選びだしてみよう．それを

$$\begin{cases} x \equiv a_{j_1} (\mathrm{mod}\, p^{r_1}) \\ x \equiv a_{j_2} (\mathrm{mod}\, p^{r_2}) \\ \quad \cdots \\ x \equiv a_{j_l} (\mathrm{mod}\, p^{r_l}) \end{cases}$$

としよう．ここで指数 $r_1, r_2, \cdots, r_l$ の大小がかりにつぎのようになっているとしよう．$r_1 \leqq r_2 \cdots \leqq r_l$.

ここでまずすべての合同式は $(\mathrm{mod}\, p^{r_1})$ に対して合同であることは明らかだから，$a_{j_1}, a_{j_2}, \cdots, a_{j_l}$ の p 進法展開は $r_1 - 1$ 次までの係数はすべて一致しなければならない．このことは $r_2, r_3, \cdots$ に対してもいえる．もし $r_1 < r_2$ なら，$x \equiv a_{j_1}$ 以外の $a_{j_2}, \cdots, a_{j_l}$ の $r_2 - 1$ 次までの展開係数は一致していなければならない．この論法をつぎつぎに適用していけばよい．それを $m_1, m_2, \cdots, m_l$ に現われるすべての素数に適用すればよい．つまり解の存在のための必要かつ十分な条件はつぎの通りである：$m_1, m_2, \cdots, m_k$ の素因数の1つを p とする．$m_1, \cdots, m_k$ のなかで p をふくむものを $m_{j_1}, m_{j_2}, \cdots, m_{j_l}$ とし，その各々にふくまれる p の累乗を $p_1{}^{r_1}, p_2{}^{r_2}, \cdots, p_l{}^{r_l}$ とする．そしてこれに相当する合同式を

$$\begin{cases} x \equiv a_{j_1} (\mathrm{mod}\, p^{r_1}) \\ x \equiv a_{j_2} (\mathrm{mod}\, p^{r_2}) \\ \quad \cdots \\ x \equiv a_{j_l} (\mathrm{mod}\, p^{r_l}) \end{cases}$$

ここで $n = 0, 1, 2, \cdots$ とする．n を与えたとき，p の指数が n より大きな合同式に対する $a_{s_1}, a_{s_2}, \cdots, a_{s_l}$ の p 進展

開は p^n まで一致する．

6. $323=17\cdot 19$. $20^n+16^n-3^n-1\equiv 3^n+(-1)^n-3^n-1\equiv(-1)^n-1$. $2)n$ のとき $\equiv 0 \pmod{17}$. mod 19 では $20^n+16^n-3^n-1\equiv 1^n+(-3)^n-3^n-1$. やはり $2)n$ のとき $\equiv 0 \pmod{19}$. $(17,19)=1$ だから $2)n$ のとき $20^n+16^n-3^n-1\equiv 0 \pmod{17\cdot 19}$.
7. $2^n+2^n=2\cdot 2^n=2^{n+1}$. $n\equiv 0 \pmod 3$, $n\equiv 0 \pmod 4$, $n+1\equiv 0 \pmod 5$ を求めると $n\equiv 24 \pmod{60}$.

5. 1

1. $10^n\cdot 7+x=5(10x+7)$, $10^n\cdot 7-49x=35$, $10^n-7x=5$, $10^n\equiv 5 \pmod 7$. $3^n\equiv 5$ となる n は $3^5=9\cdot 9\cdot 3\equiv 2\cdot 2\cdot 3=12\equiv 5 \pmod 7$. $3^6\equiv 1 \pmod 7$ だから $n=5, 11, 17, \cdots$. $n=5$ のときは $10^5-7x=5, 10^5-5=7x$, $99995=7x, x=14285$. 答 714285. $(142857\times 5=714285)$
2. $a_0=7^2+8^1=49+8=57=3\cdot 19$. mod 3 によると $a_n=7^{n+2}+8^{2n+1}\equiv 1^{n+2}+2^{2n+1}\equiv 1+2^{2n}\cdot 2=1+4^n\cdot 2\equiv 1+2=3\equiv 0 \pmod 3$. mod 19 だと $7\equiv 2^6, 8=2^3$. また $2^9\equiv -1$. $a_n\equiv 2^{6(n+2)}+2^{3(2n+1)}=2^{6n+12}+2^{6n+3}$ $=2^{6n+3}(2^9+1)\equiv 2^{6n+3}(-1+1)\equiv 0 \pmod{19}$. ゆえに $3\cdot 19=57$ が G. C. M.
3. $x\equiv 0 \pmod{17}$ だったら $y\equiv 0 \pmod{17}$. $17(x'^2-3y'^2)=1$, $17)1$ となり矛盾となる．ゆえに $x\not\equiv 0 \pmod{17}$, $x^2\equiv 3y^2 \pmod{17}$. 3 は 17 の原始根であるから $x=3^s, y=3^t$ とおけば $3^{2s}\equiv 3\cdot 3^{2t}=3^{2t+1}$. 奇数 = 偶数となり矛盾．
4. 素数 $p>3$ の 1 つの原始根を g とするとすべての原始根は $g^{\alpha_1}, g^{\alpha_2}, \cdots, g^{\alpha_{\varphi(p-1)}}$, $(\alpha_i, p-1)=1$ となる．
$g^{\alpha_1+\alpha_2+\cdots+\alpha_{\varphi(p-1)}} = g^{\frac{1}{2}(p-1)\varphi(p-1)} = g^{(p-1)\frac{\varphi(p-1)}{2}} \equiv 1 \pmod p$.

5. $5 \equiv 2^{16}, 3 \equiv 2^{13} (\bmod 19)$. $5^{2n+1} \cdot 2^{n+2} + 3^{n+2} \cdot 2^{2n+1} \equiv 2^{16(2n+1)} \cdot 2^{n+2} + 2^{13(n+2)} \cdot 2^{2n+1} = 2^{33n+18} + 2^{15n+27} = 2^{(18+15)n+18} + 2^{15n+18+9} \equiv 2^{15n} + 2^{15n+9} = 2^{15n}(1+2^9) = 2^{15n}(1-1) \equiv 0 (\bmod 19)$.

5.2

1. 単位元でない要素の位数は，群の位数の約数であるから，群の位数が素数なら，その要素の位数は群の位数に一致する．したがって巡回群である．
2. $\{a^r\}$ という形の巡回群の部分群のなかで単位元でない要素のうち指数の最小なものを a^s とし，その部分群の他の要素を a^m としよう．このとき m を s で割ってみる．$m = qs + u (0 \leqq u < s)$．このとき $a^u = a^{m-qs} = a^m (a^s)^{-q}$ はその部分群に属する．s は最小の指数と定めたから $u = 0$．したがって $m = qs$．したがって $a^m = (a^s)^q$．つまりその部分群は a^s で生成される巡回群である．
3. n の任意約数を d とするとき，$\{1, a, a^2, \cdots, a^{n-1}\}$ という形の巡回群で a^d で生成される部分群は必ずあるし，逆に部分群はすべて，その形をしている．だから n の 1 つの約数に対して 1 つ，そして唯 1 つの部分群が存在する．
4. $n = {p_1}^{\alpha_1} {p_2}^{\alpha_2} \cdots {p_r}^{\alpha_r}$ のとき $x \equiv 0 (\bmod p_1 p_2 \cdots p_r)$ という x はすべて冪零である．なぜなら $\alpha_1, \alpha_2, \cdots, \alpha_r$ のうち最も大きい数を k とすると $x^k \equiv 0 (\bmod {p_1}^k {p_2}^k \cdots {p_r}^k)$ となるから $x^k \equiv 0 (\bmod {p_1}^{\alpha_1} {p_2}^{\alpha_2} \cdots {p_r}^{\alpha_r})$．したがって $x^k \equiv 0 (\bmod n)$ となる．

   逆に n の 1 つの素因数 p_1 に対して $x \equiv 0 (\bmod p_1)$ ならば $x^k \equiv 0 (\bmod {p_1}^k)$ となり，$x^k \equiv 0 (\bmod n)$ となる．だから冪零となるのは $x \equiv 0 (\bmod p_1 p_2 \cdots p_r)$ なる x であり，逆にそのような x に限る．

5. $p>2, \alpha \geqq 2$ のとき，p^α の原始根を h としよう．このとき h の位数は $p^{\alpha-1}(p-1)$ であるから $h^{p^{\alpha-2}(p-1)}$ で生成されるものが $x^p=1$ となる．$\alpha=1$ のときはすべての要素がそうなる．$p=2$ のときは，$\alpha=2$ ならばすべての要素がそうである．$\alpha=3$ のときはすべての要素が $x^2 \equiv 1 (\bmod 8)$ となる．$\alpha>3$ のときは $\pm 5^{2^{\alpha-3}m} (m=0,1)$ という形のものはすべて $x^2=1$ を満足する．

5.3

1. $1955=5\cdot 391=5\cdot 17\cdot 23$. $\bmod 5$ では $n^2+n+1 \equiv n^2+2\cdot 3n+1 \equiv n^2+2\cdot 3n+9-9+1 \equiv (n+3)^2-8 \equiv 0$，$(n+3)^2 \equiv 8 \equiv 3$. 一方 $3^{\frac{5-1}{2}}=3^2=9\equiv -1 (\bmod 5)$, $\left(\frac{3}{5}\right)=-1$ で不可能.

2. $4(10a+b)(10b+a)=(10a+b+10b+a)^2-(10a+b-10b-a)^2=11^2(a+b)^2-9^2(a-b)^2=x^2, 9^2(a-b)^2+x^2\equiv 0 (\bmod 11)$. ところで 11 の 2 次剰余は 0, 1, 4, 9, 5, 3, 3, 5, 9, 4, 1 である．$\not\equiv 0$ のものを 2 つ加えて $\equiv 0$ となることはない．

$$\therefore \begin{cases} 9^2(a-b)^2 \equiv 0 \\ x^2 \equiv 0 \end{cases} \text{に限る．} a=b.$$

3. $\bmod 3$ についてみると $7y^2=y^2\equiv 0, y\equiv 0 (\bmod 3)$. $y=3y'$ とおく．$15x^2\equiv 0 (\bmod 9), x\equiv 0 (\bmod 3)$. $x=3x'$ とおく．$15x'^2-7y'^2=1$. $\bmod 5$ について $-7y'^2\equiv 1$，$3y'^2\equiv 1$. 一方 $1^2\equiv 1$，$2^2\equiv 4$，$3^2\equiv 4$，$4^2\equiv 1 (\bmod 5)$. どれでも $3y'^2\equiv 1$ を満足しない．

4. p は 2, 13, 17 とはちがう素数とする．$\bmod p^m$ に対する剰余は $\varphi(p^m)$ 個ある．このなかで $x^2\equiv 1$ は 2 個だけある．13, 17 が p^m について x^2 とならなければ $13\times 17=221$ が x^2 となる．2^m では $(-1)^2 5^s$ という形になる．

$p=2$ のとき，$\bmod p^n$ についていうと，x^2 の形になる数は $5^2, 5^4, 5^6, \cdots, 5^{2^{n-2}}$ である．ところで $p=13$ については $13 \equiv (-1)5^m \pmod{2^n}, n>1$ とはなれない．なぜなら $\bmod 4$ について $5\equiv 1$ だから $13 \not\equiv -1$．$p=17$ についても $17\equiv(-1)5^m$ とはなれない．だから $13\equiv 5^{奇}, 17\equiv 5^{奇}, \cdots, 221 \equiv 5^{偶} \pmod{2^n}$ であり，$\equiv x^2 \pmod{2^n}$ となる．

$p^n\ (p\neq 2)$ のときはさらにやさしい．だから $(x^2-13)(x^2-17)(x^2-221)\equiv 0$ はすべての素数べきについて解ける．だからすべての m について解ける．しかし，整数解はない．

5. $p=2^n+1$ が素数のときは $n=2^k\ (k\geqq 2)$ でなければならない．相互法則を用いると，3 が p の原始根だったら $\left(\frac{3}{p}\right)=-1$ となり，逆に原始根でなかったら $p-1=2^{2^k}$ の約数 2^r に対して $3=h^{2^r m}=(h^m)^{2^r}\ (r\geqq 1)$ という形で表わされる．このとき，$3=\{(h^m)^{2^r-1}\}^2$ となり，$\left(\frac{3}{p}\right)=1$ となる．だから $\left(\frac{3}{p}\right)=-1$ となるかどうかをしらべるとよい．相互法則より $\left(\frac{3}{p}\right)\left(\frac{p}{3}\right)=(-1)^{\frac{p-1}{2}\cdot\frac{3-1}{2}}=(-1)^{2^{2k-1}}=1$．したがって $\left(\frac{3}{p}\right)=\left(\frac{p}{3}\right)$，$p=2^{2^k}+1\equiv(-1)^{2^k}+1=1+1\equiv -1 \pmod 3$．したがって $\left(\frac{p}{3}\right)=-1$．だから 3 は $p=2^n+1$ の原始根である．

6. $\left(\frac{2}{p}\right)=(-1)^{\frac{p^2-1}{8}}$，$\frac{p^2-1}{8}=\frac{(2q+1)^2-1}{8}=\frac{4q(q+1)}{8}=\frac{q(q+1)}{2}$．$q=4n+1$ ならば $\frac{q(q+1)}{2}=$

$\dfrac{(4n+1)(4n+2)}{2} = (4n+1)(2n+1) =$ 奇数. したがって $\left(\dfrac{2}{p}\right) = -1$. p の原始根を h とすると, $2 \equiv h^r$ として $p-1 = (2q+1)-1 = 2q$. $(p-1, r) = (2q, r) > 1$ ならば $r \equiv 0 (\bmod 2)$ か $r \equiv 0 (\bmod q)$ でなければならぬ. $r \equiv 0 (\bmod 2)$ ならば, $r = 2m$ であり, $2 \equiv h^{2m} = (h^m)^2$ $(\bmod p)$ となるから $\left(\dfrac{2}{p}\right) = +1$. $r \equiv 0 (\bmod q)$ ならば $r = q$ となる. $2 \equiv h^q = h^{\frac{p-1}{2}} \equiv -1 (\bmod p), 3 \equiv 0 (\bmod p)$. したがって $p = 3$. これは矛盾である. したがって, $(p-1, r) = 1$. だから $2 \equiv h^r$ は p の原始根である. また $q = 4n+3$ のときは $\dfrac{p^2-1}{8} = \dfrac{4q(q+1)}{8} = \dfrac{q(q+1)}{2} =$ 偶数. したがって $\left(\dfrac{2}{p}\right) = +1, \left(\dfrac{-2}{p}\right) = \left(\dfrac{-1}{p}\right)\left(\dfrac{2}{p}\right) = (-1)^{\frac{p-1}{2}}\left(\dfrac{2}{p}\right) = -\left(\dfrac{2}{p}\right) = -1$. 同様に -2 は原始根であることがわかる.

7. $4p+1 = q$ とおく. $\left(\dfrac{2}{q}\right) = (-1)^{\frac{q^2-1}{8}} = (-1)^{p(2p+1)} = -1$. q の原始根を h とし $2 = h^r$ のとき, $(q-1, r) = (4p, r) > 1$ ならば r は $2, 4, p, 2p$ のうちのどれかの倍数である. そのなかで偶数であったら $\left(\dfrac{2}{q}\right) = +1$ となり, 上の結果と矛盾する. したがって, r が p の奇数倍の場合のみを考える. これは $r = p, r = 3p$ となる場合である. まず $2 \equiv h^p$ なら両辺を 2 乗すると $2^2 \equiv h^{2p} \equiv -1, 5 \equiv 0 (\bmod q)$. $q = 5$ となると $p = 1$ となって矛盾が生ずる. $2 \equiv h^{3p} (\bmod q)$ なら $2^2 \equiv (h^{2p})^3 \equiv (-1)^3 \equiv$

$-1 (\operatorname{mod} q)$, $5 \equiv 0 (\operatorname{mod} q)$, $q=5$, $p=1$ となり矛盾である．だから $(q-1, r)=1$．したがって，$2 \equiv h^r$ は原始根である．

8．$q=2^n p+1\ (n>1)$ とおいて

$\left(\frac{3}{q}\right)\left(\frac{q}{3}\right)=(-1)^{\frac{q-1}{2}\cdot\frac{3-1}{2}}=(-1)^{2^{n-1}p}=1$．$q=2^n\cdot p+1 \equiv 1 (\operatorname{mod} 3)$ ならば $2^n \cdot p \equiv 0 (\operatorname{mod} 3)$．$p=3$ のときは $p<\frac{3^{2^{n-1}}}{2^n}$ となるから，条件に合わない．だから $\left(\frac{q}{3}\right)=-1$．したがって $\left(\frac{3}{q}\right)=-1$．$q$ の原始根を h として $q \equiv h^r (\operatorname{mod} q)$ とおく．$(q-1, r)=(2^n p, r)>1$ のときは r が偶数なら $\left(\frac{3}{q}\right)=+1$ となるから r は奇数である．$r=p\cdot m$（m は奇数）となると $3 \equiv h^{pm}$．両辺を 2^{n-1} 乗すると $3^{2^{n-1}} \equiv h^{2^{n-1}pm}=(h^{\frac{q-1}{2}})^m \equiv (-1)^m = -1 (\operatorname{mod} q)$，$3^{2^{n-1}}+1 \equiv 0 (\operatorname{mod} q)$，$3^{2^{n-1}}+1 \geqq q=2^n p+1$，$3^{2^{n-1}} \geqq 2^n p$，$p \leqq \frac{3^{2^{n-1}}}{2^n}$．これは最初の仮定に反する．だから $(q-1, r)=1$．だから $3 \equiv h^r$ は q の原始根である．

9．p が奇数の素数であったら $\left(\frac{a}{p}\right)=-1$ なる a が必ず存在する．$\left(\frac{1}{p}\right)+\left(\frac{2}{p}\right)+\cdots+\left(\frac{p-1}{p}\right)=s$ とおいて

$s\left(\frac{a}{p}\right)=\left(\frac{1}{p}\right)\left(\frac{a}{p}\right)+\left(\frac{2}{p}\right)\left(\frac{a}{p}\right)+\cdots+\left(\frac{p-1}{p}\right)\left(\frac{a}{p}\right)=\left(\frac{a}{p}\right)+\left(\frac{2a}{p}\right)+\cdots+\left(\frac{(p-1)a}{p}\right)$．ここで $(a, p)=1$ だから $a, 2a, \cdots, (p-1)a$ は全体としては $1, 2, \cdots, p-1$ と同じである．だから順序はちがってもこれ

は s と同じである．したがって $s\left(\frac{a}{p}\right)=s$, $s\left\{\left(\frac{a}{p}\right)-1\right\}=0$. $\left(\frac{a}{p}\right)=-1$ であるから $s=0$.

10. $\left(\frac{a}{p}\right)\equiv a^{\frac{p-1}{2}}\equiv a^{2n+1}(\mathrm{mod}\,p)$,

$\left(1\cdot 2\cdot\cdots\cdot\frac{p-1}{2}\right)^{\frac{p-1}{2}}\equiv\left(\frac{1}{p}\right)\left(\frac{2}{p}\right)\cdots\left(\frac{\frac{p-1}{2}}{p}\right)$ $(\mathrm{mod}\,p)$. 一方 $a=1\cdot 2\cdot 3\cdot\cdots\cdot\frac{p-1}{2}\equiv(-1)^{\frac{p-1}{2}}(\mathrm{mod}\,p)$ であるから，$a\equiv -1$ のときは $a^{\frac{p-1}{2}}\equiv -1$ となり $a\equiv 1$ のときは $a^{\frac{p-1}{2}}\equiv 1$ となるから $1\cdot 2\cdot 3\cdot\cdots\cdot\frac{p-1}{2}=a=$ $a^{\frac{p-1}{2}}=\left(\frac{1}{p}\right)\left(\frac{2}{p}\right)\cdots\left(\frac{\frac{p-1}{2}}{p}\right)(\mathrm{mod}\,p)$.

$\left(\frac{1}{p}\right),\left(\frac{2}{p}\right),\cdots,\left(\frac{\frac{p-1}{2}}{p}\right)$ のなかの -1 の数を m とすると，$=(-1)^m$ となる．

11. $x^2+y^2\equiv 0(\mathrm{mod}\,p)$ から $x^2\equiv -y^2$,

$\left(\frac{x^2}{p}\right)=\left(\frac{-y^2}{p}\right)$, $\left(\frac{x}{p}\right)^2=\left(\frac{-1}{p}\right)\left(\frac{y}{p}\right)^2$. したがって $\left(\frac{-1}{p}\right)=1$, $(-1)^{\frac{p-1}{2}}=1$. $\frac{p-1}{2}=2n, p=4n+1$. すなわち $p\equiv 1(\mathrm{mod}\,4)$ でなければならない．また $\mathrm{mod}\,p^{\alpha}$ についていえば同じく $x^2\equiv -1(\mathrm{mod}\,p^{\alpha})$ が解けねばならない．だから $p=4n+1$ となるべきである．

6.1

1. $$A+B=\begin{bmatrix} 2 & 1 \\ -1 & 3 \end{bmatrix}+\begin{bmatrix} -1 & 2 \\ 3 & 1 \end{bmatrix}=\begin{bmatrix} 1 & 3 \\ 2 & 4 \end{bmatrix},$$

$$A-B=\begin{bmatrix} 2 & 1 \\ -1 & 3 \end{bmatrix}-\begin{bmatrix} -1 & 2 \\ 3 & 1 \end{bmatrix}=\begin{bmatrix} 3 & -1 \\ -4 & 2 \end{bmatrix},$$

$$AB=\begin{bmatrix} 2 & 1 \\ -1 & 3 \end{bmatrix}\begin{bmatrix} -1 & 2 \\ 3 & 1 \end{bmatrix}=\begin{bmatrix} 1 & 5 \\ 10 & 1 \end{bmatrix},$$

$$BA=\begin{bmatrix} -1 & 2 \\ 3 & 1 \end{bmatrix}\begin{bmatrix} 2 & 1 \\ -1 & 3 \end{bmatrix}=\begin{bmatrix} -4 & 5 \\ 5 & 6 \end{bmatrix}.$$

2. $$\begin{bmatrix} 3 & 2 \\ 4 & 4 \end{bmatrix}^{-1}=\begin{bmatrix} 1 & -\frac{1}{2} \\ -1 & \frac{3}{4} \end{bmatrix},$$

$$\begin{bmatrix} 3 & -2 \\ -7 & 5 \end{bmatrix}^{-1}=\begin{bmatrix} 5 & 2 \\ 7 & 3 \end{bmatrix},$$

$$\begin{bmatrix} 6 & 5 \\ -7 & -6 \end{bmatrix}^{-1}=\begin{bmatrix} 6 & 5 \\ -7 & -6 \end{bmatrix},$$

$$\begin{bmatrix} 4 & -5 \\ 3 & -4 \end{bmatrix}^{-1}=\begin{bmatrix} 4 & -5 \\ 3 & -4 \end{bmatrix},$$

$$\begin{bmatrix} -1 & 2 \\ -4 & 5 \end{bmatrix}^{-1}=\begin{bmatrix} \frac{5}{3} & \frac{-2}{3} \\ \frac{4}{3} & \frac{-1}{3} \end{bmatrix}.$$

3. $$\begin{bmatrix} -1 & 2 \\ 2 & 1 \end{bmatrix}^{2}=\begin{bmatrix} -1 & 2 \\ 2 & 1 \end{bmatrix}\begin{bmatrix} -1 & 2 \\ 2 & 1 \end{bmatrix}=\begin{bmatrix} 5 & 0 \\ 0 & 5 \end{bmatrix},$$

$$\begin{bmatrix} -1 & 2 \\ 2 & 1 \end{bmatrix}^{3}=\begin{bmatrix} 5 & 0 \\ 0 & 5 \end{bmatrix}\begin{bmatrix} -1 & 2 \\ 2 & 1 \end{bmatrix}=\begin{bmatrix} -5 & 10 \\ 10 & 5 \end{bmatrix},$$

$$\begin{bmatrix} 0 & 1 \\ 1 & 2 \end{bmatrix}^2 = \begin{bmatrix} 0 & 1 \\ 1 & 2 \end{bmatrix}\begin{bmatrix} 0 & 1 \\ 1 & 2 \end{bmatrix} = \begin{bmatrix} 1 & 2 \\ 2 & 5 \end{bmatrix},$$
$$\begin{bmatrix} 0 & 1 \\ 1 & 2 \end{bmatrix}^3 = \begin{bmatrix} 1 & 2 \\ 2 & 5 \end{bmatrix}\begin{bmatrix} 0 & 1 \\ 1 & 2 \end{bmatrix} = \begin{bmatrix} 2 & 5 \\ 5 & 12 \end{bmatrix},$$
$$\begin{bmatrix} 1 & 0 \\ 0 & -1 \end{bmatrix}^2 = \begin{bmatrix} 1 & 0 \\ 0 & -1 \end{bmatrix}\begin{bmatrix} 1 & 0 \\ 0 & -1 \end{bmatrix} = \begin{bmatrix} 1 & 0 \\ 0 & 1 \end{bmatrix},$$
$$\begin{bmatrix} 1 & 0 \\ 0 & -1 \end{bmatrix}^3 = \begin{bmatrix} 1 & 0 \\ 0 & 1 \end{bmatrix}\begin{bmatrix} 1 & 0 \\ 0 & -1 \end{bmatrix} = \begin{bmatrix} 1 & 0 \\ 0 & -1 \end{bmatrix},$$
$$\begin{bmatrix} 2 & -1 \\ 0 & 3 \end{bmatrix}^2 = \begin{bmatrix} 2 & -1 \\ 0 & 3 \end{bmatrix}\begin{bmatrix} 2 & -1 \\ 0 & 3 \end{bmatrix} = \begin{bmatrix} 4 & -5 \\ 0 & 9 \end{bmatrix},$$
$$\begin{bmatrix} 2 & -1 \\ 0 & 3 \end{bmatrix}^3 = \begin{bmatrix} 4 & -5 \\ 0 & 9 \end{bmatrix}\begin{bmatrix} 2 & -1 \\ 0 & 3 \end{bmatrix} = \begin{bmatrix} 8 & -19 \\ 0 & 27 \end{bmatrix}.$$

6.2

1. $ax-by=+1$ の解と $ax-by=-1$ の解をこの順に書く.

   (1) $(25, 56), (4, 9)$ (2) $(1, 4), (1, 5)$ (3) $(5, 8), (8, 13)$ (4) $(13, 30), (16, 37)$ (5) $(3, 14), (1, 5)$

2. x, y を 3 ケタの数とする. $x+10^3y=x^2$, $10^3y=x^2-x=x(x-1)$, $2^3\cdot 5^3y=x(x-1)$. $(x, x-1)=1$. $y=zw$ とおけば $5^3w-2^3z=\pm 1$.

$$\frac{125}{8} = 15+\frac{5}{8} = 15+\cfrac{1}{\cfrac{8}{5}} = 15+\cfrac{1}{1+\cfrac{3}{5}}$$
$$= 15+\cfrac{1}{1+\cfrac{1}{\cfrac{5}{3}}} = 15+\cfrac{1}{1+\cfrac{1}{1+\cfrac{2}{3}}}$$

$$= 15 + \cfrac{1}{1 + \cfrac{1}{1 + \cfrac{1}{\cfrac{3}{2}}}}$$

$$= 15 + \cfrac{1}{1 + \cfrac{1}{1 + \cfrac{1}{1 + \cfrac{1}{2}}}}.$$

ここで

$$15 + \cfrac{1}{1 + \cfrac{1}{1 + \cfrac{1}{1}}} = 15 + \cfrac{1}{1 + \cfrac{1}{2}} = 15 + \frac{2}{3} = \frac{47}{3}.$$

ゆえに $w=3, z=47$. $125\cdot 3 - 8\cdot 47 = 375 - 376 = -1$ だから $x=376$, $y=3\cdot 47=141$ で $376^2 = 141376$.

6.3

1. $H + \cdots + H^n = \dfrac{H(H^n - E)}{H - E}$. $H^2 = H + E$ だから $(H-E)^{-1} = H$. 右辺 $= H^2(H^n - E) = H^{n+2} - H^2$. ここで (2, 1) 要素をとると $u_1 + u_2 + \cdots + u_n = u_{n+2} - 1$.

2. $H + H^3 + H^5 + \cdots + H^{2n-1} = H \cdot \dfrac{H^{2n} - E}{H^2 - E} = \dfrac{H}{H^2 - E} \cdot (H^{2n} - E) = H^{2n} - E$. (2, 1) 要素を比較すると $u_1 + u_3 + u_5 + \cdots + u_{2n-1} = u_{2n}$.

 $H^2 + H^4 + \cdots + H^{2n} = H^2 \cdot \dfrac{H^{2n} - E}{H^2 - E} = H(H^{2n} - E) = H^{2n+1} - H$. (2, 1) 要素を比較すると $u_2 + u_4 + \cdots + u_{2n} = u_{2n+1} - 1$.

3. $H - H^2 + \cdots + (-1)^{n+1} H^n = H \dfrac{E - (-1)^n H^n}{E + H} =$

$\dfrac{H(E-(-1)^n H^n)}{H^2} = H^{-1}(E+(-1)^{n+1}H^n) = H^{-1} + (-1)^{n+1}H^{n-1}$. $H^{-1} = \begin{bmatrix} 0 & 1 \\ 1 & -1 \end{bmatrix}$ だから (2, 1) 要素を比べる. $u_1 - u_2 + \cdots + (-1)^{n+1}u_n = (-1)^{n+1}u_{n-1} + 1$.

4. $H^2 + H^4 + \cdots + H^{2n} = \dfrac{H^n - E}{H^2 - E} \cdot H^2 = (H^n - E)H = H^{n+1} - H = H^n \cdot H^{n+1} - H$. (2, 2) 要素をとると $(u_0{}^2 + u_1{}^2) + (u_1{}^2 + u_2{}^2) + \cdots + (u_{n-1}{}^2 + u_n{}^2) = u_{n-1}u_n + u_n u_{n+1} = u_n(u_{n-1} + u_{n+1}) = u_n(u_{n+1} + u_{n+1} - u_n) = 2u_n u_{n+1} - u_n{}^2$. $u_0 = 0$ だから $2(u_1{}^2 + u_2{}^2 + \cdots + u_n{}^2) = 2u_n u_{n+1}$. したがって, $u_1{}^2 + u_2{}^2 + \cdots + u_n{}^2 = u_n u_{n+1}$.

5. $H^2 + H^4 + \cdots + (H^{2n-1})^2 = H^2 \cdot \dfrac{(H^{2n-1})^2 - E}{H^2 - E} = \dfrac{H^2(H^{4n-2} - E)}{H} = H(H^{4n-2} - E) = H^{4n-1} - H$. (2, 1) 要素をとると $(u_0u_1 + u_1u_2) + (u_1u_2 + u_2u_3) + \cdots + (u_{2n-2}u_{2n-1} + u_{2n-1}u_{2n}) = u_{2n}{}^2 + u_{2n-1}{}^2 - 1$. 両辺に $u_{2n-1}u_{2n}$ を加えると $2(u_1u_2 + u_2u_3 + \cdots + u_{2n-2} \times u_{2n-1} + u_{2n-1}u_{2n}) = u_{2n}{}^2 + u_{2n-1}{}^2 + u_{2n-1}u_{2n} - 1 = u_{2n}{}^2 + u_{2n-1}(u_{2n-1} + u_{2n}) - 1 = u_{2n}{}^2 + u_{2n-1}u_{2n+1} - 1$. 一方 $u_{2n-1}u_{2n+1} - u_{2n}{}^2 = (-1)^{2n}$, $u_{2n-1}u_{2n+1} = u_{2n}{}^2 + 1$. したがって両辺を 2 で割ると $u_1u_2 + u_2u_3 + \cdots + u_{2n-1}u_{2n} = u_{2n}{}^2$. また $H^2 + H^4 + \cdots + H^{4n} = H(H^{4n} - E) = H^{4n+1} - H$. 同様に変形すると $2(u_1u_2 + u_2u_3 + \cdots + u_{2n}u_{2n+1}) = u_{2n+1}{}^2 + u_{2n+1}{}^2 - 1 + (-1)^{2n-1} = 2(u_{2n+1}{}^2 - 1)$. したがって $u_1u_2 + u_2u_3 + \cdots + u_{2n}u_{2n+1} = u_{2n+1}{}^2 - 1$ が得られる.

$nE + (n-1)H + \cdots + 2H^{n-2} + H^{n-1} = \dfrac{H^n - E}{H - E} +$

$\dfrac{H^{n-1}-E}{H-E}+\cdots+\dfrac{H-E}{H-E}=\dfrac{H^n+H^{n-1}+\cdots+H-nE}{H-E}$.
$\dfrac{1}{H-E}=H$ だから $=H(H^n+\cdots+H)-nH=$
$\dfrac{H^{n+2}-H^2}{H-E}-nH=H(H^{n+2}-H^2)-nH=H^{n+3}-H^3$
$-nH$. ここで $(1,1)$ 要素を比較すると，$H^3=\begin{bmatrix} 3 & 2 \\ 2 & 1 \end{bmatrix}$
だから $nu_1+(n-1)u_2+\cdots+2u_{n-1}+u_n=u_{n+4}-3-n=u_{n+4}-(n+3)$.

6. x を任意の自然数とする．$u_n \leqq x < u_{n+1}, 0 \leqq x-u_n < u_{n-1}$. ここで $x-u_n$ を u_k と u_{k+1} との間にはさむ．$u_k \leqq x-u_n < u_{k+1}, 0 \leqq x-u_n-u_k < u_{k-1}$. このようにしてしだいに減少していく．$u_{n-1} > u_{k-1} > \cdots$ ついに0となる．そして $x=u_n+u_k+\cdots$.

7. $1,1,2,3,5,8,\cdots$ から $u_5=5$. $H=\begin{bmatrix} 1 & 1 \\ 1 & 0 \end{bmatrix}$ とすると

$$H^n=\begin{bmatrix} u_{n+1} & u_n \\ u_n & u_{n-1} \end{bmatrix}, H^5=\begin{bmatrix} 8 & 5 \\ 5 & 3 \end{bmatrix}\equiv\begin{bmatrix} 8 & 0 \\ 0 & 3 \end{bmatrix},$$

$$H^{5k}\equiv\begin{bmatrix} 8 & 0 \\ 0 & 3 \end{bmatrix}^k\equiv\begin{bmatrix} 8^k & 0 \\ 0 & 3^k \end{bmatrix}\equiv\begin{bmatrix} u_{5k+1} & u_{5k} \\ u_{5k} & u_{5k-1} \end{bmatrix}$$

$(\mathrm{mod}\,5)$. $\therefore\quad u_{5k}\equiv 0(\mathrm{mod}\,5)$.

文庫版付録

数学教育の2つの柱

●数学と数学教育

数学はもっとも古い科学の1つである.

4000〜5000年むかしの古代農業国家で学問としての数学が産声をあげて以来，人類は永い年月にわたってこの学問を育ててきた.

今では1人の人間がこの学問の全領域を知りつくすことはもちろん，のぞきみることさえ不可能となっている.

このように広大な学問を教育内容とする数学教育にとって常に警戒しなければならない危険は，教え過ぎるということである．そのことを忘れると，内容は途方もなくふくれ上がってしまい，教わる子どもたちにとっては詰め込みに陥りやすい．「現代化」を旗印にした1968年指導要領の失敗の原因は，集合などをとり入れたためではなく，それに見合う暗算や応用問題などの旧教材の取り捨てを行なわなかった点にある．古いものを残して新しいものをとり入れたら詰め込みになるのは子どもにもわかる理屈である.

いま，われわれがとくに力を入れてやらなければならないことは，つぎの2つのことである．

(1) 数学とその隣接諸科学の全領域を見渡して，教育内容となり得るものを拾い上げて選択の対象にする．

(2) (1)によって拾い上げられた多種多様の内容からごく少数のものを選び出して，体系化する．

(1), (2)は一見矛盾するかに見える．(1)は「広くあさる」ことだし，(2)は「狭くしぼる」ことだからである．困難な作業であることはいうまでもない．

●分離的と連続的と

およそ選択には何らかの基準もしくは原則がなければならない．それについて述べてみよう．

選択の大きな2本の柱として，つぎの2つを提起してみよう．それは

分離的と連続的

である．

この2つの側面の対立は，すでに人間の思考の様式，あるいは思考の座である大脳のしくみそのものに根源をもっているといってよい．

最近の大脳生理学によれば，大脳の左半球はディジタル脳で，右半球がアナログ脳であるという．

ディジタル計算機の原型はソロバンであり，アナログ計算機の原型は計算尺であるが，前者が分離的であるのに比べると，後者は連続的である．ソロバンの玉が1つ動いても，隣の玉がそれにつれて動くことは決してないが，計

算尺は温度によって伸縮して，その影響は答を狂わす可能性がある．

ソロバンは分離的であることによって外界の影響を遮断できるが，計算尺は連続的であり，外界の影響を受けざるを得ない．ここにディジタルとアナログの大きな差異がある．

この差異は原理的なものである．

人間の思考活動のなかでディジタルなものとしてまっさきにあげられるのは，いうまでもなく言語である．

人間以外の動物も伝達の方法としての鳴き声，唸り声などの言語らしきものをもっているが，それらは連続的であって，人間の言語のように節をもつ分離的なものではない．人間の言語が「あ，い，う，え，お」のような有節音となることによって，分析と総合が可能になり，言語そのものが飛躍的に豊富になり，それによって人間の思考そのものが広く深くなっていった．

連続的なものを分節化する仕事を音楽の世界で行なったのがピタゴラスの音階であった，といえるだろう．

音階によって連続的な音がいちど分離化されるという段階を経てはじめて，伝達可能となり，また新しい音の組み合わせである自由な作曲の世界が開けてきたのであった．

このことを人間の思考の世界で遂行したのが，分節的な言語であった．それはアナログ的なもののディジタル化にほかならない．

数学のなかでディジタル的とアナログ的な対立のもっと

も鮮明なものを選び出せ，といわれれば，それはもちろん整数論と微分積分学であろう．

この2つの学問の特徴は，それぞれの創造者の個性にも強くにじみ出ている．

微分積分学の創造者ニュートンは，数学者というよりも自然探究者，当時の呼び方では「自然哲学者」であった．

彼は自然探究の強力な手段として微分積分を創り出し，それを駆使して，コペルニクス以来の課題であった太陽系の運動の探究に終止符を打ったのであるが，数学それ自身の研究にはそれほど強い興味を示さなかったようである．

彼の主著『自然哲学の数学的諸原理（プリンキピア)』(「世界の名著」中央公論社）の表題にも，数学は「数学的」という形容詞でしか姿を現わしていない．彼が微分積分の発見をいち早く公表しなかったために，後年ライプニッツとの不毛な先発権論争にまき込まれたのは，彼にとっては手段にすぎなかった微分積分をそれほど大した発見だと思わなかったからではなかろうか．

ニュートンより百数十年おくれて整数論の体系化をなしとげたガウスは，その才能の大きさから見てニュートンと甲乙をつけ難い天才であったが，その個性は著しく異なっている．

人間の個性は幼少の時代にすでに発芽するものである．ニュートン少年は工作狂というほど工作好きであり，また，ある風の強い日に，追い風と向かい風の2方向に跳んで，その距離の差から風速を算出した，という逸話が伝えられているが，彼の目は長い生涯のあいだ一貫して外なる自然，広大な宇宙に向けられていた．

これに対してガウス少年は異なっていた．彼の関心はもっぱら数と言語に向けられていた．

彼は「口がきけるよりも前から計算ができた」といわれるくらい数計算ができたが，それと平行して言語にも強い興味をもち，数学者になろうか，言語学者になろうかと迷っているとき，正 17 角形の作図法を発見したので，数学者になる決心をしたといわれている．ガウスは晩年になってロシア語を学びはじめたほど，生涯にわたって言語そのものに興味を持ちつづけた．

もちろんガウスは整数論ばかりではなく，小惑星セレスの軌道決定や，磁気の研究などで第一級の研究をなしとげたが，「数学の女王は整数論である」という言葉のとおり，彼がその天才を最大限に発揮し，そして彼がもっとも愛したのは何といっても整数論であった．

このように微分積分のニュートンと整数論のガウスを比較すると，彼らの個性ばかりではなく，2 つの学問の性格そのものが対照的に浮かび上がってくる．

微分積分はその発達の歴史から見ても，力学の手段としてつくり出され，その後も電磁気学など自然探究の手段として発展させられてきた．それは外向的で，自然や実在に向かって開いている．

これに対して整数論は内向的であり，数そのものへの興味を起動力としている．整数論が数のいろいろの法則の雑然たる集積から，体系をもった学問へと脱皮する契機をつくったのは平方剰余の相互法則であった．しかしこの法則のルーツは自然のなかには発見できそうにはない（少なくとも今日まではそうであった．将来はどうかわからないが……）．

それは実在から抽象の壁で隔てられた整数という世界のなかにしか，そのルーツは見出せないのである．だから整数論を育てた数学者は，ガウスはもちろんのこと，オイラーをはじめとして，みな数計算の達人であった．

ポアンカレは数学者を直観型と論理型に分けたが（ポアンカレ『科学の価値』岩波文庫），それとはやや異なる見地から，「ディジタル型」と「アナログ型」に分けることもできるような気がする．

ディジタル型はガウスをはじめとして，整数論につながるクロネッカー，ヒルベルトやラマヌジャンなどがそうであるし，アナログ型はニュートンをはじめとして，リーマンやポアンカレなどをあげることができよう．

●数学教育における 2 つの型

日本の数学教育に大きな持続的影響を及ぼしたクロネッカー・藤沢利喜太郎の「数え主義」は数学教育をディジタル型で一貫させようという主張であったし，これに対する今世紀初頭のペリー・クラインの改良運動はアナログ型であったといえよう．

ペリーの主張は微分積分をはやく教えようという点にあ

ったし，クラインもやはりそうであった．数学者としてのクラインもアナログ型であり，彼の『19世紀における数学の発展』（『19世紀の数学』共立出版）でも整数論は不当に軽視されている．

それではこれからの数学教育はどうしたらよいか，という問題が起こってくる．ディジタル型の「数え主義」か，アナログ型のペリー運動か．「あれか，これか」．

これに対して，私は「あれも，これも」という欲張った答を出したいのである．

人間の思考活動が，ディジタル型一辺倒でもなく，アナログ型一辺倒でもなく，双方の機能を併せもっている以上，数学教育もやはりそうでなくてはならないと考えるからである．

つまり，数学教育の内容はディジタル型の整数論とアナログ型の微分積分学を2つの柱として，組み立てていくべきだ，というのが私の主張である．

そうはいっても，私はこれまでに全くいわなかったことを事新しくいったつもりはない．

これまでも私たちの主張の2つの柱であった「量の体系」と「水道方式」は同じことをめざすものであった．量の体系はアナログ型の初期段階をめざすものであったし，これを中学や高校の理科などのより高度な量へ延長していけば，アナログ型の具体化を意味している．また，数計算の体系化である水道方式はディジタル型の数学の出発点であるといってよい．この方向に，「おもしろさ」や「楽しさ」の観点をとり入れると，ここでのべた整数論を中心とするディジタル型数学となるだろう．われわれにとって必要なのは，これまでの方向を変えるのではなく，それをさらに発展させ目的意識をいっそうはっきりさせることである．

具体案をのべるまえに，現状はどうなっているかを検討しなければなるまい．

●整数論をどうするか

整数論についていえば，それはゼロである，といってよいだろう．数そのものについての生徒たちの興味を引き出し，それを育てていこうという意図は皆無である，といっても決して言い過ぎではない．小学校から大学まで，大学の数学科でしかも整数論を専攻する学生のほかは，整数論にふれる機会はないのである．これは何としても大きな欠陥といわねばならない．そのような欠陥は従来の実用主義的教育観からきていると思われる．たしかに整数論には実用的価値はほとんどないから，実用主義的教育観からは無視されるのは当然であったかもしれない．

しかし，「おもしろさ」，「楽しさ」を教育の不可欠の要素とみなす教育観からは，整数論は新しく見直される必要がある．そのことに気づいた最初の人はG. H. ハーディ（1877-1947）ではなかったかと思う．

彼はつぎのように書いている．

> 「初等整数論は早期の数学教育にとってもっともよい教材の一つであろう．それは予備知識をほとんど必要としない．その主題は確実で親しみやすく，用いられる推論の過程は単純で，一般的で，また新しい．そして人間の自然な好奇心に訴える点では，数学的な学問のなかでは独自のものがある．整数論を1か月うまく教えると，“技術者のための微分積分学”を1か月教えたのよりは2倍も教育的で2倍も役に立ち，10倍もおもしろい」（本書「はしがき」より）

このハーディの意見に私は全く賛成である．

やや系統立った内容は，整数の四則計算が一応完了した小学校5年ごろからはじめることができるが，散発的なものは1年から折にふれてとり入れることができる．たとえば空箱による「数あてゲーム」もその1つであるし，簡単な虫食い算もやはりそうである．試みに虫食い算をやらせると，子どもは驚くほど興味を示すのである．ただし，パズルやクイズの本に出てくる虫食い算は難しすぎ，凝りすぎていて，好事家的であって教育的ではない．もっとやさしい問題をつくり，それを難易の順に配列する必要がある．

たとえば，現在もっとも多くの虫食い算（覆面算も）を載せているのは佐野昌一『虫食い算大会』（学生社）であるが，残念ながら，配列が系統的でなく，解答がついていない．これらを素材にして，問題をならべ直し，やさしい問題を数多く補充することによって教室で使えるものになるだろう．つまり虫食い算をパズルの専門家からとりもどして，教育的なものにつくり変えるのが1つの仕事であろう．また魔方陣もやはり教育的につくりかえる必要がある．

だが，本格的には5年ごろに互除法をやらせることから整数論を導入することができる．

そこからはじめて中学，高校としだいに高度のものに進んでいくことができるが，具体的に「何を」，「いかに」，「いつ」教えるかについては，実践がまだ少ないので，今のところはっきりしたことはいえない．

ただ1つ忘れてならないことは，整数論はバイパスとして最適の教材だということである．ハーディのいうとおり，整数論は整数の四則計算以上の予備知識を必要としないので，すべての生徒が同じスタート・ラインにつくことができる．今日すべての学校で落ちこぼされた生徒が少なくないが，そのような生徒にやる気を起こさせるきっかけを与えるためには，はじめから優劣の固定的な序列のついているものは適当ではないが，誰もがまだ学んだことのない整数論にはそのような序列はないのである．これまで数多く実践された互除法の授業でもそれは実証されている．生徒ばかりではなく，見学の教師や父母までが同じように授業に引きこまれていくのである．

最後に一言しておきたいのは，電卓の利用についてである．世の学者のなかには「電卓亡国論」ともいうべき極端な排撃論を唱えるものがいるが，これは誤りである．なるほど，小学校低中学年の数計算を練習している段階で電卓をもちこめば，練習の意欲を失わせるかもしれないが，数計算の理解と習熟とが十分の程度に達した後では電卓の使用を禁止すべきではなく，むしろ積極的にとり入れるべきであろう．とくに整数論で，ある法則を帰納的に発見させようとする段階では，電卓の使用が大きな教育的価値をもつ．たとえば 1 からつぎつぎと奇数を加えていくと，いつも 2 乗数になっている，という法則を発見させるのには電卓は有効である．

$$1+3+5+\cdots\cdots+(2n-1)=n^2$$

これはもちろん普通の計算でもできるが，電卓の速度には遠く及ばない．つまり電卓というすばらしい創造物を数学教育にとり入れない法はない，ということである．今ごろになって電卓の絶対的排撃論を唱えるのは，たとえば理科教育から顕微鏡や望遠鏡をしめ出そうという主張と同列のものである．

●微分積分をどうするか

つぎに，もう 1 つの柱である微分積分にうつろう．

現在では高校の最高峰は微分積分であり，そのことについては原則的には賛成である．アメリカ占領軍の強い圧力をはねのけて「高校に微分積分を」という線を崩さなかったことは高く評価されてよい．しかし，その内容と方法については幾多の疑問がある．

「こんな複雑な計算を何のためにやらせられるのかわからない」(『数学教室』1978年6月号, 57ページ) という疑問はほとんどすべての高校生が抱いているにちがいないし, その疑問はもっともである, と私は考えている.

微分積分はその発生の過程から見ても, 自然探究の手段として創り出されたものであったが, その重要なことが忘れられてしまったことにその原因があると考えるほかはない. 練習問題にも力学や物理学のなかのものはほとんどなく,「次の関数を微分せよ」式の天下り的のものが多く, 形式的な計算がほとんどである. これでは生徒たちが「入学試験に出るから」という目的以外の目的を発見することは不可能に近い.

この目的喪失の状態から脱出しようとすれば, 微分積分の授業に現実的な基盤をとりかえしてやることであり, それ以外には考えられない.

とりわけ必要なことは力学との連関を回復することであり, むしろ, 微分積分というより,

微分積分　＋　力学

を整数論という極とならぶもう一方の極としてうち立てることである.

微分積分は自然探究や技術のあらゆる分野で絶大な威力を発揮し得る学問であるが, とりわけ力学は最適の学問分野である.

また, 力学そのものも小・中・高の生徒にとって理解しやすいものである. その原理は手で触れ, 目で見, 耳で聞

くことによって確かめ得るものである．化学のように分子や原子のしくみに立ち入り，電磁気のように見えない力線を思い浮かべるような想像力を必要としない．力学の諸原理は少なくとも定性的には子どもの感覚や日常体験から理解できるものであり，それを定量的なものにするために，数学，とくに微分積分が必要となってくるのである．

静力学のなかで必要な重心の概念は，幾何学と密接なかかわりをもつ．たとえば三角形の頂点から対辺へ引いた直線が 1 点で交わるための条件を与える有名なチェバの定理は，重心を考えることによって自明のものとなる．それはほんの一例であるが，重心は数学に広い展望を与える．

動力学は微分積分の威力が最高度に発揮される分野であり，微分方程式（運動方程式）を解くことによって惑星の運動が解明されていく過程を生徒たちに学ばせることができたら，「何のためにこんな複雑な計算をするのか」という生徒たちの疑問はおおむね解消するのではないかと思う．

そのためには従来の方法を改めなければならないことはもちろんである．たとえば，はじめにいつ使うかわからないありったけの関数の微分や積分の公式をならべておいて，生徒に暗記を強いる，というやり方も改める必要があろう．取り扱う問題に必要なだけの関数の微分積分の公式だけを覚えさせ，必要が起こったとき新しい関数を導入するほうが，方法としてはすぐれていると思う．たとえば x^2 の微分公式だけを知っていれば落体の法則を学ぶことはできるのであり，そのとき e^x や $\sin x$, $\cos x$ のことを知る必要はない．たとえば単振動の問題を扱うときに $\sin x$, $\cos x$ を導入しても，いっこうに差し支えはないはずである．

さらに進んで微分積分＋力学を 1 つの極とする立場から見ると，現行の力学の教科構成にも多くの疑問を感じずにはいられない．これはあらゆる教科を通じていえることだが，学年ごとに繰り返しが多く，そのために新鮮味が失われていることは数学以上である．これはいわゆる「スパイラル方式」といわれるものだが，それはスパイラルにもなっていないようだ．「回転しつつ上昇する」のがそのねらいかもしれないが，同一平面上を回転するだけで一向に上昇しないのだから，「回転型」と改称したほうがよくはないか．

とくに動力学の原理にかかわる疑問は，運動量が中学までには現われず，高校になってからはじめて出てくる点にある．

そのくせ，エネルギーは中学にも出てくるのである．これは順序が逆ではないか．

ニュートンが力学の 3 法則を打ち立てる上で，運動量の不変性が不可欠であったし，彼は『プリンキピア』のなかで衝突の実験によって，この法則を確立した先駆者ホイヘンス（1629-1695）の業績を高く評価している．

このように運動量はニュートン力学にとってなくてはならないものであったし，彼は今日の教科書のように，力を

質量 × 加速度

$$m \cdot \frac{d^2x}{dt^2}$$

としてではなく，運動量の時間的変化率

$$\frac{d}{dt}\left(m\frac{dx}{dt}\right)$$

として定義したのであった．もちろん，ニュートン力学では質量は一定であるから，この 2 つは形式的には一致するが，概念形成の過程には少なからぬ相違がある．ニュートンの方式をとり上げて，

$$\frac{d}{dt}\left(m\frac{dx}{dt}\right)$$

を力の定義としたのはアインシュタインであった．相対性理論では，質量 m が速度の関数であるために，

$$m\frac{d^2x}{dt^2} \quad と \quad \frac{d}{dt}\left(m\frac{dx}{dt}\right)$$

は異なったものとなってくる．

このことからも運動量がニュートン力学の形成にとって不可欠なものであったことがわかる．しかしエネルギーはそうではなかった．ニュートンはエネルギー概念なしで彼の力学を建設し得たのであった．

もちろん私はエネルギー保存則の意義を無視したり，軽視したりするつもりは少しもない．ただ，私は運動量を抜きにして力学を学ばせようとする誤りについていっているのである．

もう1つの理由は，運動量が感覚的にとらえやすい量であるのにくらべて，エネルギーはかなり高度の概念であるから，運動量を先に，エネルギーを後にもってきたほうがよい，といっているのである．

（「数学教室」1978年8月号）

文庫版解説

黒川信重

(1) 遠山先生と私

遠山先生と私の関係が始まった日は，1970 年 3 月 14 日に私が遠山先生の最終講義に参加した日である（3 月 14 日という日にちは，実は私自身は失念していて，『数学セミナー』の編集長を長年にわたりされていた亀井哲治郎さんからの受け売りである）．その当時の状況の補足説明としては，私は，東京工業大学に入学が決まり，下宿などを探しに大岡山キャンパスをふらついていて偶然，遠山先生の最終講義の案内を見てふらふらと講義室に導かれていたというのが真相である．その後に何十年か経った頃にタイム・マシンで移動すると遠山研究室を黒川研究室として活用させていただくという偶然も重なってくるのであるが，その（遠くからの）「初対面の日」にはまったく想像も出来なかった時の流れであった．

(2) 本の内容について（＋ その他…）

本書は実に『初等整数論』という題名にふさわしい内容であり，予備知識を何も仮定せずに，誰でも楽しめる内容になっているので，「ゼータ関数」などはあえて触れずに“無難”な内容になっている．もちろん，私なら「ゼータ関数論」の準備もしたいところであるが，「初等」という形容詞からそれてしまうと遠山先生が考えられたとは，充分に推察できる．ただし，あえて触れると，読者が「現代初等整数論」を目指すなら，ぜひとも適宜「ゼータ関数論入門」も自分で補充してほしい．

最近，朝倉書店から 2023 年 6 月 1 日に刊行された『数論入門事典』は，私も「ゼータ関数」などの六項目を執筆しているのであるが，その案内役として絶好のものとして強く奨めたい．

本書のもととなったのが「はしがき」にある通り『数学セミナー』1969 年 7 月号〜1970 年 12 月号の連載記事だったとは驚きであり，私を含めての現代人も見習いたいものであるとの思いを強く感じる．

(3) 私と数論の出会いについて

少し，私と数論の出会いについての思い出を中心に述べたい．これからの若い人達に何かの参考になれば幸いである．私と数論のめぐり逢いはこれから話す通り，いささか風変わりな形だった．そのためもあって，私の場合は「初等整数論」の入門を飛び越えて「ゼータ関数論」に直接行ってしまったのである．

それは，宇都宮高校三年生のときに，上野健爾先生（当時は東京大学大学院生）が『大学への数学』1969 年 5 月号

58 ページ〜61 ページに書かれた記事「二つの予想」を読んだためである．その記事は「ラマヌジャン予想」と「リーマン予想」という未解決予想を実に興味深く紹介したもので，高校三年生の私は，「これこそ自分の行くべき道だ」と直感し，一生の進路と決めてしまったのである．このような次第であるから，私には「初等整数論」に入門する時間がなかったのだと言えよう．できれば，遠山先生の『初等整数論』で入門をしたいのは，他ならぬこの私であるとも言える．今になって高校三年生の当時を振り返ってみると，上野先生の記事との出逢いは幸運なことであり，「ゼータ関数論」一筋に精進してきた七十余年の人生に悔いはない．

多項式版リーマン予想の証明

最後に，ゼータ関数にはじめて接する人向けに「やさしいゼータ関数論」を紹介しよう．

もともと，ゼータ関数とは

$$\zeta(s) = \sum_{n=1}^{\infty} n^{-s} \quad (\mathrm{Re}(s) > 1)$$

というリーマンゼータ関数の研究から始まった（リーマン，1859 年）．その主な性質としては，まず

(1) ［関数等式］ $\hat{\zeta}(1-s) = \hat{\zeta}(s)$ （1859 年にリーマンが証明）

をあげることができる．ただし，

$$\hat{\zeta}(s)=\zeta(s)\pi^{-\frac{s}{2}}\Gamma\left(\frac{s}{2}\right)$$

は完備リーマンゼータ関数と呼ばれるものである．

次に，期待される性質としてはあまりに有名な

(2) ［リーマン予想］（1859年にリーマンが提出し，2023年の現在まで164年間未解決）「$\hat{\zeta}(s)=0$ となる複素数 s は $\mathrm{Re}(s)=\dfrac{1}{2}$ をみたすであろう」

がある．これは，数学者なら誰でも一度は考えた予想であり，難しい．人類が解決するには難し過ぎるのではないか，という意見も根強い．

ここでは，$\hat{\zeta}(s)$ を考える代りに $n=2,3,4,5,\cdots$ に対する多項式

$$\zeta_n(s)=s^n-(s-1)^n$$

を取り上げる．そうすると，次の定理を証明することができる．

定理 $\zeta_n(s)$ は次の (1), (2) をみたす．

(1) ［関数等式］ $\zeta_n(1-s)=(-1)^{n-1}\zeta_n(s)$.

(2) ［リーマン予想類似］ $\zeta_n(s)=0$ となる複素数 s は $\mathrm{Re}(s)=\dfrac{1}{2}$ をみたす．

これらは，**代数的ゼータ関数**と考えることができる．証明については段々と説明するが，まずは具体的な例を考えてみよう．

[例]　$\underline{n=2}$

　このときは

$$\begin{aligned}\zeta_2(s) &= s^2-(s-1)^2\\ &= 2s-1\end{aligned}$$

である．この場合には 定理 を見ることはやさしい（中学生にも）．実際，

(1)［関数等式］$\zeta_2(1-s)=-\zeta_2(s)$

および

(2)［リーマン予想類似］$\zeta_2(s)=0$ となる複素数 s は $\mathrm{Re}(s)=\dfrac{1}{2}$ をみたす．

はともに簡単な計算でわかる．(1) は

$$\zeta_2(s) = 2s-1$$

より

$$\begin{aligned}\zeta_2(1-s) = 2(1-s)-1 &= 1-2s\\ &= -\zeta_2(s)\end{aligned}$$

とわかり，(2) は

$$\zeta_2(s)=0 \iff s=\frac{1}{2} \implies \mathrm{Re}(s)=\frac{1}{2}$$

であるから大丈夫である．興味のある人には $n=3,4,5,\ldots$ でも確かめてみてほしい．

　それでは，証明へと向かっていこう．まず，関数等式はやさしいのでやってしまおう．

[関数等式の証明]

$$\zeta_n(s) = s^n - (s-1)^n$$

より

$$\begin{aligned}\zeta_n(1-s) &= (1-s)^n - (-s)^n \\ &= (-1)^{n-1}(s^n - (s-1)^n) \\ &= (-1)^{n-1}\zeta_n(s)\end{aligned}$$

となって，関数等式が成立する．

今後は，［リーマン予想類似］の証明に専念しよう．方法は

①代数方程式を解く

②幾何学を使う

に大別できる．①は，代数方程式の解法の長い歴史を思い起こすと，数学の豊かな大地（母体）であると言える．アーベルやガロアにちなんで名付けられた「アーベル方程式」や「ガロア理論」にも手をのばす良い機会となるであろう．

それでは，［リーマン予想類似の証明］にとりかかろう．

[リーマン予想類似の証明（I）]

まず，$\zeta_n(s)=0$ となるときは $s\neq 0$ であるから

$$\zeta_n(s) = 0 \iff \left(\frac{s-1}{s}\right)^n = 1$$

となる．したがって，この代数方程式を解くと，

$$\frac{s-1}{s}=\alpha, \quad \alpha^n=1$$

と書き直すことができる．さらに，

$$\alpha=\frac{s-1}{s}$$

より$\alpha\neq 1$でなければならないこともわかる．そこで，$\alpha\neq 1$のときに

$$\frac{s-1}{s}=\alpha \iff s(1-\alpha)=1$$

を解くと，

$$s=\frac{1}{1-\alpha}$$

となる．さらに，$\alpha^n=1$であったから，

$$\alpha=e^{i\theta} \quad (\theta \text{ は実数})$$

と書くことができる．したがって，

$$s=\frac{1}{1-e^{i\theta}}$$

と解ける．その実部が$\frac{1}{2}$となることを示せばよい．等式

$$\mathrm{Re}(s)=\frac{s+\bar{s}}{2}$$

が成立することに注目すると，

$$\mathrm{Re}(s)=\frac{1}{2} \iff s+\bar{s}=1$$

であるので，結局，

$$s+\bar{s}=1$$

を示すことが目標となる．

さて，

$$\frac{1}{e^{i\theta}} = e^{-i\theta}$$

であるから，

$$\begin{aligned} s+\bar{s} &= \frac{1}{1-e^{i\theta}} + \frac{1}{1-e^{-i\theta}} \\ &= \frac{1-e^{-i\theta}+1-e^{i\theta}}{(1-e^{i\theta})(1-e^{-i\theta})} \\ &= \frac{2-e^{-i\theta}-e^{i\theta}}{1+1-e^{i\theta}-e^{-i\theta}} \\ &= 1 \end{aligned}$$

が得られて，見事に，はじめの証明が完了することになる．［リーマン予想類似の証明終］

次の「②幾何学を使う」という証明は「垂直二等分線」を使うのであるが，自分で少し考えてみたい人は，やってみてほしい．ヒントは**複素数の絶対値**である．

複素数 0 と 1 に注目する：

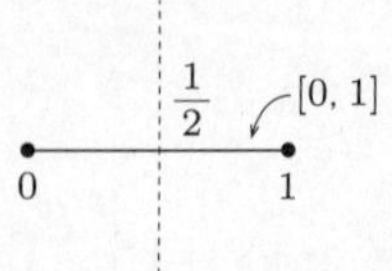

0 と 1 を結ぶ線分 [0, 1] の垂直二等分線は，$\mathrm{Re}(s) =$

$\frac{1}{2}$ という直線に他ならない．この直線は「方程式 $|s| = |s-1|$ をみたす s 全体」と言い直してもよい．

さて，リーマン予想類似の証明（幾何学的）にとりかかろう．

［リーマン予想類似の証明（II）］

まず，

$$\zeta_n(s) = 0$$

となる複素数 s をとる．示したいことは，

$$\mathrm{Re}(s) = \frac{1}{2}$$

ということである．

条件 $\zeta_n(s) = 0$ から

$$s^n = (s-1)^n$$

となる．したがって，両辺の絶対値をとって

$$|s-1|^n = |s|^n$$

を得る．よって，

$$|s-1| = |s|$$

となる．したがって，s は $[0, 1]$ の垂直二等分線上に乗っている．言い換えると $\mathrm{Re}(s) = \frac{1}{2}$ をみたしている．これが幾何学的リーマン予想類似の証明である．［証明終］

証明は沢山あるのが楽しくて良い．他の方法を考えてみるのも楽しいことであろう．（2023 年 6 月）

索　引

ナ　行

ハ　行

マ　行

ヤ　行

ラ　行

本書は、一九七二年二月二八日、日本評論社より刊行された。文庫化にあたり、「数学教育の２つの柱（「数学教室」一九七八年八月号）」を増補し、本文に若干の修正を施した。

一般相対性理論　P・A・M・ディラック　江沢洋訳

一般相対性理論の核心に最短距離で到達すべく、卓抜した数学的記述で簡明直截に書かれた天才ディラックによる入門書。詳細な解説を付す。

幾何学　ルネ・デカルト　原亨吉訳

哲学のみならず数学においても不朽の功績を遺したデカルト。『方法序説』の本論として発表された『幾何学』、初の文庫化！　（佐々木力）

不変量と対称性　今井淳／寺尾宏明／中村博昭

変えても変わらない不変量とは？　そしてその意味や用途とは？　ガロア理論や結び目の現代数学に現われる、上級の数学センスをさぐる7講義。

数とは何かそして何であるべきか　リヒャルト・デデキント　渕野昌訳・解説

「数とは何かそして何であるべきか？」「連続性と無理数」の二論文を収録。現代の視点から数学の基礎付けを試みた充実の訳者解説を付す。新訳。

数学的に考える　キース・デブリン　冨永星訳

ビジネスにも有用な数学的思考法とは？　言葉を厳密に使う、量を用いて考える、分析的に考えるといったポイントからとことん丁寧に解説する。

代数的構造　遠山啓

群・環・体など代数の基本概念の構造を、構造主義の歴史をおりまぜつつ、卓抜な比喩とていねいな計算で確かめていく抽象代数学入門。　（銀林浩）

現代数学入門　遠山啓

現代数学、恐るるに足らず！　学校数学より日常の感覚の中に集合や構造、関数や群、位相の考え方を探る大人のための入門書。（エッセイ　亀井哲治郎）

代数入門　遠山啓

文字から文字式へ、そして方程式へ。巧みな例示と丁寧な叙述で「方程式とは何か」を説いた最晩年の名著。遠山数学の到達点がここに！　（小林道正）

オイラー博士の素敵な数式　ポール・J・ナーイン　小山信也訳

数学史上最も偉大で美しい式を無限級数の和やフーリエ変換、ディラック関数などの歴史的側面を説明した後、計算式を用い丁寧に解説した入門書。

数学をいかに使うか　志村五郎

「『何でも厳密に』などとは考えてはいけない」——。世界的数学者が教える「使える」数学とは。文庫版オリジナル書き下ろし。

数学をいかに教えるか　志村五郎

日米両国で長年教えてきた著者が日本の教育を斬る！　掛け算の順序問題、悪い証明と間違えやすい公式のことから外国語の教え方まで。

記憶の切繪図　志村五郎

世界的数学者の自伝的回想。幼年時代、プリンストンでの研究生活と数多くの数学者との交流と評価。巻末に「志村予想」への言及を収録。（時枝正）

通信の数学的理論　C・E・シャノン／W・ウィーバー　植松友彦訳

IT社会の根幹をなす情報理論はここから始まった。発展いちじるしい最先端の分野に、今なお根源的な洞察をもたらす古典的論文が新訳で復刊。

数学という学問I　志賀浩二

ひとつの学問として、広がり、深まりゆく数学。数・微積分・無限など「概念」の誕生と発展を軸にその歩みを辿る。オリジナル書き下ろし。全3巻。

現代数学への招待　志賀浩二

「多様体」は今や現代数学必須の概念。「位相」「微分」などの基礎概念を丁寧に解説・図説しながら、多様体のもつ深い意味を探ってゆく。

シュヴァレー　リー群論　クロード・シュヴァレー　齋藤正彦訳

現代的な視点から、リー群を初めて大局的に論じた古典的著作。著者の導いた諸定理はいまなお有用性を失わない。本邦初訳。（平井武）

現代数学の考え方　イアン・スチュアート　芹沢正三訳

現代数学は怖くない！　「集合」「関数」「確率」などの基本概念をイメージ豊かに解説。直観で現代数学の全体を見渡せる入門書。図版多数。

若き数学者への手紙　イアン・スチュアート　冨永星訳

研究者になるってどういうこと？　現役で活躍する数学者が豊富な実体験を紹介。数学との付き合い方から「してはいけないこと」まで。（砂田利一）

ゲルファント やさしい数学入門 座標法
ゲルファント／グラゴレヴァ／キリロフ
坂本實 訳

座標は幾何と代数の世界をつなぐ重要な概念。数直線のおさらいから四次元の座標幾何までを、世界的数学者が丁寧に解説する。訳し下ろしの入門書。

ゲルファント やさしい数学入門 関数とグラフ
ゲルファント／グラゴレヴァ／シノール
坂本實 訳

数学でも「大づかみに理解する」ことは大事。グラフ化＝可視化は、関数の振る舞いをマクロに捉える強力なツールだ。世界的数学者による入門書。

解析序説
小林龍一／廣瀬健／
佐藤總夫

自然や社会を解析するための、「活きた微積分」のセンスを磨く！ 差分・微分方程式までを丁寧にカバーした入門者向け学習書。（笠原晧司）

確率論の基礎概念
A・N・コルモゴロフ
坂本實 訳

確率論の現代化に決定的な影響を与えた『確率論の基礎概念』に加え、有名な論文「確率論における解析的方法について」を併録。全篇新訳。

物理現象のフーリエ解析
小出昭一郎

熱・光・音の伝播から量子論まで、振動・波動にもとづく物理現象とフーリエ変換の関わりを丁寧に解説。物理学の泰斗による名教科書。（千葉逸人）

ガロワ正伝
佐々木力

最大の謎、決闘の理由がついに明かされる！ 難解なガロワの数学思想をひもといた後世の数学者たちにも迫った、文庫版オリジナル書き下ろし。

ブラックホール
佐藤文隆
R・ルフィーニ

相対性理論から浮かび上がる宇宙の「穴」。星と時空の謎に挑んだ物理学者たちの奮闘の歴史と今日的課題に迫る。写真・図版多数。

はじめてのオペレーションズ・リサーチ
齊藤芳正

問題を最も効率よく解決するための科学的意思決定の手法。当初は軍事作戦計画として創案されたが、現在では経営科学等多くの分野で用いられている。

システム分析入門
齊藤芳正

意思決定の場に直面した時、問題を解決し目標を達成する多くの手段から、最適な方法を選択するための論理的思考。その技法を丁寧に解説する。

算法少女　遠藤寛子
父から和算を学ぶ町娘あきは、算額に誤りを見つけ声を上げた。と、若侍が……。和算への誘いとして定評の少年少女向け歴史小説。箕田源二郎・絵

演習詳解 力学［第2版］　江沢洋／中村孔一／山本義隆
経験豊かな執筆陣が妥協を排し世に送った最高の演習書。練り上げられた問題と丁寧な解答は知的刺激に溢れ、力学の醍醐味を存分に味わうことができる。

原論文で学ぶ アインシュタインの相対性理論　唐木田健一
ベクトルや微分など数学の予備知識も解説しつつ、一九〇五年発表のアインシュタインの原論文を丁寧に読み解く。初学者のための相対性理論入門。

医学概論　川喜田愛郎
医学の歴史、ヒトの体と病気のしくみを概説。現代医療で見過ごされがちな「病人の存在」を見据えつつ、「医学とは何か」を考える。（酒井忠昭）

初等数学史（上）　フロリアン・カジョリ　小倉金之助補訳　中村滋校訂
厖大かつ精緻な文献調査にもとづく記念碑的著作。古代エジプト・バビロニアからギリシャ・インド・アラビアへいたる歴史を概観する。図版多数。

初等数学史（下）　フロリアン・カジョリ　小倉金之助補訳　中村滋校訂
商業や技術の一環としても発達した数学。下巻は対数・小数の発明、記号代数学の発展、非ユークリッド幾何学など。文庫化にあたり全面的に校訂。

複素解析　笠原乾吉
複素数が織りなす、調和に満ちた美しい数の世界とは。微積分に関する基本事項から楕円関数の話題までがコンパクトに詰まった、定評ある入門書。

初等整数論入門　銀林浩
「神が作った」とも言われる整数。そこには単純に見えて、底知れぬ深い世界が広がっている。互除法、合同式からイデアルまで。（野崎昭弘）

新しい自然学　蔵本由紀
科学的知のいびつさが様々な状況で露呈する現代。非線形科学の泰斗が従来の科学観を相対化し、全く新しい自然の見方を提唱する。（中村桂子）

ちくま学芸文庫

初等整数論（しょとうせいすうろん）

二〇二三年九月十日　第一刷発行

著　者　遠山　啓（とおやま・ひらく）

発行者　喜入冬子

発行所　株式会社　筑摩書房
東京都台東区蔵前二—五—三　〒一一一—八七五五
電話番号　〇三—五六八七—二六〇一（代表）

装幀者　安野光雅

印刷所　大日本法令印刷株式会社

製本所　株式会社積信堂

ISBN978-4-480-51207-9 C0141